轻松自编
小型嵌入式操作系统

陈旭武　编著

北京航空航天大学出版社

内 容 简 介

本书介绍 RW/CZXT-1.0 小型嵌入式操作系统内核的模型结构及其程序代码,全书分为三大篇 14 章。第 1 篇:实现一个基础的小型嵌入式操作系统,设计内核的功能结构及其程序代码。第 2 篇:扩展小型嵌入式操作系统内核的应用功能,建立信号量、邮箱、消息队列、特殊服务及内存管理等功能。第 3 篇:用实际工程例子介绍 RW/CZXT-1.0 嵌入式操作系统的应用。本书 99% 的程序代码用 C 语言进行编写,具有结构合理、内容丰富、描述详细、知识浅显易懂的特点,并且注重理论与应用相结合,对每一章节的设计要点进行总结,重点章节附有实验应用实例。

本书可作为机电类专业的教材,也可作为嵌入式系统技术人员、单片机技术人员、单片机业余爱好者、电气自动化控制技术人员等人员学习或参考用书。

图书在版编目(CIP)数据

轻松自编小型嵌入式操作系统 / 陈旭武编著. --北京:北京航空航天大学出版社,2012.1
 ISBN 978-7-5124-0632-2

Ⅰ. ①轻… Ⅱ. ①陈… Ⅲ. ①实时操作系统 Ⅳ. ①TP316.2

中国版本图书馆 CIP 数据核字(2011)第 231844 号

版权所有,侵权必究。

轻松自编小型嵌入式操作系统

陈旭武　编著

责任编辑　刘　晨　刘朝霞

*

北京航空航天大学出版社出版发行

北京市海淀区学院路 37 号(邮编 100191)　http://www.buaapress.com.cn
发行部电话:(010)82317024　传真:(010)82328026
读者信箱: emsbook@gmail.com　邮购电话:(010)82316936

北京时代华都印刷有限公司印装　各地书店经销

*

开本:787×1 092　1/16　印张:23.75　字数:608 千字
2012 年 1 月第 1 版　2012 年 1 月第 1 次印刷　印数:4 000 册
ISBN 978-7-5124-0632-2　定价:49.00 元

若本书有倒页、脱页、缺页等印装质量问题,请与本社发行部联系调换。联系电话:(010)82317024

前言

随着越来越多的实时嵌入式操作系统移植到单片机芯片上,或者直接基于单片机编写嵌入式操作系统,是可以让单片机应付更复杂、更高要求、更尖端的应用领域,也是一种提升单片机应用性能的有效方法。作为一名单片机嵌入式系统开发的技术人员或者业余爱好者,学习嵌入式操作系统,是一种必然的趋势,把嵌入式操作系统用在自己开发的项目中,可以让开发的项目具有更高的技术水平,并且能够应用于更高端的技术领域。

笔者从 2009 年 4 月份开始接触和学习嵌入式操作系统,刚开始用的是 KEIL 软件自带的一个 RTX51 操作系统。后来学习 μC/OS-II 嵌入式实时操作系统,刚接触时,感觉是进入了另一片知识的空间,看了两三天的书,觉得自己的脑袋里面都是模模糊糊,没有清晰的思路和逻辑,当时我就想:如果有一本基础教材来教我们这些初学者一步一步地入门嵌入式操作系统那该多好啊!哪怕是最简单的都行,先激发起我们的兴趣,让我们从最简单功能的内核开始一步一步地学习,跟着编写、调试、实验,建立起学习的信心,先入门后提高,相信这是很多初学者的共同愿望。

试想:初学者如果自己动手编写小型嵌入式操作系统,哪怕只有进行简单任务调度的功能,在经过多次的调试和修改后,可以在实验板上运行起来的时候,那种兴奋的心情和无比的成就感是无法形容的。在这里,给初学者一句鼓励的话:"自己动手编写基于单片机的嵌入式操作系统,并不困难,关键是要循序渐进,先构建一个功能简单的内核,再通过不断的学习来完善这个内核,在成功的快乐中逐步完善这个内核的功能。"

本书 99% 的程序代码采用浅显易懂的 C 语言进行编写,让初学者易于理解和掌握,通过本书的学习让初学者掌握嵌入式操作系统简单内核的构成和自己编写的方法,但是要求初学者具备有一定 C 语言的基础和 A51 汇编语言的基础。本书介绍的这个嵌入式操作系统,其实算不上是一个真正的实时嵌入式操作系统,只是一个简单的小型嵌入式操作系统,是让初学者入门为目的,所以没有涉及过多的系统功能和系统的 API 函数。

在构建小型嵌入式操作系统内核时,笔者对系统设计和实现的过程进行详细叙述,尽量做到深入浅出,通俗易懂,并注重理论与应用相结合,采用较常用、通俗、浅显易懂的方法来设计和实现程序代码,有关变量的名称都是用汉语拼音的第一个字母结合或全拼来定义,有助于读者的阅读和理解。

为方便写作,把这个多任务嵌入式操作系统起名为:RW/CZXT-1.0。

全书分为三大篇,总共 14 章。第 1 篇:小型嵌入式操作系统的基础,设计简单的小型嵌入式操作系统内核功能及其程序代码。第 1 章通过一个简单的实例,实现简单功能的操作系统,人为模拟调度,引导读者对嵌入式操作系统先有一个认识和感知,为学习后面的知识打下基础。第 2 章介绍小型嵌入式操作系统 RW/CZXT-1.0 的相关程序文件。第 3 章到第 6 章介绍 RW/CZXT-1.0 系统变量及其初始化,任务调度器设计,系统的时间管理及延时函数的设计,系统任务管理及其应用 API 函数的设计。第 7 章介绍小型嵌入式操作系统 RW/CZXT-1.0 的试验和应用。第 2 篇:内核功能扩展,第 8 章到第 13 章介绍任务管理功能的扩展,信号量功能设计、消息邮箱功能设计、消息队列功能设计、内存管理和服务功能的设计。第 3 篇:应用实战,小型嵌入式操作系统 RW/CZXT-1.0 在实际工程中的应用例子。

  本书没有大费章节来介绍嵌入式系统的定义和相关的名词概念,发展概况和趋势,因为这些目前已经有很多书籍和教材做了很详细的描述。

  本书可作为嵌入式系统技术人员、单片机技术人员、单片机业余爱好者、电气自动化控制技术人员、机电类学生等人员学习或参考的书籍。

  从业余爱好者的角度来写这本书,书中的描述不一定是最合理的,也由于作者目前水平局限和知识浅薄,难免出现不足之处和错误,恳请大家指正和批评,并提出改进的意见。

  作者在参考了多本教材知识的情况下得以顺利写好这本书。在此感谢这些教材的作者,也感谢对这本书提出改进的广大的读者,感谢广州圣八宝公司蔡少华总经理、段贵林(地质工程师)厂长、作者的合作公司潮州市正德机电设备有限公司的陈一铭总经理、工程师等人为本书的规划和编写提供了宝贵的指导意见。祝愿广大的初学者能够快速地进入嵌入式操作系统知识的海洋里扬帆畅游,共同为我国单片机嵌入式系统的发展尽一点微薄之力。

  作者为本书知识的实践精心设计了一套实验开发板,如有需要的读者可与作者联系。

  未经作者许可,禁止任何人把 RW/CZXT-1.0 小型嵌入式操作系统作为商业应用。

  作者的邮箱为:chxw04301211@163.com。

陈旭武
于潮州市正德机电设备有限公司
2012 年 1 月

目 录

第1篇 小型嵌入式操作系统基础

第0章 概　述 ………………………………………………………………………… 3
第1章 实现一个简单的3任务调度系统 ……………………………………………… 8
　1.1 硬件和软件的准备 …………………………………………………………… 9
　　1.1.1 实验开发板 …………………………………………………………… 9
　　1.1.2 集成环境开发工具软件 ……………………………………………… 10
　1.2 构建简单的3任务调度操作系统 …………………………………………… 10
　　1.2.1 用 KEIL C51 建立一个工程 ………………………………………… 11
　　1.2.2 定义系统需要的变量 ………………………………………………… 15
　　1.2.3 系统初始化及建立任务函数 ………………………………………… 16
　　1.2.4 建立一个简单的任务调度器 ………………………………………… 25
　　1.2.5 在实验板上运行 ……………………………………………………… 29
　总　结 …………………………………………………………………………… 32
第2章 嵌入式操作系统的程序文件 ………………………………………………… 34
　2.1 RW/CZXT-1.0 嵌入式操作系统的功能和特点 …………………………… 34
　2.2 RW/CZXT-1.0 嵌入式操作系统的程序文件 ……………………………… 35
　　2.2.1 系统的宏定义文件：XT-HDY.H ……………………………………… 36
　　2.2.2 系统的配置文件：XT-PZ.H …………………………………………… 37
　　2.2.3 系统的头文件 XT.H …………………………………………………… 37
　　2.2.4 系统的初始化文件 XT-INT.C ………………………………………… 38
　　2.2.5 系统的调度文件 XT-TD.C …………………………………………… 38
　　2.2.6 系统任务管理文件 XT-RWGL.C ……………………………………… 38
　　2.2.7 系统时间管理文件 XT-SHIJ.C ………………………………………… 39
　　2.2.8 信号量、邮箱文件 XT-XHL.C,XT-XXYX.C ………………………… 39
　　2.2.9 消息队列功能文件 XT-XXDL.C ……………………………………… 39
　　2.2.10 内存管理功能文件 XT-NCGL.C ……………………………………… 39
　　2.2.11 系统服务功能文件 XT-FUWU.C ……………………………………… 40
　　2.2.12 系统 MAIN 文件 XT-MAIN.C ………………………………………… 40
　总　结 …………………………………………………………………………… 40
第3章 系统变量定义及初始化 ……………………………………………………… 41
　3.1 系统的宏定义 ………………………………………………………………… 41

3.1.1 系统状态模式的宏标志 ... 42
3.1.2 任务状态宏标志 ... 42
3.1.3 其他宏标志 ... 42
3.2 系统变量的定义及其作用 ... 43
3.2.1 定义系统管理控制块 ... 43
3.3.2 定义任务的任务栈 ... 44
3.2.3 定义任务的运行队列 ... 45
3.3 任务控制块的定义及其作用 ... 45
3.3.1 定义一个类型结构体：RWK ... 45
3.3.2 用类型结构体为每个任务定义任务控制块 ... 46
3.4 系统的初始化操作 ... 46
3.4.1 系统变量初始化 ... 47
3.4.2 系统总初始化函数的结构 ... 48
3.5 静态创建应用任务 ... 49
3.5.1 在系统的头文件 XT.H 中,声明任务函数 ... 50
3.5.2 定义任务栈 ... 50
3.5.3 把任务函数的入口地址存放在任务栈中 ... 51
3.5.4 初始化任务控制块 ... 53
3.3.5 任务在运行队列中进行登记 ... 54
3.5.6 在 MAIN 文件中编写任务函数模型 ... 54
3.6 系统基础模型的编译和调试 ... 56
3.6.1 在 MAIN 文件中加入各个程序文件 ... 56
3.6.2 为系统建立 MAIN 函数 ... 56
3.6.3 编译和调试 ... 57
3.6.4 采用简单的方式启动任务运行 ... 57
总 结 ... 58

第4章 任务调度器设计 ... 59
4.1 时间片轮转调度方法 ... 60
4.1.1 时间片轮转调度工作原理 ... 60
4.1.2 时间片轮转调度工作模式 ... 61
4.1.3 基于"优先和普通结合"的时间片轮转调度算法 ... 61
4.1.4 提高系统实时性的其他方法 ... 63
4.2 任务运行队列 ... 64
4.2.1 运行队列的结构 ... 64
4.2.2 运行队列的操作 ... 64
4.3 堆栈原理、堆栈操作 ... 71
4.3.1 任务栈设计 ... 71
4.3.2 堆栈操作 ... 72
4.4 任务调度器设计与实现 ... 73

4.4.1 任务级调度器设计与实现 …………………………………………… 74
4.4.2 中断级调度器设计与实现 …………………………………………… 79
4.4.3 调度器设计注意事项 ………………………………………………… 82
4.5 调度时机 …………………………………………………………………… 82
4.5.1 任务调度的时机和调度限制 ………………………………………… 82
4.5.2 调度器上锁、解锁 …………………………………………………… 83
4.5.3 中断嵌套计数器 ……………………………………………………… 84
4.6 调度器的应用对象 ………………………………………………………… 85
4.7 系统启动设计 ……………………………………………………………… 86
总　结 ……………………………………………………………………………… 87

第 5 章 系统时间管理与应用函数设计 …………………………………… 88

5.1 AT89Sxx 单片机定时器的设置 …………………………………………… 89
5.1.1 T0 定时器的工作方式设置 ………………………………………… 89
5.1.2 T0 定时器中断功能设置 …………………………………………… 90
5.1.3 T0 定时器初值设置 ………………………………………………… 90
5.1.4 T0 定时器设置的程序代码 ………………………………………… 90
5.2 定时器驱动操作系统运行的原理 ………………………………………… 91
5.2.1 时间节拍与任务的运行时间片 ……………………………………… 91
5.2.2 定时器中断服务 ……………………………………………………… 92
5.3 时间延时应用函数设计 …………………………………………………… 99
5.3.1 时间节拍延时函数 …………………………………………………… 100
5.3.2 100 ms 延时函数 …………………………………………………… 102
5.3.3 1 s 延时函数 ………………………………………………………… 103
5.3.4 恢复正在延时的任务 ………………………………………………… 104
5.4 应用实验 …………………………………………………………………… 105
总　结 ……………………………………………………………………………… 108

第 6 章 任务管理与应用函数设计 ………………………………………… 110

6.1 任务的状态 ………………………………………………………………… 111
6.1.1 任务状态的宏定义 …………………………………………………… 111
6.1.2 任务状态 ……………………………………………………………… 111
6.2 任务状态的改变 …………………………………………………………… 112
6.2.1 任务状态迁移图 ……………………………………………………… 112
6.2.2 状态转换过程说明 …………………………………………………… 113
6.3 控制任务的应用函数设计 ………………………………………………… 114
6.3.1 挂起任务 ……………………………………………………………… 114
6.3.2 恢复挂起的任务 ……………………………………………………… 117
6.3.3 任务等待中断信号 …………………………………………………… 119
6.3.4 恢复等待中断的任务 ………………………………………………… 121
6.4 应用实验 …………………………………………………………………… 123

6.4.1　任务的工作要求 …………………………………………………………… 123
　　6.4.2　在 MAIN 文件中定义 LED 指示灯端口及相关变量 ………………………… 123
　总　　结 …………………………………………………………………………………… 129

第 7 章　嵌入式操作系统的实验应用 …………………………………………………… 130
7.1　组织程序文件 ……………………………………………………………………… 131
7.2　系统关键参数配置 ………………………………………………………………… 132
　　7.2.1　任务的总数量 ………………………………………………………………… 132
　　7.2.2　任务栈长度 …………………………………………………………………… 132
　　7.2.3　系统时钟粒度 ………………………………………………………………… 132
　　7.2.4　时间片长度 …………………………………………………………………… 133
　　7.2.5　延时基数 ……………………………………………………………………… 133
7.3　设计任务及其程序代码 …………………………………………………………… 133
　　7.3.1　确定任务的工作 ……………………………………………………………… 133
　　7.3.2　定义任务运行所需的相关变量 ……………………………………………… 134
　　7.3.3　任务函数的工作流程 ………………………………………………………… 134
　　7.3.4　任务函数的程序代码 ………………………………………………………… 136
7.4　在实验板上运行测试 ……………………………………………………………… 138
　总　　结 …………………………………………………………………………………… 139

第 2 篇　内核功能扩展

第 8 章　扩展任务管理功能 ……………………………………………………………… 143
8.1　任务类型 …………………………………………………………………………… 143
　　8.1.1　系统空闲任务 ………………………………………………………………… 143
　　8.1.2　首次任务 ……………………………………………………………………… 144
　　8.1.3　普通任务 ……………………………………………………………………… 144
　　8.1.4　实时任务 ……………………………………………………………………… 144
8.2　片外任务栈设计 …………………………………………………………………… 144
　　8.2.1　堆栈指针 ……………………………………………………………………… 144
　　8.2.2　任务私有栈与公共运行栈结合的形式 ……………………………………… 145
8.3　动态创建应用任务 ………………………………………………………………… 146
　　8.3.1　修改相关功能函数 …………………………………………………………… 146
　　8.3.2　实现动态创建任务 …………………………………………………………… 148
8.4　调度器任务切换操作 ……………………………………………………………… 149
　　8.4.1　任务级调度器任务切换操作 ………………………………………………… 149
　　8.4.2　中断级调度器任务切换操作 ………………………………………………… 154
　　8.4.3　启动函数中任务调度操作 …………………………………………………… 155
8.5　实时任务管理 ……………………………………………………………………… 157
　　8.5.1　实时令旗设计 ………………………………………………………………… 157
　　8.5.2　就绪登记表 …………………………………………………………………… 159

| 8.5.3　实时任务调度策略 ……………………………………………………… 163
| 8.5.4　为系统功能函数设计实时任务管理功能 …………………………… 165
| 8.6　应用实验 ………………………………………………………………………… 173
| 8.6.1　任务工作分配 ………………………………………………………… 174
| 8.6.2　动态创建应用任务 …………………………………………………… 174
| 8.6.3　实验工程完整的程序代码 …………………………………………… 174
| 总　结 …………………………………………………………………………………… 176

第 9 章　信号量设计 ……………………………………………………………………… 177
   9.1　信号量的作用 ……………………………………………………………………… 178
      9.1.1　作为任务运行的标志 …………………………………………………… 178
      9.1.2　作为共享资源的使用标志 ……………………………………………… 179
      9.1.3　作为资源的数量标志 …………………………………………………… 179
   9.2　从简单实例了解信号量 …………………………………………………………… 179
   9.3　信号量的类型 ……………………………………………………………………… 182
      9.3.1　二进制型信号量 ………………………………………………………… 182
      9.3.2　十进制型信号量 ………………………………………………………… 182
      9.3.3　互斥型信号量 …………………………………………………………… 183
   9.4　信号量的数据结构 ………………………………………………………………… 183
      9.4.1　信号量的宏定义标志及配置 …………………………………………… 183
      9.4.2　定义信号量控制块 ……………………………………………………… 184
      9.4.3　初始化控制块 …………………………………………………………… 185
   9.5　信号量的应用函数设计 …………………………………………………………… 186
      9.5.1　内部操作函数 …………………………………………………………… 187
      9.5.2　创建信号量 ……………………………………………………………… 191
      9.5.3　阻塞申请信号量 ………………………………………………………… 194
      9.5.4　非阻塞申请信号量 ……………………………………………………… 199
      9.5.5　释放信号量 ……………………………………………………………… 201
      9.5.6　阻塞申请互斥信号量 …………………………………………………… 204
   9.6　应用实验 ………………………………………………………………………… 210
      9.6.1　实验的项目 ……………………………………………………………… 211
      9.6.2　应用任务的工作分配 …………………………………………………… 211
      9.6.3　本实验的程序代码 ……………………………………………………… 212
   总　结 …………………………………………………………………………………… 215

第 10 章　邮箱设计 ……………………………………………………………………… 216
   10.1　从简单实例了解消息邮箱 ……………………………………………………… 218
   10.2　邮箱的数据结构 ………………………………………………………………… 220
      10.2.1　有关邮箱的宏定义标志 ………………………………………………… 220
      10.2.2　定义邮箱控制块 ………………………………………………………… 221
      10.2.3　初始化邮箱控制块 ……………………………………………………… 222

10.3 邮箱的应用函数设计 222
    10.3.1 内部操作函数 223
    10.3.2 创建邮箱 226
    10.3.3 发消息给邮箱 229
    10.3.4 阻塞式读邮箱 232
    10.3.5 非阻塞式读邮箱 236
10.4 应用实验 237
    10.4.1 实验的项目 238
    10.4.2 应用任务的工作分配 238
    10.4.3 本实验的程序代码 238
总 结 240

第11章 消息队列设计 242

11.1 从简单实例了解消息队列 243
11.2 消息队列的数据结构 246
    11.2.1 有关消息队列的宏定义标志 246
    11.2.2 定义消息队列控制块 247
    11.2.3 初始化消息队列控制块 249
11.3 消息队列应用函数设计 249
    11.3.1 内部操作函数 250
    11.3.2 创建消息队列 253
    11.3.3 发送消息给队列 257
    11.3.4 非阻塞式读消息队列 260
    11.3.5 阻塞式读消息队列 261
11.4 应用实验 266
    11.4.1 实验的项目 266
    11.4.2 应用任务的工作分配 266
    11.4.3 本实验的程序代码 266
总 结 269

第12章 实现简单内存管理功能 270

12.1 内存分区管理机制 271
    12.1.1 内存分区 271
    12.1.2 内存块 271
    12.1.3 定义内存分区 271
    12.1.4 内存分区管理 271
12.2 内存管理控制块 272
    12.2.1 内存管理控制块的数据结构 272
    12.2.2 内存管理控制块初始化 275
12.3 内存分区管理应用函数设计 275
    12.3.1 创建内存分区 276

12.3.2 申请一个内存块 279
12.3.3 释放归还一个内存块 283
12.4 内存块操作函数设计 286
12.4.1 清空内存块 287
12.4.2 在内存块中写入一个数据 289
12.4.3 从内存块中读出一个数据 291
12.5 应用实验 293
12.5.1 实验的项目 293
12.5.2 应用任务的工作分配 293
12.5.3 本实验的程序代码 294
总 结 298

第13章 操作系统的服务功能

13.1 系统服务功能介绍 299
13.2 系统服务功能设计 300
13.2.1 系统服务功能的工作原理 300
13.2.2 工作原理分析 300
13.2.3 服务功能配置 301
13.2.4 相关定义 301
13.2.1 操作系统复位服务 302
13.2.2 操作系统暂停服务 304
总 结 309

第3篇 操作系统的应用实战

第14章 操作系统在水处理控制系统中的应用 313

14.1 矿泉水水处理系统结构 313
14.1.1 水处理系统的结构及工艺处理流程 313
14.1.2 矿泉水的处理方法 314
14.2 水处理系统控制方案 314
14.2.1 系统的工作模式 315
14.2.2 CO_2 混合控制 315
14.2.3 臭氧混合控制 315
14.2.4 设备运行信号检测 316
14.2.5 控制信号检测 316
14.2.6 键盘输入和显示 316
14.3 控制系统主板硬件设计 317
14.3.1 控制主板硬件结构 317
14.3.2 控制主板硬件设计方案 317
14.4 控制系统软件设计 322
14.4.1 软件功能处理方案分析 323

14.4.2　为任务分配软件功能 ································· 325
　　14.4.3　操作系统应用配置 ··································· 327
　　14.4.4　控制系统程序代码设计 ······························· 329
　14.5　控制系统软件测试 ·· 337
　　14.5.1　程序代码语法检查 ··································· 337
　　14.5.2　软件仿真测试 ······································· 338
　　14.5.3　软硬件功能测试 ····································· 338
　总　　结 ·· 338
附录 A　系统 API 应用函数应用说明 ···························· 339
　A.1　任务管理功能的 API 应用函数 ····························· 339
　A.2　时间管理功能的 API 应用函数 ····························· 341
　A.3　信号量管理功能的 API 应用函数 ··························· 342
　A.4　邮箱管理功能的 API 应用函数 ····························· 343
　A.5　消息队列管理功能的 API 应用函数 ························· 344
　A.6　内存管理功能的 API 应用函数 ····························· 345
　A.7　服务功能的 API 应用函数 ································· 347
附录 B　基础系统完整的程序代码 ······························ 349
　B.1　宏定义文件 ··· 349
　B.2　配置文件 ··· 349
　B.3　系统头文件 ··· 350
　B.4　系统初始化文件 ··· 351
　B.5　系统调度文件 ··· 353
　B.6　时间管理文件 ··· 359
　B.7　任务管理文件 ··· 363
参考文献 ··· 367

第1篇　小型嵌入式操作系统基础

第 0 章 概 述

对于不熟悉嵌入式系统与嵌入式操作系统的人员来说,嵌入式系统与嵌入式操作系统是两个比较相似的概念,实际上它们存在很大区别,下面先从一个简单的事例来进行了解。

例如,有一套办公系统:一张办公台,有笔、纸、电话机,办公台有抽屉。工作人员用办公台的这些东西来进行一些实际工作:工作人员可以用笔和纸进行写作和记录,可以用电话机与外界进行信息传递,可以把东西放入抽屉中。可以看出,工作人员和办公系统都是为实际工作服务的。

如果把这一切当作是一个嵌入式系统的话,则:
- 办公台的所有东西就是系统的硬件资源(底层硬件资源)。
- 工作人员就是系统的操作者,管理者(软件层)。
- 所做的工作就是系统的最终应用(顶层应用)。

什么时候进行写作,什么时候进行记录,什么时候进行信息传递,什么时候把东西放入抽屉中,是由工作人员来管理和控制的,工作人员起的作用就相当于嵌入式操作系统所起的作用。

写作、记录、放东西、信息传递就是系统的应用工作。

嵌入式操作系统是一个纯软件系统,是嵌入式系统重要的组成部分,可以作为嵌入式系统的软件层。

1. 嵌入式系统与嵌入式操作系统

嵌入式系统是硬件和软件相结合的一个系统,通常也是一个目标系统平台。嵌入式系统的总体结构如图 0.1 所示,一般由底层硬件(硬件资源)、系统软件层(嵌入式操作系统)、顶层应用软件(用户任务)构成。

嵌入式系统的系统软件层可以是一个嵌入式操作系统,也可以是一套简单循环的控制程序。系统软件层如果是一个嵌入式操作系统的话,那么嵌入式操作系统把嵌入式系统的底层硬件封装起来,为用户的应用软件提供功能强大、高效的运行环境,同时对嵌入式系统的底层硬件和应用软件进行调配和管理。

图 0.1 嵌入式系统的总体结构

嵌入式操作系统是一套系统软件，必须嵌入到对象环境中，如嵌入到嵌入式系统中，作为嵌入式系统中系统软件层使用，为应用软件提供一个功能更加强大的运行环境。应用程序都可以建立在操作系统软件环境之上，实现基于操作系统建立应用工程。

嵌入式操作系统是嵌入式系统的组成部分，作为嵌入式系统的软件层来使用，承上启下，是嵌入式系统的管理者。

顶层应用软件是用户工程项目开发的程序软件，程序代码由用户开发，为用户完成特定的工作，是嵌入式系统的终端应用。

目前，单片机芯片大都属于嵌入式微处理器系统。

嵌入式操作系统是一种应用非常广泛的系统软件，过去都是应用在比较高端的领域，如国防安全、航天航空、计算机系统等。经过不断的发展，应用已经越来越多，现广泛应用于智能控制、机器人、工业控制、家电产品、通信产品、汽车控制系统、交通管理、网络技术。

2. 嵌入式操作系统的类型

目前，嵌入式操作系统有专业商用型(源代码保密，需付费)、源代码开放型(免费)操作系统。

商用专业型的嵌入式实时操作系统，具有极高的可靠性能、稳定性能，其功能是相当强大，应用面较广，有强大技术力量的支持和较完善的服务，并且支持多种嵌入式微处理器，比较有代表性的有 Windows CE 和 VxWorks 等。使用这些操作系统都是必须付费，而且费用是比较高的。

源代码开放嵌入式实时操作系统，具备商用专业型嵌入式实时操作系统的功能和特点，比较有代表性的有 Linux 和 $\mu C/OS-II$ 等。这些嵌入式操作系统最明显的特点就是源代码开放，有比较规范的教材可以学习，这些操作系统的内核结构和程序代码非常透明地显示在用户的面前，容易移植到不同的硬件平台上开发工程项目。

3. 嵌入式操作系统的作用和功能

嵌入式操作系统是嵌入式系统最主要的组成部分，运行于嵌入式目标硬件环境中。

从应用程序的角度来看，操作系统为用户提供的作用是相当于一台扩展机或者虚拟机，它把嵌入式系统的底层硬件封装起来，为应用程序的开发提供丰富的 API 编程接口，使得应用程序的开发变得简单和容易，大大提高开发效率和缩减开发周期。

操作系统负责硬件资源和应用软件的管理，使得整个嵌入式系统能够高效，安全可靠地运行，从这个意义上来讲，操作系统就是嵌入式系统的资源管理者。

不同的嵌入式操作系统包含的功能组件各不相同，但都必须具备一个内核。内核的功能作用在于进行任务的管理、时间的管理、事件管理、内存管理、设备管理等，内核的功能越大，那么操作系统能实现的功能也就越大。根据设计和应用的需要，内核的功能是可以进行裁减，因为并不是所有的应用项目都需要很多的功能来支持。

代码量非常少的小型嵌入式操作系统，其内核可以只具有任务管理、时间管理、中断服务管理等功能，就已经能够应用在一些较简单的工程项目中。

4. 嵌入式操作系统的分类

(1) 实时操作系统

用来完成实时控制任务，满足实时任务需要的系统称为实时操作系统。这类操作系统具

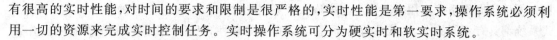

有很高的实时性能,对时间的要求和限制是很严格的,实时性能是第一要求,操作系统必须利用一切的资源来完成实时控制任务。实时操作系统可分为硬实时和软实时系统。

① 硬实时系统:操作系统对响应时间有着严格的要求,如果达不到要求,会造成系统崩溃或带来不可预测的严重后果。

② 软实时系统:操作系统对响应时间有要求,但不是非常严格,即使系统的响应时间不能满足,也不会对系统造成大的影响和带来灾难性的后果。

实时操作系统必须是支持多任务且管理的任务具有不同的优先级别,其内核应该是可剥夺型的,系统提供的服务时间是可预知的,事件响应时间和中断延时应尽可能小,这样才能满足实时任务的需要。

(2) 分时操作系统

分时操作系统对响应时间没有严格的要求和限制,它是基于公平性的原则为各个任务分配运行时间,即分享处理器的运行时间,即使响应时间不能满足任务的需要,也不会造成灾难性后果。

分时操作系统的实用性在于能够非常好地管理多任务的运行,操作系统会给每一个任务分配享用处理器的时间,换句话说,分配一个时间片给任务,那么任务在这个时间片内就可以完全使用处理器的资源,一旦任务用完了系统分配的时间片,必须无条件交出处理器,把处理器让给其他任务。

(3) 多任务操作系统

多任务操作系统对系统中的多个任务进行管理,能很好地协调任务之间的同步和通信。在嵌入式领域的应用中,多任务操作系统占有的比例是很大的。

5. 操作系统具备的基本特性

作为一个功能完善的嵌入式操作系统,其系统程序代码是较大的,一般都在 10 KB 以上,甚至几十万字节以上,对硬件提出了更高的要求,特别是微处理器的可用资源。

一个操作系统要支持多种微处理器,那么操作系统自身必须具备以下基本特性:

① 可移植性。通过改变操作系统中的一小部分程序代码,就能够植入在不同的微处理器上运行,这个特性就是操作系统的可移植性。

② 可裁减性。不同的微处理器,其内部资源都是各不相同的。有些微处理器只有几千字节的 ROM 和少量的 RAM,根本就无法植入操作系统,但由于成本因素和应用设计需要而必须植入操作系统的话,这就要求操作系统具有可以裁减系统功能的特点,以便操作系统可以植入这些微处理器中。

③ 稳定性和可靠性。操作系统一般都支持多个任务,为保证每一个任务都能够准确运行并完成相应的工作,操作系统内部结构的设计必须达到很高的合理性和可行性,否则就无法保证操作系统自身的稳定性和可靠性。

④ 易于应用开发。任何操作系统都是为应用程序服务的,在应用程序的开发过程中,都会使用系统提供的服务功能,那么操作系统自身应该提供丰富和便捷的 API 编程接口,以便提高开发效率,减少项目的开发时间,让应用程序更好地运行在操作系统上,更加为应用程序创造理想的运行环境。

⑤ 可扩展性。操作系统应该为功能的扩展提供一些便利的条件,可以通过功能的扩展,

更方便地让操作系统应用于不同类型的嵌入式系统之中。因为目标系统的多样性,各个嵌入式系统都具有不同的个性,依靠操作系统自身的可裁减性,已经无法获得一个满意的操作系统,那么唯一可行的方法是在操作系统的内核基础上通过修改或扩展功能,让操作系统自身可以适合目标系统的多样性。

6. 关于嵌入式操作系统的内核

内核是嵌入式操作系统最重要的部分。小型操作系统嵌入的目标对象都是一些比较简单的微处理器,在开发设计的时候就没有分为系统模式和用户模式,也没有划分系统空间和用户空间,系统中的应用程序(任务)与操作系统的关系极其紧密,应用程序可以通过调用系统的功能 API 函数来使用内核的功能。

小型嵌入式操作系统的内核,一般都具有以下基本功能:

① 任务管理功能。
② 时间管理功能。
③ 中断服务处理功能。
④ 事件管理功能。
⑤ 内存管理功能。

任务管理、时间管理、中断服务处理是内核最重要的组成部分,是不可被裁减的。具有这三个基本功能已经可以构成一个简单的嵌入式操作系统,具有一定的实用价值,可以应用于一些较简单的工程项目了。其最大的特点是具备操作系统功能,程序代码量少,并且易于应用。

(1) 任务管理功能

任务管理是操作系统内核最核心部分之一,要完成以下基本工作:

① 创建任务、挂起任务、恢复挂起的任务、任务等待中断信号、恢复等待中断的任务、删除任务、改变任务优先级号等工作。
② 对系统中的任务进行调度。

(2) 系统时间管理功能

系统时间管理主要完成以下工作:

① 时间节拍运算控制。
② 时间片的分配。
③ 任务运行时间的检测。
④ 系统运行时间统计。
⑤ 定时器管理工作。

(3) 中断服务功能

中断服务功能要完成以下基本工作:

① 安装系统定时器的初始数据。
② 响应中断发生时,对中断的现场(断点数据)进行保护,并进入相应的中断服务程序。
③ 任务延时时间管理。
④ 中断退出之前,恢复原来的中断现场(断点数据)。
⑤ 中断退出之前,检查系统是否需要切换任务,如果满足条件,进行任务调度。

(4) 事件管理功能

事件,主要作用是提供任务之间的同步、通信机制,包括信号量、邮箱、互拆锁、消息队列等。

(5) 内存管理功能

常见的内存管理采用以下方法：

① 需拟内存管理。

② 静态内存分配管理。

③ 动态内存分配管理。

7. 嵌入式操作系统基本的功能组件

一个操作系统是由许多的功能模块组件构成的，实现小型嵌入式操作系统必须要设计的功能模块组件如下：

(1) 调度器

调度器是按设定的调度策略对操作系统中的任务进行调度。常用的调度策略如下：

① 时间片轮转调度算法。

② 基于任务优先级的占先式（抢占式）调度算法。

(2) 系统时钟

系统时钟主要产生系统的时钟粒度，为系统中的相关操作提供准确的时间单位。

(3) 应用任务

实现用户的应用要求和设计的功能，任务的程序代码是由用户编写的，并非操作系统内核功能的程序代码。

(4) 操作系统服务功能的 API 调用函数集

操作系统必须提供功能 API 调用函数集，供给用户使用。最基本应具备的功能 API 调用函数集如下：

① 任务管理的 API 调用函数集。

② 时间管理的 API 调用函数集。

③ 信号量、邮箱、消息队列、内存管理等应用 API 调用函数集。

嵌入式操作系统的开发和设计，是一项既复杂又实践性极强的系统工作，是面向目标对象系统进行设计的。由于目标对象系统的多样性，对于设计、开发人员来说，提出了极高的要求。开发、设计人员既要掌握嵌入式操作系统内部结构原理及开发流程，又要掌握目标对象系统的资源及其相关的应用知识。

嵌入式操作系统在设计和开发的过程中，应坚持理论与实践相结合，综合、全面地进行设计和开发。

第 1 章
实现一个简单的 3 任务调度系统

本章重点：
- 需应准备的开发工具。
- 实现简单操作系统的步骤和方法。
- 系统变量的定义及其作用。
- 以静态方法来创建应用任务。
- 任务调度的基本操作。

编写嵌入式操作系统是一项系统性、全面性、实践性极强的开发工作，要求开发人员要具有丰富的专业知识（单片机运用、计算机应用）和硬件电路、软件程序设计经验，同时，在开发的过程中必须坚持理论和实践相结合，由简至繁一步一步地进行。

目前，大家知道的嵌入式操作系统，都是程序代码量很庞大的，其功能也是很多，而且系统的源程序代码都使用了比较复杂的数据结构和大量的指针变量，逻辑结构也极其严密。这对于 AT89Sxx 系列这种片上资源极少的单片机来说，在其上面是很难使用的，同时也给初学者带来了很多的学习难点。当初学者碰到太多的知识难点，又没有足够的资料可学习和查阅时，那么就很难再深入地进行学习，甚至半途而废。

一个功能完善的嵌入式操作系统，其设计、开发、编写代码的过程不是一朝一夕就能够完成的，操作系统的内部功能模块也不是一两下子就能够构建起来的，需要从一个较简单的内核模型开始，一点一点、一步一步地进行扩展和完善，并且在调试、实验中不断地进行改进。

1. 任务

任务（Task）是嵌入式操作系统的管理对象，是完成用户特定需求功能的一个无限循环的程序代码段，一般由一个函数构成，本书中，把该函数称为任务函数。有的操作系统把任务称为进程或线程，其实不管称做什么，它们作用都是相同的。任务要实现的功能（控制、检测、运算、逻辑处理等）是由用户确定的，任务的程序代码是由用户（应用开发人员）开发和设计的。

2. 任务的组成

一个任务是由以下三部分组成：
① 任务栈：用来保存任务的断点数据。

② 任务控制块：用来记录任务的状态、类型、栈顶地址等信息。
③ 任务函数：是一个应用程序函数。

3. 任务调度

在这里可以先简单的理解为：任务进入运行和任务退出运行过程所进行的一系列操作，称为任务的调度。对于任务调度，在后面的第 4 章、第 8 章中会进行详细的说明。

4. 任务栈区

用来保存任务运行过程中所产生的重要数据的一个存储区域，称为任务的任务栈区，简称任务栈。这些重要的数据是 CPU 在执行任务程序代码时各个重要寄存器所产生的数据，这些寄存器是程序计数器 PC、累加器 ACC、程序状态字 PSW、寄存器 B、数据地址指针 DPTR、通用寄存器 R0~R7 等，对于不同的 CPU，这些寄存器的名称是不同的。

5. 栈顶地址

CPU 执行压栈指令，把寄存器中的数据压入栈区的一系列操作后，堆栈指针 SP 所指向的存储单元的地址就是栈顶地址，堆栈指针 SP 中的数据就是这个栈顶地址。即堆栈指针 SP 指向栈区的栈顶。

6. 任务的入口地址

所谓任务，它的程序结构是一个函数，任务的入口地址也即任务函数的入口地址。任务函数程序代码是存储在 CPU 的程序存储器中，那么，程序存储器中存储任务函数第一条指令代码的存储单元的地址，就是任务的入口地址。CPU 开始执行任务时，就是从这个入口地址开始取出指令并执行。

熟悉了这些基本的概念，对学习和理解本章的实例会变得比较容易。

1.1 硬件和软件的准备

编写嵌入式操作系统是一项实践性极强的工作，需要经常对设计和编写的程序代码进行调试和运行测试。一般来说，程序代码是在计算机上用专用的软件进行设计，程序代码的运行测试是在实验开发板上完成的。

1.1.1 实验开发板

在开发嵌入式操作系统之前，需要准备好一套实验开发板，以便把设计的程序代码下载到实验板上的单片机芯片中，进行运行测试。书中大部分的实验测试都是在 ME300B 增强型开发板上进行，此板是伟纳电子有限公司生产的，价格也不高，读者可以到网上去购买。

此开发系统板具有以下一些功能和特点：

- 集编程器、实验板、仿真器、ISP 下载等功能于一体。
- 开发板内置 MCU 芯片，有完善的过载、短路保护功能。
- 开发板上集成了丰富的硬件资源：EEPROM、DAC、ADC、DS1302、数码管、按键、LCD 接口、LED、转换方便的功能插座等。

- 适合多种单片机芯片的实验和开发,可直接进行"烧写、实验"。
- 有专业下载软件的支持,下载代码,擦除芯片非常方便。
- 下载软件具有加密功能。

1.1.2 集成环境开发工具软件

学习之前,要求 PC 上应该安装有 KEIL C51 工具软件,该软件必须是没有代码限制的,有些版本的 KEIL C51 工具软件是有 2 KB 的代码限制。因为就算很小的操作系统的内核代码,只要功能稍微多一点的话,其程序代码量都会超过 2 KB 的。使用 KEIL C51 V6.xx (UV2)或后来的版本,可以运行在 windows 9x,windows nt,windows me,windows 2000,windows XP 等操作系统,功能更加强大,支持的芯片更多。如果没有,可以到互联网上下载或购买 KEIL 工具软件。

还要在 PC 上安装一个下载代码到单片机芯片上的软件,可以把 KEIL 工具软件编译生成的 HEX 文件烧写到单片机芯片上。笔者使用的是伟纳电子有限公司的工具软件,购买此 ME300B 时,下载软件在附带的光盘中。

另外,初学者对于 KEIL C51 工具软件的使用也要具备一定的基础,特别是函数的参数传递方法、C 语言程序中插入汇编语句的方法、调用函数、CPU 进入中断时堆栈处理的方法等都是必需要掌握的知识。但是不用急,在后面的章节中会对 KEIL C51 相关的这些知识进行介绍。

1.2 构建简单的 3 任务调度操作系统

大部分的教材都介绍嵌入式操作系统的原理和结构,由于这些嵌入式操作系统结构庞大,知识面宽广,技术难点多,程序代码复杂,要对它进行简单化的描述,其难度是相当大的,要么整个系统结构进行描述,要么对整个单独的功能模块进行描述。那么,有没有一种比较简单的方法用来学习呢?

嵌入式操作系统内核最主要的一项工作就是对系统中的应用任务进行管理和调度,没有对任务进行调度,内核的运行是毫无作用的。那么就从这个角度入手,介绍一个简单的 3 任务调度操作系统,通过这个简单的 3 任务调度操作系统的构建、调试、仿真,让初学者初步认识和掌握相关的基础知识:简单地创建任务、任务栈区的作用、系统初始化操作、调度器基本的工作原理、AT89Sxx 系列单片机的堆栈指针 SP 与任务栈区之间的操作原理以及人为对任务进行简单调度的方法。

通过建立一个简单模型,来对小型嵌入式操作系统的内核进行浅层次的了解。

现在,先看看构建这个简单的 3 任务调度操作系统的步骤:

① 用 KEIL 工具软件建立一个工程,名为 DRW-CZXT-001,并对这个工程进行相应设置。

② 定义系统要用到的一些变量。

③ 对任务的栈区进行初始化和创建 3 个任务及静态调度任务运行。

④ 设计任务调度器及对系统进行仿真。

⑤ 下载系统的程序代码到实验板上运行。

第1章 实现一个简单的3任务调度系统

第一步和第二步是比较简单的,跟一般软件工程没有太大的区别,关键是在设置上有一点特殊。

1.2.1 用 KEIL C51 建立一个工程

采用 KEIL 工具软件来设计应用项目,必须要建立工程,不管是汇编文件,还是 C 语言文件,不管只有一个程序文件或者有多个程序文件,都要有一个工程来管理。没有工程,KEIL 工具软件将不能进行编译和仿真。按下面的步骤来建立一个新的工程,并对工程进行设置。

1. 新建一个工程

先在 PC 的硬盘中新建一个文件夹,名为 DRW-CZXT-001。接着打开 KEIL C51 工具软件,单击 project 菜单,选择 new project 菜单项来新建一个工程,如图 1.1 所示。

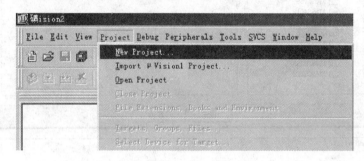

图 1.1 新建工程

然后在弹出的 Create New Project 对话框中选择工程要保存的路径:从硬盘中找出刚才新建的 DRW-CZXT-001 文件夹并打开该文件夹之后,在文件名输入框中输入工程文件的名称 DRW-CZXT-001,如图 1.2 所示,单击"保存"按钮保存新建的工程。

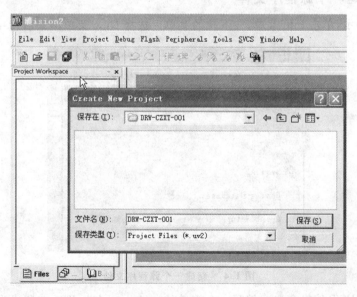

图 1.2 保存工程

接下来会弹出 Select Device For Target 'Target 1'对话框,要求选择单片机的型号。根据实验工程的要求来选择单片机,KEIL C51 几乎支持所有的 51、52 核的单片机。本工程选择 AT89S52 作为 CPU,如图 1.3 所示,然后单击"确定"按钮。

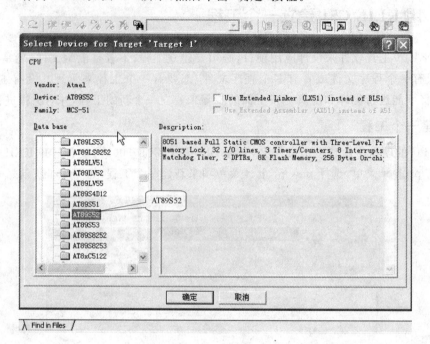

图 1.3　选择 AT89S52 单片机

接下来会弹出一个对话框询问要不要在工程中加入 AT89S52 的起动代码文件,单击 No 按钮。

2. 接着,新建一个源程序文件

如图 1.4 所示,单击 File 菜单,在下拉的菜单上选择 New 菜单项来新建一个源程序文件。

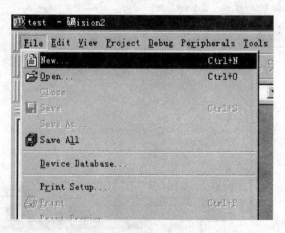

图 1.4　新建一个源程序文件

在弹出的 TEST 编辑窗口中编写一个简单的 main( )函数,图 1.5 所示为编写的 main( )函数。完成后,保存这个源程序文件,在 Save As 窗口的文件名输入框中输入文件名:Main.c。

第1章　实现一个简单的3任务调度系统

在该文件名输入框中输入文件名时,注意一定要输入扩展名,如果是C程序文件,扩展名为"文件名称.C",单击"保存"按钮。到此,这个DRW-CZXT-001的工程已经建立好了。

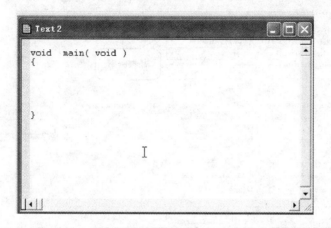

图1.5　编写mian( )函数

3. 对DRW-XT-001工程进行设置

(1) 把新建的源程序文件main加入到Target 1工程文件中

在PROJECT WINDOWS窗口中单击Taregt 1项,在其展开项Source Group 1上右击(注意用鼠标的右键,而不是左键),将弹出一个菜单,选择Add Files To Guoup'Source Group 1'菜单项。此时弹出Add Files to Guoup'Source Group 1'对话框,如图1.6所示,点击源程序文件Main之后,文件的名称main会出现在窗口的文件名输入框中,该文件就是要加入DRW-CZXT-001工程的程序文件。

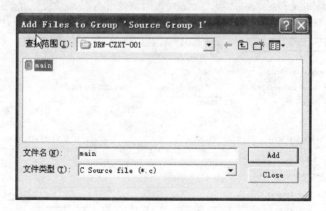

图1.6　把main文件加入工程中

单击Add按钮后关闭该窗口,此时可以看到Source Group 1的根目录下出现了main.c文件了。

(2) 设置单片机的工作频率

右击(注意用右键)左边的Target 1,会出现一个菜单,选择Options for Target 'Target 1'菜单项,将弹出Options for Target 'Target 1'对话框,如图1.7所示,对单片机的工作频率进行设置。

· 13 ·

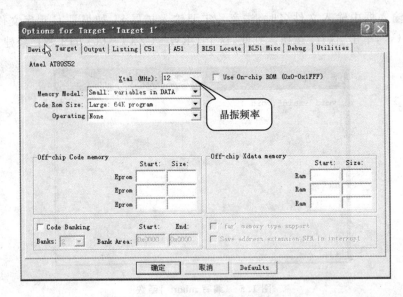

图 1.7 设置单片机的工作频率

选中 Target 设置项,图中的 Xtal(MHz)输入框是用来设置单片机的工作的频率,实验板上单片机的晶振用的是 12 MHz,所以在框里输入 12(单位是 MHz),其他采用默认值就可以了。

选中 Output 设置项,勾选 Create HEX File 复选框,如图 1.8 所示,作用是使 KEIL C51 软件编译工程时生成 HEX 十六进制文件,用该文件下载到单片机芯片上。

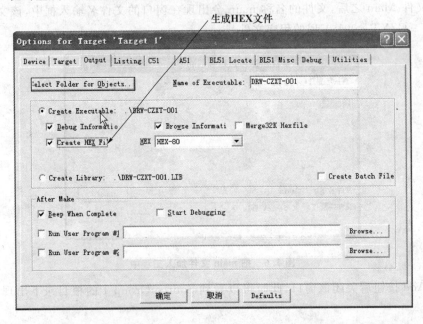

图 1.8 设置 keil c51 编译工程之后生成十六进制文件

(3) 对 main.c 程序文件进行设置

右击 Source Group 1 的根目录下的 MAIN.C 文件,在出现的菜单中选择 Options for file

第 1 章　实现一个简单的 3 任务调度系统

'main.c'菜单项。接着,在弹出的窗口 Options for File 'main.c'上选中 Properties 设置项,勾选右边 Generate Assembler SRC File 和 Assemble SRC File 复选框,如图 1.9 所示,这个设置的作用在于:

① 可以使 KEIL C51 编译工程后生成 SRC 汇编程序文件,此文件是一个由 C 文件经过编译后生成的汇编代码的文件。

② 可以在 C 文件的程序代码中直接嵌入汇编程序代码代码。

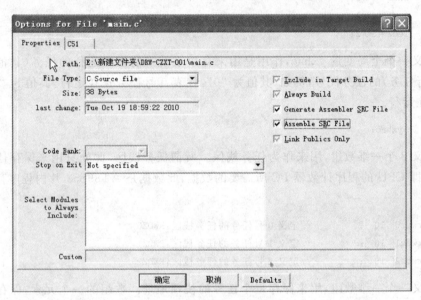

图 1.9　设置 main.c 文件

(4) 加入 C51S.LIB 文件

根据选择的编译模式,把相应的库文件(Small 模式时,是 Keil\C51\Lib\C51S.Lib 文件)加入工程中,该文件在 C 盘的 KEIL 工具软件中。该文件必须作为工程的最后文件,按加入 MAIN.C 文件的方法进行加入。

至此,DRW－CZXT－001 工程的创建和设置的工作已经完成,接着就可以在 main.c 文件中编写程序代码了。

1.2.2　定义系统需要的变量

为了便于理解,实例中的部分变量只采用简单的一维数组。

为了方便代码的编写,在 MAIN.C 文件的开头,使用了两个新类型名称:

```
typedef  unsigned  char    uc8;
typedef  unsigned  int     ui16;
```

在文件中需要定义变量的地方,就可以使用 uc8 代替 unsigned char,使用 ui16 代替 unsigned int 来定义变量。

① 包含 AT89S52 单片机的头文件:

```
#include <reg52.h>
```

因为 DRW-CZXT-001 工程使用的 CPU 为 AT89S52,所以要用 #include <reg52.h>的方式把 AT89S52 的头文件包含进来,那么在 MAIN.C 文件的程序代码中,就可以直接使用 AT89S52 单片机的特殊功能寄存器。

② 定义要使用的 3 个 LED 指示灯 led0、led1、led2,是对应 AT89S52 单片机的 P0 端口的 P0.0、P0.1、P0.2:

```
sbit    led0 = P0^0;
sbit    led1 = P0^1;
sbit    led2 = P0^2;
```

③ 定义一个全局变量 yxhao,作用是用来存放系统当前正在运行的任务(其他书籍也称为当前运行任务)的任务代号,例如,其值为"0",代表 0 号任务正在运行,其值为"1",代表 1 号任务正在运行。

```
uc8     yxhao;
```

④ 定义 3 个一维数组,用来作为任务栈区。所谓任务栈区,此处只用来保存任务函数的入口地址,即 CPU 的程序计数器 PC 所需要的数据,此数据是 AT89S52 片内程序存储单元的地址:

```
uc8     rwdz0[10];        //定义 0 号任务的任务栈区:RWDZ0
uc8     rwdz1[10];        //定义 1 号任务的任务栈区:RWDZ1
uc8     rwdz2[10];        //定义 2 号任务的任务栈区:RWDZ2
```

⑤ 定义一个一维数组,用来保存每个任务的栈顶地址。数组的一个元素,保存着一个任务的栈顶地址。这个数组的作用:保存着 CPU 的堆栈指针 SP 所需要的数据,此数据是 AT89S52 片内 RAM 单元的地址。

```
uc8     rwsp[3];          //用来保存任务栈区的栈顶地址
```

rwsp[0]保存 0 号任务的栈顶地址,rwsp[1]保存 1 号任务的栈顶地址,rwsp[2]保存 2 号任务的栈顶地址。

⑥ 给编译器声明有 3 个任务函数,注意:只是声明而已,并不是函数的实体。

```
void    rw_0();           //任务 0
void    rw_1();           //任务 1
void    rw_1();           //任务 2
```

至此,系统需要的变量就定义好了。

1.2.3 系统初始化及建立任务函数

这一步所起的作用是比较重要的,在第二步中已经声明了 3 个任务函数,为了使任务能够被 CPU 执行,必须把任务函数的入口地址存入各自对应的任务栈区中。大家知道,函数要被运行,函数的入口地址需要弹入 CPU 的程序计数器 PC 中,程序计数器 PC 取得函数的入口地址后,函数就开始被执行。

函数的入口地址是指 ROM 程序区保存该函数程序第一条指令代码的存储单元对应的地

第1章 实现一个简单的3任务调度系统

址。AT89S52 的程序计数器 PC 是一个16位的寄存器,分为高8位和低8位,而 AT89S52 片内 RAM 的每个字节只有8位,所以要2个字节才能完整保存程序计数器 PC 中的数据。

1. 把任务函数的入口地址存放在任务栈区中

把任务函数的入口地址保存在相对应的任务栈区中,并把任务栈区的栈顶地址保存起来,那么当堆栈指针 SP 取得任务的栈顶地址后,通过返回指令的作用(CPU 自动把任务函数入口地址弹入程序计数器 PC 中),任务函数就开始被执行。图1.10 所示是在任务栈中保存任务函数入口地址的示意图。

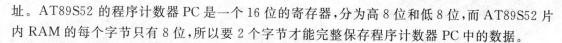

图 1.10 保存任务函数入口地址的示意图

① 把0号任务函数的入口地址存放入0号任务栈区 rwdz0 中。数组的一号元素 rwdz0[1]存放任务函数入口地址的低8位数据,数组的二号元素 rwdz0[2]存放任务函数入口地址的高8位数据,程序代码如下:

```
rwdz0[1] = (ui16)rw_0;
rwdz0[2] = (ui16)rw_0 >> 8;
```

C 语言程序代码第一句作用是把0号任务函数入口地址的低8位数据存放在 rwdz0[1]中,第二句作用是把0号任务函数入口地址的高8位数据存放在 rwdz0[2]中。此处,函数名代表任务函数的程序入口地址。

下面是该程序代码编译得到的汇编代码(在 MAIN.SRC 文件中):

```
MOV     R7,#LOW(rw_0)      ;把 rw_0()低8位地址数据→R7 中
MOV     rwdz0+01H,R7       ;把 R7→rwdz0[1]中
MOV     A,#HIGH(rw_0)      ;把 rw_0()高8位地址数据→A 中
MOV     rwdz0+02H,A        ;把 A→rwdz0[2]中
```

② 把1号任务函数的入口地址存放在数组 rwdz1 中。数组的一号元素 rwdz1[1]存放任务函数入口地址的低8位数据,数组的二号元素 rwdz1[2]存放任务函数入口地址的高8位数据,程序代码如下:

```
rwdz1[1] = (ui16)rw_1;
rwdz1[2] = (ui16)rw_1 >> 8;
```

编译得到的汇编代码(在 MAIN.SRC 文件中)如下：

```
MOV    R7,#LOW(rw_1)      ;把 rw_1()低8位地址数据→R7中
MOV    rwdz1+01H,R7       ;把 R7→Rwdz1[1]中
MOV    A,#HIGH(rw_1)      ;把 rw_1()高8位地址数据→A中
MOV    rwdz1+02H,A        ;把 A→Rwdz1[2]中
```

C语言程序代码第一句是把1号任务函数入口地址的低8位数据存放在rwdz1[1]中，第二句是把1号任务函数入口地址的高8位数据存放在rwdz1[2]中。

③ 把2号任务函数的入口地址存放在数组rwdz2中。数组的一号元素rwdz2[1]存放任务函数入口地址的低8位数据，数组的二号元素rwdz2[2]存放任务函数入口地址的高8位数据，程序代码如下：

```
rwdz2[1]=(ui16)rw_2;
rwdz2[2]=(ui16)rw_2>>8;
```

编译得到的汇编代码(在 MAIN.SRC 文件中)如下：

```
MOV    R7,#LOW(rw_2)      ;把 rw_2低8位地址数据→R7中
MOV    rwdz2+01H,R7       ;把 R7→Rwdz1[1]中
MOV    A,#HIGH(rw_2)      ;把 rw_2高8位地址数据→A中
MOV    rwdz2+02H,A        ;把 A→Rwdz1[1]中
```

C语言程序代码第一句是把2号任务函数入口地址的低8位数据存放在rwdz2[1]中，第二句是把2号任务函数入口地址的高8位数据存放在rwdz2[2]中。

一个函数的函数名也是代表该函数的首地址(即函数的入口地址)，上面的C代码编写就是直接采用函数名的方法把任务函数的入口地址存放在任务栈区中。

函数名前面的(ui16)，作用是强制进行数据类型的转换，即转换为unsigned int。

2. 保存任务的栈顶地址

这步工作是为堆栈指针SP做准备，在第二步中已经定义了一个用来保存任务栈顶地址的数组rwsp[3]，栈顶地址的保存操作方法：

以0号任务为例，其他的任务是相同的。

- 先取得0号任务栈区的首地址(rwdz0[0]元素的地址)，并把此地址保存在数组rwsp[0]中。
- 调整rwsp[0]中的数据：进行加2，使rwsp[0]中的数据变成是rwdz0[2]元素的地址。

在本例中，rwdz0[2]元素的地址就是0号任务的栈顶地址，因为栈区中只进栈两个数据，图1.11所示是保存任务的栈顶地址的示意图。

(1) 0号任务

数组rwsp的0号元素先取得数组rwdz0(即0号任务栈区)的首地址，数组名就是代表数组在存储区中的首地址值。

```
rwsp[0]=rwdz0;
```

数组rwsp[0]中的值自加2后此值是数组rwdz0[2](即0号任务栈区)元素在RAM中

的地址。2号元素rwdz0[2]中的数据是0号任务函数入口地址的高8位数据。

rwsp[0] += 2;

这样,0号任务的栈顶地址就保存在rwsp[0]中。

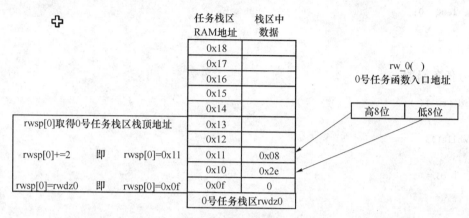

图1.11　保存任务栈顶地址的示意图

(2) 1号任务

数组rwsp的1号元素先取得数组rwdz1(即1号任务栈区)的首地址,数组名就是代表数组在存储区中的首地址值。

rwsp[1] = rwdz1;

数组rwsp[1]中的值自加2后此值是数组rwdz1[2](即1号任务栈区)元素在RAM中的地址。2号元素rwdz1[2]中的数据是1号任务函数入口地址的高8位数据。

rwsp[1] += 2;

这样,1号任务的栈顶地址就保存在rwsp[1]中。

(3) 2号任务

数组rwsp的2号元素先取得数组rwdz2(即2号任务栈区)的首地址,数组名就是代表数组在存储区中的首地址值。

rwsp[2] = rwdz2;

数组Rwsp[2]中的值自加2后此值是数组rwdz2[2](即2号任务栈区)元素在RAM中的地址。2号元素rwdz2[2]中的数据是2号任务函数入口地址的高8位数据。

rwsp[2] += 2;

这样,2号任务的栈顶地址就保存在rwsp[2]中。

3. 在MAIN.C文件中编写三个任务函数

上面已经把0号任务函数、1号任务函数、2号任务函数的入口地址保存在相对应的任务栈区中,接下来编写这三个任务函数,任务要完成的工作是控制3个LED指示灯。

任务函数内部是一个无限循环的程序结构,由while(1){}循环结构构成。

0号任务函数:

```
void rw_0( )
{
    while(1)
    {
       led0 = 0;
    }
}
```

1号任务函数：

```
void rw_1( )
{
    while(1)
    {
       Led1 = 0;
    }
}
```

2号任务函数：

```
void rw_2( )
{
    while(1)
    {
       Led2 = 0;
    }
}
```

到此，第三步的设计工作就完成了。

接下来开始对DRW-CZXT-001工程进行编译，单击工具栏上的Build Target按钮，KEIL C51就开始对DRW-CZXT-001工程进行编译，如果没有出现语法错误，编译是通过的，编译的结果会在Project window窗口中显示出来。编译通过时将显示如下：

```
Build target 'Target 1'
compiling MAIN.C...
assembling MAIN.src...
linking...
Program Size: data = 25.0 xdata = 0 code = 103
creating hex file from "DRW-CZXT-001"...
"DRW-XT-001" - 0 Error(s),0 Warning(s).
```

虽然已经通过了编译，但此时，任务函数还没能够被运行，虽然任务函数的入口地址已经存放在任务栈区中，但是CPU的程序计数器PC还没有取得任何一个任务函数的入口地址。

CPU的程序计数器PC是如何取得任务函数的入口地址呢？

在main( )函数中编写系统初始化操作的程序代码。

① 任务函数的入口地址存放在任务栈区中。

② 保存任务的栈顶地址。

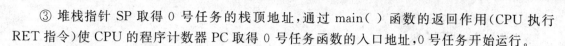

③ 堆栈指针 SP 取得 0 号任务的栈顶地址,通过 main( ) 函数的返回作用(CPU 执行 RET 指令)使 CPU 的程序计数器 PC 取得 0 号任务函数的入口地址,0 号任务开始运行。

```
void  main( )
{
    //----1:任务函数的入口地址存放在栈区中
        rwdz0[1] = (ui16)rw_0;
        rwdz0[2] = (ui16)rw_0 >> 8;
    //--
        rwdz1[1] = (ui16)rw_1;
        rwdz1[2] = (ui16)rw_1 >> 8;
    //--
        rwdz2[1] = (ui16)rw_2;
        rwdz2[2] = (ui16)rw_2 >> 8;
    //----2:保存任务栈区的栈顶地址
        rwsp[0] = rwdz0;       //取得 0 号任务栈区的首地址
        rwsp[0] + = 2;
        rwsp[1] = rwdz1;       //取得 1 号任务栈区的首地址
        rwsp[1] + = 2;
        rwsp[2] = rwdz2;       //取得 2 号任务栈区的首地址
        rwsp[2] + = 2;
    //----3:启动 0 号任务
        SP = rwsp[ 0 ];        //SP 取得 0 号任务的栈顶地址
} //-- 起到 RET 指令的作用,CPU 的 PC 取得 0 号任务,函数的入口地址
```

main( ) 函数中的第一、第二部分的语句的作用,大家都已经清楚了,关键是第三部分,启动 0 号任务。我们知道,数组 rwsp 的 0 号元素 rwsp[0] 已经保存着 0 号任务的栈顶地址,此地址单元中的数据是 0 号任务函数入口地址的高 8 位数据。SP=rwsp[0] 语句的作用是:数组 rwsp 的 0 号元素 rwsp[0] 中的数据赋给 CPU(AT89S52)的堆栈指针 SP,即 CPU (AT89S52)的堆栈指针 SP 指向 0 号任务栈区的栈顶地址。

当 CPU 执行语句 SP=rwsp[0] 后,main( ) 函数就返回退出,在这个返回作用的控制下,0 号任务开始运行。看看 main( ) 函数生成的汇编代码:

```
        RSEG    ? PR? main? MAIN
main:
        USING   0
                ; SOURCE LINE # 66
;  {
                ; SOURCE LINE # 67
;    //-------------
;    //--- 保存任务函数的入口地址
;        rwdz0[1] = (ui16)rw_0;
                ; SOURCE LINE # 70
        MOV     R7,#LOW (rw_0)
        MOV     rwdz0 + 01H,R7
;        rwdz0[2] = (ui16)rw_0 >> 8;
```

```
;                   SOURCE LINE # 71
      MOV      A,#HIGH(rw_0)
      MOV      rwdz0+02H,A
;
;          rwdz1[1] = (ui16)rw_1;
;                   SOURCE LINE # 73
      MOV      R7,#LOW(rw_1)
      MOV      rwdz1+01H,R7
;          rwdz1[2] = (ui16)rw_1 >> 8;
;                   SOURCE LINE # 74
      MOV      A,#HIGH(rw_1)
      MOV      rwdz1+02H,A
;
;          rwdz2[1] = (ui16)rw_2;
;                   SOURCE LINE # 76
      MOV      R7,#LOW(rw_2)
      MOV      rwdz2+01H,R7
;          rwdz2[2] = (ui16)rw_2 >> 8;
;                   SOURCE LINE # 77
      MOV      A,#HIGH(rw_2)
      MOV      rwdz2+02H,A
;      //--------------
;      //---保存任务栈区的栈顶地址
;      //--------------
;          rwsp[0] = rwdz0;
;                   SOURCE LINE # 81
      MOV      rwsp,#LOW(rwdz0)
;          rwsp[0] += 2;
;                   SOURCE LINE # 82
      INC      rwsp
      INC      rwsp
;          rwsp[1] = rwdz1;
;                   SOURCE LINE # 83
      MOV      rwsp+01H,#LOW(rwdz1)
;          rwsp[1] += 2;
;                   SOURCE LINE # 84
      INC      rwsp+01H
      INC      rwsp+01H
;          rwsp[2] = rwdz2;
;                   SOURCE LINE # 85
      MOV      rwsp+02H,#LOW(rwdz2)
;          rwsp[2] += 2;
;                   SOURCE LINE # 86
      INC      rwsp+02H
      INC      rwsp+02H
```

第1章 实现一个简单的3任务调度系统

```
;   //--------------
;   //---启动 0 号任务
;
;       SP = rwsp[0];
            ; SOURCE LINE # 90
    MOV     SP,rwsp
; }
            ; SOURCE LINE # 92
    RET     ;       //-- main( ) 函数的返回指令 --//
; END OF main
```

当 CPU 执行了返回指令 RET 后,CPU 自动把堆栈指针 SP 所指向的地址单元中的数据弹入到 CPU 的程序计数器 PC 中,接下来,0 号任务开始进入运行。

函数的返回指令 RET 和中断的返回指令 RETI 的作用是相同的,此处初学者知道这个作用就可以,具体的作用在后面将进行描述。

其实这是以人为调度的方法让系统启动并运行 0 号任务。使用 KEIL 工具软件的仿真功能,看看 0 号任务能否进入运行。对 MAIN。C 文件重新编译,单击菜单的 Debug 菜单项,在下拉菜单中选择 Start/Stop Debug Session 选项,KEIL 工具软件就进入仿真环境。在仿真的工具栏上,单击 Step over 按钮,进行逐步运行,每按下一次,程序就执行一步,代码区的鼠标指针也会跟着移动。程序在运行完 RET 指令后,鼠标指针应该转到 0 号任务的程序代码区中,继续不断地按 Step over 按钮,鼠标指针应该在 0 号任务的程序代码区中循环运行。

任务程序代码对应的汇编代码如下,简单地了解一下就可以。

```
;//-----------------------
;//函数名:     0 号任务
;//-----------------------
; void  rw_0()

    RSEG    ? PR? rw_0? MAIN
rw_0:
            ; SOURCE LINE # 97
; {
            ; SOURCE LINE # 98
? C0002:
;   while(1)
            ; SOURCE LINE # 99
;   {
            ; SOURCE LINE # 100
;
;       led0 = 0;
            ; SOURCE LINE # 102
    CLR     led0
;
;   }
            ; SOURCE LINE # 104
```

```
         SJMP    ?C0002
; END OF rw_0
;}
;//------------------------
;//函数名:     1号任务
;//------------------------
; void    rw_1()

         RSEG   ?PR?rw_1?MAIN
rw_1:
                ; SOURCE LINE # 113
;{
                ; SOURCE LINE # 114
?C0005:
;
;   while(1)
                ; SOURCE LINE # 116
;   {
                ; SOURCE LINE # 117
;       led1 = 0 ;
                ; SOURCE LINE # 118
   CLR     led1
;
;   }
                ; SOURCE LINE # 120
   SJMP    ?C0005
; END OF rw_1
;
;}
;//------------------------
;//函数名:     2号任务
;//------------------------
; void    rw_2()
         RSEG   ?PR?rw_2?MAIN
rw_2:
                ; SOURCE LINE # 128
;{
                ; SOURCE LINE # 129
?C0008:
;   while(1)
                ; SOURCE LINE # 131
;   {
                ; SOURCE LINE # 132
;       led2 = 0 ;
                ; SOURCE LINE # 133
```

```
        CLR     led2
;
;       }
                ; SOURCE LINE # 135
        SJMP    ?C0008
; END OF rw_2
        END
```

在仿真环境中逐步运行程序的时候,应该仔细看看 Project Window 的 Regs 窗口中 CPU 的各个寄存器中数据的变化。运行 0 号任务函数,那么从该窗口中的堆栈指针 SP 中就能够知道 0 号任务的栈顶地址的数据,本例中 0 号任务的栈顶地址为:0x0e,不同版本的 KEIL C51 产生的结果可能是不同的。在运行了语句"MOV SP,rwsp"后,SP 中的值也为:0x0e,即 SP 取得了 0 号任务的栈顶地址 0x0e。

用同样的方法让 1 号任务运行,把 main( ) 函数中的语句 SP=rwsp[0]修改为 SP=rwsp[1],作用是 SP 取得 1 号任务的栈顶地址,编译工程,无误后进入仿真运行。程序在运行到 RET 指令后,鼠标指针应该转到 1 号任务的程序代码区中,继续不断地按 Step over 按钮,鼠标指针应该在 1 号任务的程序代码区中循环运行。

用同样的方法让 2 号任务运行,把 main( ) 函数中的语句 SP=rwsp[1]修改为 SP=rwsp[2],作用是 SP 取得 2 号任务的栈顶地址,编译工程,无误后进入仿真运行。程序在运行到 RET 指令后,鼠标指针应该转到 2 号任务的程序代码区中,继续不断地单击 Step over 按钮,鼠标指针应该在 2 号任务的程序代码区中循环运行。

从仿真运行实验中可以看出:堆栈指针 SP 指向那个任务栈区的栈顶地址,通过返回指令 RET 的作用,把任务函数入口地址弹入 CPU 的程序计数器 PC 中,那么对应的任务就被执行。

上述实例通过人为使堆栈指针 SP 取得任务的栈顶地址,使任务运行起来,并在仿真环境中进行仿真试验,让初学者知道任务是怎样调度运行起来。当然,多任务嵌入式操作系统的任务调度器要做的工作会复杂一些。

任务调度,实质上是一个执行任务切换(俗称上下文切换)的函数。

1.2.4 建立一个简单的任务调度器

上面的任务调度是人为指定进行的,而且也只是让单独一个任务运行起来,而非系统自己进行调度,因而即使系统中有多个任务,各个任务也无法协调地运行起来。那么怎样让多个任务能够自动地运行起来呢?

先来了解一下调用指令和返回指令的作用。

调用(LCALL)指令的作用如下:

① 把程序计数器 PC 的断点数据(程序代码的存储地址)保存在栈区中。

② 把子程序的入口地址数据自动送入 CPU 的程序计数器 PC 中,开始运行子程序。

一般栈区都是位于 CPU 的数据存储器 RAM 中。在 AT89S52 中,一个 RAM 存储单元只有 8 位,而程序计数器 PC 是一个 16 位的程序地址寄存器,如何用 8 位的存储单元来保存

16 位的 PC 寄存器中的数据(程序地址),堆栈指针 SP 在这里就起作用了。在调用指令未执行时,堆栈指针 SP 中的数据是栈区的栈底地址,在执行调用指令时,CPU 自动地进行如下压栈的操作:

SP←SP+1;   //SP 中的地址值先自加 1
(SP)←PC 低 8 位数据;   //把 PC 低 8 位数据存入(SP)为地址的单元中
SP←SP+1;   //SP 中的地址值再自加 1
(SP)←PC 高 8 位数据;   //把 PC 高 8 位数据存入(SP)为地址的单元中

由上面可知,在执行调用指令后,堆栈指针 SP 中的地址值已经增加 2,程序计数器 PC 中的数据也压入到栈区中,这个过程称为 PC 寄存器压栈。此时堆栈指针 SP 指向栈区保存程序计数器 PC 高 8 位数据的地址,即堆栈指针 SP 中的值是此地址数据。

返回指令(RET / RETI)的作用如下:把栈区中断点地址自动恢复到 CPU 的程序计数器 PC 中。执行返回指令时,CPU 自动地进行如下弹栈的操作:

PC 高 8 位←(SP)
SP←SP-1;
PC 低 8 位←(SP)
SP←SP-1;

在执行返回指令后,堆栈指针 SP 中的地址值已经减少 2,原来栈区中的断点数据也恢复到 CPU 的程序计数器 PC 中。这个过程称为 PC 寄存器弹栈。此时堆栈指针 SP 指向栈区栈底的地址,即 SP 指向栈区的栈底。

C51 子程序的形式就是一个函数实体,程序在执行该函数时,采用调用指令执行该函数,在函数的末尾采用返回指令退出该函数。

任务调度器,实际就是一个调度函数。

这一步,我们来建立一个简单功能的调度器,这个调度器由 3 个程序语句构成。

调度函数的内部功能如下:

① 保存当前运行任务的栈顶地址。
② 把要被运行的任务的任务号赋给 yxhao 变量。
③ 堆栈指针取得要运行的任务的栈顶地址。

调度函数的程序代码如下:

```
void  rw_td(uc8  rwhao)
{
    rwsp[yxhao] = SP;
    yxhao = rwhao;
    SP = rwsp[yxhao];
}
```

这个 rw_td(uc8 rwhao) 函数被任务函数调用,要求传入一个 unsigned char 数据,此处要传入的是一个正要被 CPU 运行的任务的任务号。

程序代码的作用如下:

① 第一条语句 rwsp[yxhao]=SP 的作用:保存当前运行任务的栈顶地址。在调用 rw_td()时,CPU 已经自动把程序计数器 PC 中的断点数据压入当前运行任务的任务栈中。yxhao

变量保存着当前运行任务的任务号,例如,当前运行任务的任务号是 0,即 yxhao=0,那么就是把 0 号任务的栈顶地址保存在 rwsp[0]中。

② 第二条语句 yxhao=rwhao 的作用:把正要被 CPU 运行的任务(新任务)的任务号赋给变量 yxhao,实现任务号切换。

③ 第三条语句 SP=rwsp[yxhao]的作用:CPU 的堆栈指针 SP 取得指定任务的栈顶地址。例如,要被运行的任务的任务号是 1,即 yxhao=1,那么就是把保存着 1 号任务的栈顶地址的数组元素 rwsp[1]中的数据赋给堆栈指针 SP。

调用 rw_td(rwhao) 函数时,CPU 会自动地把程序计数器 PC 中的断点数据压入当前运行任务的任务栈中,但压入的已经不是任务函数的入口地址,而是 rw_td(rwhao)语句的下一条指令代码的地址。执行 rw_td(rwhao) 函数返回指令时,CPU 会自动把运行任务的任务栈中的断点数据弹入程序计数器 PC 中,返回完成后,开始运行 yxhao 指定的任务。

程序计数器 PC 的入栈和出栈这两个操作就是由 LCALL 与 RET 指令来完成。

在 MAIN.C 文件中编写好 rw_td(uc8　rwhao)函数之后,对工程进行编译,可以在 MAIN.SRC 文件中得到这个函数的汇编代码如下:

```
;//------任务调度函数------//
;
; void   rw_td(uc8   rwhao)
  RSEG    ? PR? _rw_td? MAIN
_rw_td:
  USING   0
; rwsp[yxhao] = SP;
            ; SOURCE LINE # 43
  MOV       A,#LOW (rwsp)
  ADD       A,yxhao
  MOV       R0,A
  MOV       @R0,SP
; yxhao = rwhao;
            ; SOURCE LINE # 44
  MOV       yxhao,R7
; SP = rwsp[yxhao];
            ; SOURCE LINE # 45
  MOV       A,#LOW (rwsp)
  ADD       A,R7
  MOV       R0,A
  MOV       A,@R0
  MOV       SP,A
;
; }
  RET
; END OF _rw_td
```

从汇编代码中,不难理解任务调度的操作方法。

接下来,在 3 个任务函数的程序代码中加入调用这个调度函数的程序语句,代码如下:

0号任务函数：

```c
void  rw_0( )
{
    while(1)
    {
        led0 = 0;
        rw_td( 1 );
    }
}
```

1号任务函数：

```c
void  rw_1( )
{
    while(1)
    {
        led0 = 0;
        rw_td( 2 );
    }
}
```

2号任务函数：

```c
void  rw_2( )
{
    while(1)
    {
        led0 = 0;
        rw_td( 0 );
    }
}
```

这样，3个任务函数形成了顺序调度：

① 0号任务工作完成后，使用调度函数rw_td(1)调度1号任务进入运行。

② 1号任务工作完成后，使用调度函数rw_td(2)调度2号任务进入运行。

③ 2号任务工作完成后，使用调度函数rw_td(0)调度0号任务进入运行。

这种方法是属于人为显式地调度任务运行，并不是操作系统通过某种调度策略来调度任务进入运行。

工程经过编译后（无错误），以0号任务的汇编代码为例：

```
; //------------------------
; //函数名：    0号任务
; //------------------------
; void  rw_0( )

    RSEG  ? PR? rw_0? MAIN
rw_0:
    USING  0
```

第1章 实现一个简单的3任务调度系统

```
                ; SOURCE LINE # 100
; {
                ; SOURCE LINE # 101
? C0003:
;       while(1)
                ; SOURCE LINE # 102
;       {
                ; SOURCE LINE # 103
;
;           led0 = 0;
                ; SOURCE LINE # 105
  CLR        led0
;           rw_td(1);
                ; SOURCE LINE # 106
  MOV        R7,#01H
  LCALL      _rw_td
;       }
                ; SOURCE LINE # 107
  SJMP       ? C0003
; END OF rw_0
```

从 0 号任务函数的汇编代码中可以看出，0 号任务用 LCALL_rw_td 指令调用调度函数，那么，在此指令执行时，此时 CPU 的程序计数器 PC 中的数据会自动保存在 0 号任务的栈区中，并且 CPU 的堆栈指针 SP 自动指向 0 号任务栈区的栈顶地址。调度函数运行后，就是开始执行任务调度的一系列工作：

- 保存 0 号任务运行时的程序计数器 PC 的断点数据到 0 号任务栈区中，并把 SP（指向 0 号任务栈区的栈顶地址）中的数据保存在 rwsp[0]中。
- 切换任务号。
- 1 号任务的栈顶地址赋给 CPU 的堆栈指针 SP，调度函数 rw_td(1)返回后，1 号任务就开始运行起来。

如此循环地进行，那么 3 个任务就可以就轮流地运行起来。

1.2.5 在实验板上运行

启动 0 号任务：
在 DRW-XT-001 工程的 MAIN.C 文件中，在 main( )函数中的程序语句的最末尾的地方加入如下的两条启动语句，启动 0 号任务。

```
//-----启动 0 号任务-----//
yxhao = 0 ;
SP = rwsp[0] ;
```

MAIN.C 文件中编写一个延时函数 rw_ys(ui16 ys)，并在任务函数中增加调用这个延时函数 rw_ys(ui16 ys)的指令语句。

注意:在实际的操作系统中,是不能使用这种形式的延时函数。

代码如下:

```
//-- 普通延时函数
void rw_ys(ui16 ys)
{ui16 i;
ui16 j;
for(i=0;i<ys;i++)
{ for(j=0;j<10000;j++){;}}
}
```

此函数只作为试验使用,可用控制 LED 点亮的时间。

以下 0 号任务调用延时函数的例子:

```
void rw_0( )
{
  while(1)
  {
    led0 = ~led0;
    rw_ys(100);
    rw_td(1);
  }
}
```

任务实现的功能:让 LED0 循环进行闪烁。

本例 MAIN.C 文件完整的程序代码如下:

```
typedef  unsigned  char  uc8;
typedef  unsigned  int   ui16;
//-- 包含 AT89S52 CPU 的头文件
#include  <reg52.h>
//-- 定义 3 个 LED
sbit   led0 = P0^0;
sbit   led1 = P0^1;
sbit   led2 = P0^2;
uc8  yxhao;
//-- 定义任务的私有栈区:
uc8  rwdz0[10];
uc8  rwdz1[10];
uc8  rwdz2[10];
//-- 定义一个用来保存任务栈顶地址的数组
uc8  rwsp[3];
//-- 声明了 3 个任务函数
void  rw_0();
void  rw_1();
void  rw_2();
//-- 任务调度函数 --
```

```c
void  rw_td(uc8  rwhao)
{
rwsp[yxhao] = SP;
yxhao = rwhao;
SP = rwsp[yxhao];
}
//-- 普通延时函数------
void  rw_ys(ui16  ys)
{
ui16 i;
ui16 j;
for(i = 0;i<ys;i++)
{ for(j = 0;j<10000;j++){;}}
}
//------------------------
//
//函数名： MAIN();
//
//------------------------
void  main()
{
    //--------------
    //--- 保存任务函数的入口地址
    rwdz0[1] = (ui16)rw_0;
    rwdz0[2] = (ui16)rw_0 >> 8;
    rwdz1[1] = (ui16)rw_1;
    rwdz1[2] = (ui16)rw_1 >> 8;
    rwdz2[1] = (ui16)rw_2;
    rwdz2[2] = (ui16)rw_2 >> 8;
    //--------------
    //---- 保存任务栈区的栈顶地址
    //--------------
    rwsp[0] = rwdz0;
    rwsp[0] += 2;
    rwsp[1] = rwdz1;
    rwsp[1] += 2;
    rwsp[2] = rwdz2;
    rwsp[2] += 2;
    //--------------
    //--- 启动 0 号任务--
    yxhao = 0;
    SP = rwsp[0];
}
//------------------------
//函数名：  0 号任务
```

```
//------------------------
void  rw_0()
{
  while(1)
  {
    led0 = ~led0;
    rw_ys(100);
    rw_td(1);
  }
}
//------------------------
//函数名：   1号任务
//------------------------
void  rw_1()
{
  while(1)
  {
    led1 = ~led1 ;
    rw_ys(100);
    rw_td(2);
  }
}
//------------------------
//函数名：   2号任务
//------------------------
void  rw_2()
{
  while(1)
  {
    led2 = ~led2 ;
    rw_ys(100);
    rw_td(0);
  }
}
```

对 MAIN.C 文件进行编译后，进入 KEIL C51 的仿真环境，开始全速运行程序一会儿后停止运行，检查所有任务函数中的程序代码，应该都被运行，有鼠标指针运行的指示痕迹（绿色的）。

打开下载工具软件，把编译生成的 HEX 文件写入到实验板的 CPU AT89S52 芯片中。代码写入芯片后，实验板就开始进入运行了。

实验的结果是：LED 是顺序点亮和顺序熄灭的。

总 结

通过这个简单 3 任务调度操作系统的设计与实验，作为编写多任务嵌入式操作系统入门

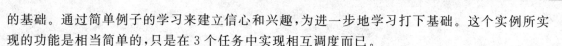

的基础。通过简单例子的学习来建立信心和兴趣,为进一步地学习打下基础。这个实例所实现的功能是相当简单的,只是在3个任务中实现相互调度而已。

1. 在此提出4个问题,希望读者能够认真去理解:

① 为什么要给任务建立栈区。

② 为什么要把任务函数的入口地址保存在任务栈区中,为什么要保存任务栈顶地址。

③ 任务是如何被CPU运行。

④ DRW-XT-001工程中的调度器的作用是什么。

2. 通过实例的设计,要掌握的主要知识如下:

① 为系统的任务建立堆栈区间。

② 在初始化系统的设计中:静态建立任务的方法。

● 任务函数入口地址保存在对应的任务栈区中。

● 保存任务的栈顶地址。

③ 建立系统的任务函数。

④ 熟悉压栈、出栈的操作方法。

⑤ 任务调度的基本操作方法。

3. 函数调用和任务调度的联系和区别。

① 函数调用是通过使用调用指令 LCALL 及返回指令 RET 形成一个调用执行过程,涉及堆栈操作的寄存器只是程序计数器 PC。

② 任务调度主要通过改变堆栈指针 SP 的指向,并且需要 LCALL 和 RET 指令的配合才能实现。改变堆栈指针 SP 的指向,实际就是切换任务栈区。涉及堆栈操作的寄存器就不止是程序计数器 PC(本章只涉及序计数器 PC)。

第 2 章
嵌入式操作系统的程序文件

目前,大家知道的嵌入式操作系统,都具备有很多功能。例如,任务管理、时间管理、中断服务,在实现任务的同步和通信机制方面有信号量、邮箱、消息队列、信号量集等,同时很多操作系统都具有内存管理功能。但有些功能模块对于刚开始学习的初学者来说,只会增加学习的难度,而且这些功能对于初学者是没有起到多大的作用。初学者在入门后再去学习和使用这些功能,就会变得比较轻松。所以,在 RW/CZXT-1.0 嵌入式操作系统中,系统的构建过程分成两个部分:

① 操作系统的基础部分。基础部分主要是:从零开始一步一步建立操作系统的基础模型,再进一步建立操作系统的任务管理控制功能(包括任务级调度器,任务管理的应用 API 函数)和时间管理控制功能(包括中断级调度器、时间管理的应用 API 函数)。这些都是嵌入式操作系统中最基础、最主要的功能。此部分功能属于 RW/CZXT-1.0 嵌入式操作系统内核的基本功能,构成了一个基础的嵌入式操作系统。

② 操作系统功能扩展部分。这部分主要介绍信号量、邮箱、消息队列、内存管理、服务功能等这些系统功能的设计和实现方法。

2.1 RW/CZXT-1.0 嵌入式操作系统的功能和特点

RW/CZXT-1.0 小型嵌入式操作系统可作为学习嵌入式实时操作系统的一个基础的嵌入式操作系统。该操作系统基于 AT89Sxx 单片机为目标硬件进行编写,具备嵌入式实时操作系统大部分功能和特点。

RW/CZXT-1.0 小型嵌入式操作系统,是一个很小的微内核,内部结构紧凑,程序代码量少,可以根据实际需要对系统的功能进行配置,通过配置,系统只有 1.5~12 KB 的代码量。

内核提供的主要功能如下:
① 内核中的功能模块可以根据需要进行裁减。
可以裁减的功能模块有信号量、邮箱、消息队列、内存管理、服务等功能模块。
② 可以进行以下灵活的配置:
● 可以方便地配置任务的数量。
● 任务栈的长度。

- 时间粒度。
- 时间片长度。
- 任务栈切换的操作形式。
- 实时任务管理功能使能。

③ 可以方便地扩展功能模块：可以方便扩展的功能模块有信号量、邮箱、服务功能、消息队列、内存管理等。

④ 较完善的任务管理功能：
- 对于普通任务，采用基于"优先和普通结合"的调度策略。
- 对于实时任务，采用抢占式调度策略。
- 任务调度器：具备任务级调度和中断级调度功能。
- 提供任务控制的 API 应用函数：挂起任务，恢复挂起的任务，任务等待中断信号，恢复等待中断信号的任务，任务申请和释放实时令旗。

⑤ 具有时间管理功能：
- 对普通任务的运行时间片进行管理和控制。
- 为普通任务分配时间片。
- 空闲任务的时间片可剥夺，采用特殊方法提高系统的实时性。
- 提供延时服务 API 函数。

⑥ 提供信号量、邮箱、消息队列、内存管理等功能模块。

⑦ 提供服务功能模块：
- 操作系统复位服务。
- 特殊的暂停服务。

RW/CZXT-1.0 小型嵌入式操作系统没有采用复杂的数据结构。内核具有的功能也较简单，这些对于初学者来说是有利的，可以减轻初学者学习的压力和降低知识点难以理解的程度。

RW/CZXT-1.0 小型嵌入式操作系统具有较高的实时性、可靠性、紧凑性，在设计上尽量节省 CPU 资源的开消。

RW/CZXT-1.0 小型嵌入式操作系统已经具备较高的应用价值，继续进行开发的潜力比较大，例如增加设备驱动和文件系统，嵌入式中间件等。

2.2　RW/CZXT-1.0 嵌入式操作系统的程序文件

RW/CZXT-1.0 小型嵌入式操作系统主要由 12 个功能文件构成，这些文件所实现的功能是不一样的，主要功能如下：
- 系统的宏定义文件：　　　XT-HDY.H
- 系统的功能配置文件：　　XT-PZ.H
- 系统的头文件　　　　　　XT.H
- 系统的初始化文件　　　　XT-INT.C
- 系统的调度文件　　　　　XT-TD.C
- 系统任务管理文件　　　　XT-RWGL.C

- 系统时间管理文件　　　　XT – SHIJ. C
- 信号量、邮箱文件　　　　XT – XHL. C ；　XT – XXYX. C
- 消息队列功能文件　　　　XT – XXDL. C
- 内存管理功能文件　　　　XT – NCGL. C
- 系统服务功能文件　　　　XT – FUWU. C
- 系统 MAIN 文件　　　　　XT – MAIN. C

2.2.1　系统的宏定义文件：XT – HDY. H

系统宏定义文件主要是定义了一些宏名称，以供给其他程序文件使用。可以使用宏名称对变量进行赋值或确定有关变量的某些状态。

1. 新类型名称

```
typedef    unsigned    char   uc8;
typedef    unsigned    int    ui16;
typedef    unsigned    long   ul32;
```

定义这些新类型名后，操作系统中的其他程序文件就可以使用这些新类型名来定义变量的类型。如系统中定义一个用来存放当前运行任务的任务号的变量 uc8 yxhao；这种形式的定义相等于 unsigned char yxhao；用 uc8 定义的变量 yxhao 的数据类型是 unsigned char 类型。

2. 操作系统状态模式

```
#define  ch_tzms         0x00    //停止状态
#define  ch_yxms         0x01    //运行状态
#define  ch_hcms         0x02    //互斥状态
#define  ch_fwms         0x04    //服务状态
```

3. 任务状态的宏定义

```
#define  ch_yunxing      0x01    //就绪运行态
#define  ch_yanshi       0x02    //延时态
#define  ch_dengdai_zd   0x20    //等待中断状态
#define  ch_tingzhi      0x40    //停止运行状态
```

系统中的任务一旦建立后，在系统运行中的每一时刻都有唯一的一个状态存在，如任务停止运行时，其状态就是停止状态，对应 ch_tingzhi。

4. 变量状态宏定义

```
#define  ch_on              0xff    //系统运行
#define  ch_off             0x00    //系统停止
#define  ch_sj_on           0xff    //有任务要优先运行
#define  ch_sj_off          0x00    //无任务要优先运行
#define  ch_zd_on           1       //开放中断
#define  ch_zd_off          0       //禁止中断
#define  ch_dengdai_cs_on   0xff    //等待超时
```

```
#define    ch_dengdai_cs_off    0x00    //没有超时
```

这些宏定义名称的作用,在后面章节用到的地方,都会进行说明。随着操作系统功能的不断扩展,会不断地增加与功能对应的宏名称。

2.2.2 系统的配置文件: XT – PZ.H

系统配置文件,主要实现对 RW/CZXT – 1.0 操作系统的内部功能进行配置,可以进行配置的主要项目如下:

```
//------- 系统任务总数量配置
#define    rwzons              5
//------- 任务栈长度配置
#define    ch_danzhan_zs       18
//------- 时间片长度配置
#define    ch_sjzs             3
//------- 10ms 系统时间粒度配置
#define    ch_tick_zs          0xdc
//------- 10ms 延时节拍 = 时间粒度
#define    ch_ticks            10
//------- 堆栈操作形式配置
#define    ch_rwtd_xs          1
//------- 功能函数配置,
#define    ch_gn_rw            0
//------- 信号量使能配置
#define    ch_xhl_en           0
#define    ch_xhl_zs           0
//------- 邮箱使能配置,
#define    ch_yx_en            0
#define    ch_yx_zs            0
//------- 消息队列使能配置,
#define    ch_xxdl_en          0
#define    ch_xxdl_zs          0
//------- 服务模式使能配置
#define    ch_fuwu_en          0
```

这些配置项的作用及其配置方法,在后面的设计中将进行说明。随着操作系统功能的不断扩展,对应的配置项目也会增加。

2.2.3 系统的头文件 XT.H

RW/CZXT – 1.0 小型嵌入式操作系统的头文件中,主要对系统中用到的变量进行定义,这些变量主要有以下几种:

① 操作系统管理控制块(系统管理器)。

② 任务控制块。
③ 任务栈。
④ 公共运行栈。
⑤ 服务模式运行栈。
⑥ 运行队列。
⑦ 信号量的数据结构。
⑧ 邮箱的数据结构。
⑨ 消息队列的数据结构。
⑩ 内存管理功能的数据结构。
⑪ 操作系统需要的其他一些操作数组。

2.2.4 系统的初始化文件 XT – INT.C

RW/CZXT-1.0 小型嵌入式操作系统的初始化文件，主要进行两项初始化操作：
① 对系统头文件定义的变量进行以下初始化：
- 初始化系统管理控制块。
- 初始化任务控制块，运行队列，任务栈。
- 初始化各个功能的数据结构。

② 静态创建系统的应用任务。

2.2.5 系统的调度文件 XT – TD.C

RW/CZXT-1.0 小型嵌入式操作系统的调度文件的主要包含调度器功能模块：
① 运行队列的相关操作功能函数。
② 实时任务就绪登记表的相关操作函数。
③ 任务调度器。
④ 操作系统的启动函数。

2.2.6 系统任务管理文件 XT – RWGL.C

RW/CZXT-1.0 小型嵌入式操作系统的任务管理文件，主要包含系统对任务进行管理和控制的功能函数。这些函数有：
① 创建应用任务。
② 挂起任务。
③ 解挂任务。
④ 任务等待中断信号。
⑤ 恢复等待中断信号的任务。
⑥ 申请实时令旗。
⑦ 放弃实时令旗。

2.2.7　系统时间管理文件 XT-SHIJ.C

RW/CZXT-1.0 小型嵌入式操作系统的时间管理文件,主要包含操作系统的时间控制功能及控制任务进行延时的功能函数,这些函数有:
① 系统定时器中断服务函数(包含中断级调度器)。
② 时钟节拍进行延时函数。
③ 100 ms 为单位的延时函数。
④ 1 s 为单位的延时函数。
⑤ 恢复正在延时的任务。

2.2.8　信号量、邮箱文件 XT-XHL.C,XT-XXYX.C

这两个文件主要包含信号量和邮箱的功能模块,信号量和邮箱的应用 API 函数主要有:
① 信号量和邮箱功能的内部操作函数。
② 创建信号量,创建邮箱。
③ 申请和释放信号量。
④ 互斥信号量的功能及其应用函数。
⑤ 读邮箱消息,往邮箱登记消息。

2.2.9　消息队列功能文件 XT-XXDL.C

RW/CZXT-1.0 小型嵌入式操作系统的消息队列功能文件,主要包含该功能模块的应用 API 函数,这些函数有:
① 消息队列功能的内部操作函数。
② 创建消息队列。
③ 读消息队列中的消息:阻塞式和非阻塞式。
④ 发送消息给消息队列。

2.2.10　内存管理功能文件 XT-NCGL.C

RW/CZXT-1.0 小型嵌入式操作系统的内存管理功能文件,主要包含该功能模块的应用 API 函数,这些函数如下:
① 创建内存分区。
② 申请内存块。
③ 释放内存块。
④ 内存块的驱动函数。

2.2.11　系统服务功能文件 XT-FUWU.C

RW/CZXT-1.0 小型嵌入式操作系统的服务功能文件中,主要包含服务功能函数,这些函数有:

① 系统复位服务。该服务功能的作用在于:控制操作系统进入复位并且重新启动运行。一般在操作系统运行中遇到重大问题时使用,使操作系统重新复位和启动运行。

② 系统暂停运行的服务。暂停服务,主要控制操作系统停止运行,彻底让出 CPU 资源,为应用提供特定的程序运行环境。

2.2.12　系统 MAIN 文件 XT-MAIN.C

系统 MAIN.C 文件,是 RW/CZXT-1.0 小型嵌入式操作系统的主文件,文件中包含了系统的主函数 void main();同时,也是操作系统中任务函数所在的文件。

主函数 void main()主要用来初始化操作系统和启动操作系统。

总　结

在这一章中,综合地介绍 RW/CZXT-1.0 小型嵌入式操作系统各个程序文件所包含的功能,有序地把 RW/CZXT-1.0 小型嵌入式操作系统的内部功能分配到各个程序文件中实现,形成模块化设计。

第 3 章
系统变量定义及初始化

本章重点:
- 构建 RW/CZXT-1.0 小型嵌入式操作系统的第一步:定义系统需要的变量。
- 构建 RW/CZXT-1.0 小型嵌入式操作系统的第二步:系统初始化设计。
- 构建 RW/CZXT-1.0 小型嵌入式操作系统的第三步:采用静态方法建立应用任务。

在 RW/CZXT-1.0 小型嵌入式操作系统的头文件中,主要对系统中用到的变量进行定义,这些变量是系统所需要的。同时,对系统的初始化过程进行设计的时候,逐步建立起 RW/CZXT-1.0 小型嵌入式操作系统的基础模型,并对这个基础模型进行编译和调试。

本章节中,编写的程序代码是比较简单的,通过后续不断的建立和完善,程序代码会越来越多。

为了方便本章节的学习,建立一个实例工程,为工程起名为:DRW-XT-002。工程中包含 RW/CZXT-1.0 小型嵌入式操作系统中的宏定义文件和系统配置文件,同时为工程建立另外 3 个源程序文件:MAIN 文件,头文件 XT.H,系统初始化文件 XT-INT.C。DRW-XT-002 工程实际就是 RW/CZXT-1.0 小型嵌入式操作系统的基础模型。

DRW-CZXT-002 工程建立后,按第 1 章的设置方法对工程进行相关设置。

对系统所需的相关变量进行定义,是构建 RW/CZXT-1.0 小型嵌入式操作系统的第一个步骤。

系统的初始化设计,是构建 RW/CZXT-1.0 小型嵌入式操作系统的第二个步骤。

用静态法建立 5 个应用任务,是构建 RW/CZXT-1.0 小型嵌入式操作系统的第三个步骤。

3.1 系统的宏定义

RW/CZXT-1.0 小型嵌入式操作系统系统宏定义文件 XT-HDY.H 中,主要是定义了一些宏名,这些宏名可以供给其他程序文件使用。在第 2 章中有这个文件的代码。

这些宏名称的用途包括以下几方面:

① 在系统中可以使用这些宏名称给相关的变量进行赋值。

② 可以使用这些宏名称确定有关变量的状态。
③ 可以提高系统程序代码的标志性、可阅读性。
在本小节中,先了解几个宏名在系统中的用途及其使用的方法。

3.1.1 系统状态模式的宏标志

```
#define    ch_tzms                0x00
#define    ch_yxms                0x01
#define    ch_hcms                0x02
#define    ch_fwms                0x04
```

4 个宏标志分别代表操作系统的 4 种运行状态:
① ch_tzms   处于停止的状态模式。
② ch_yxms   处于运行的状态模式。
③ ch_hcms   处于互拆运行的状态模式。
④ ch_fwms   处于服务运行的状态模式。

3.1.2 任务状态宏标志

```
#define    ch_yunxing             0x01    //就绪运行态
#define    ch_yanshi              0x02    //延时态
#define    ch_tingzhi             0x80    //停止运行状态
```

宏标志所起的作用如下:
① 用 ch_yunxing   宏名称来代表数据 0x01;
② 用 ch_yanshi   宏名称来代表数据 0x02;
③ 用 ch_tingzhi   宏名称来代表数据 0x80;
3 个宏标志,用来代表任务的 3 个状态:
① ch_yunxing   宏名称代表任务当前的状态是就绪运行状态。
② ch_yanshi   宏名称代表任务当前的状态是处于延时状态,表示任务正在延时。
③ ch_tingzhi   宏名称代表任务当前的状态是处于挂起状态,表示任务被挂起,不能进入运行。

每一个任务的任务控制块中有一个成员:任务当前状态寄存器。该寄存器就是用来保存任务的当前状态标志。

例如,0 号任务控制块中的任务当前状态寄存器:rwzt[0],如果 0 号任务当前是处于就绪运行状态时,那么就把 ch_yunxing 赋给 0 号任务的任务当前状态寄存器,即 rwzt[0] = ch_yunxing,相等于 rwzt[0] = 0x01。

3.1.3 其他宏标志

```
#define    ch_on                  0xff    //系统运行
```

```
#define   ch_off                    0x00         //系统停止
#define   ch_zd_on                  1            //开放中断
#define   ch_zd_off                 0            //禁止中断
```

RW/CZXT-1.0 小型嵌入式操作系统的系统管理器中有一个系统运行标志:ch_xtyx,如果操作系统进入运行,那么运行标志为真,即 ch_xtyx=ch_on;如果操作系统未启动或停止运行,那么运行标志为假,即 ch_xtyx=ch_off。

ch_zd_on 和 ch_zd_off 是分别用来开放 CPU 总中断和禁止 CPU 总中断。

开放 CPU 总中断的操作:EA=ch_zd_on,相等于 EA=1。

禁止 CPU 总中断的操作:EA=ch_zd_off,相等于 EA=0。

其他相关的宏定义标志,在本小节中暂时不进行说明,在后续有关章节会进行相应的描述。

3.2　系统变量的定义及其作用

在构建系统的时候,第一步是先为操作系统定义相关的变量。这些变量在系统中起到相当关键的作用,可以保存系统中的功能标志,保存系统的重要数据,保存相关的状态信息等。

根据操作系统构建的步骤,首先一步一步来定义系统所必须的变量。在工程 DRW-XT-002 中,新建一个源程序文件,为文件起名为:XT.H,该文件作为操作系统的头文件保存在 DRW-XT-002 工程文件中。在这个头文件中,为系统定义所需要的变量。

下面定义 RW/CZXT-1.0 小型嵌入式操作系统基础模型所需要的变量,这些变量主要包含以下几方面:

① 系统管理需要的全局变量(主要是系统管理控制块)。

② 任务栈。

③ 任务的运行队列。

3.2.1　定义系统管理控制块

① 定义一个变量,用来保存系统中当前运行任务的任务号,该变量名称为:yxhao;
定义的形式如下:

```
uc8    yxhao;         //存放当前运行任务的任务号
```

② 定义一个变量,用来作为操作系统的运行的标志,该变量名称为:ch_xtyx;
定义的形式如下:

```
uc8    ch_xtyx;       //系统运行标志
```

③ 定义一个变量,用来保存系统中新任务的任务号,该变量名称为:xyxhao;定义的形式如下:

```
uc8    xyxhao;        //存放新运行任务的任务号
```

④ 定义一个变量,用来保存时间片长度,该变量名称为:ch_rwsjzs;定义的形式如下:

```
uc8    ch_rwsjzs;           //任务运行时间片寄存器
```

⑤ 定义一个变量,用来作为系统调度器的控制锁,该变量名称为:ch_tdsuo;定义的形式如下:

```
uc8    ch_tdsuo;            //调度锁
```

⑥ 定义一个变量,用来作为中断嵌套计数器,该变量名称为:ch_zdzs;定义的形式如下:

```
uc8    ch_zdzs;             //中断嵌套计数器
```

单独定义变量,显得较松散,如果采用结构体的方法来定义,那么上述的变量就是结构体中的成员,这样可以使系统显得更紧凑。结构体的定义如下:

```
typedef struct guanlikuai
{
uc8    yxhao;               //运行号码
uc8    xyxhao;              //新运行号
uc8    ch_xtyx;             //系统运行标志
uc8    ch_rwsjzs;           //时间片
uc8    ch_zdzs;             //中断嵌套
uc8    ch_tdsuo;            //调度锁
uc8    ch_xtzt;             //系统状态
uc8    ch_sjyx;             //优先运行标志
}GLK;

GLK    ch_xtglk;
```

把这个结构体命名为操作系统的管理控制块,简称系统管理器 ch_xtglk,该管理器可以看做是 RW/CZXT-1.0 操作系统最核心的数据结构。

3.3.2 定义任务的任务栈

在定义任务栈之前,应先对系统的任务数量和任务栈的长度进行配置。例如,为系统配置 5 个任务,那么必须为每一个任务建立任务栈,即需要建立 5 个任务栈,并且为每一个任务栈的长度配置 20 个 RAM 字节单元。任务栈定义在单片机芯片的片内数据存储区(即 idata)中。

配置形式如下:
① 配置任务总数量:

```
#define  ch_rwzs 5                           // 配置任务的数量
```

② 配置任务栈的长度:

```
#define  ch_rwzhan_cd 20                     //配置每个任务栈的长度
```

任务栈的定义如下:

```
uc8   idata   rwzhan[ch_rwzs][ch_rwzhan_cd];   // 任务栈
```

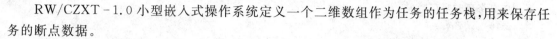

RW/CZXT-1.0 小型嵌入式操作系统定义一个二维数组作为任务的任务栈,用来保存任务的断点数据。

任务与任务栈的对应关系如下:
① 0 号任务的任务栈:rwzhan[0][0] — rwzhan[0][19];
② 1 号任务的任务栈:rwzhan[1][0] — rwzhan[1][19];
③ 2 号任务的任务栈:rwzhan[2][0] — rwzhan[2][19];
④ 3 号任务的任务栈:rwzhan[3][0] — rwzhan[3][19];
⑤ 4 号任务的任务栈:rwzhan[4][0] — rwzhan[4][19];

3.2.3 定义任务的运行队列

运行队列的作用是用来登记就绪任务的任务号。任务在新建立时,任务的状态是就绪运行状态,必须把任务的任务号登记在运行队列中。系统中,只有处于就绪运行状态的任务才可以在运行队列中登记,只有在运行队列中进行就绪登记的任务,才能够被调度器调度进入运行。

RW/CZXT-1.0 小型嵌入式操作系统定义一个一维数组作为运行队列,运行队列的定义如下:

uc8　　idata　　ch_yxb[ch_rwzs];　　　　　　//运行队列

运行队列的位置数量(一维数组长度)必须等于系统中任务配置的总数量,因为系统中的任务如果都处于就绪运行态时,必须都在运行队列中进行登记,所以,运行队列位置不够的话,将无法把所有就绪的任务登记起来,那么会造成漏记,被漏记的任务将无法被调度器调度进入运行。

操作系统中,不允许任务在运行队列中重复登记而出现两个或多个相同的任务。

3.3 任务控制块的定义及其作用

任务控制块是任务一个重要的组成部分,任务控制块中含有多个变量,这些变量也是任务控制块的成员。每一个成员,都有其重要的作用,主要用来记录任务重要的信息:任务的当前状态,任务栈的栈顶地址,任务的延时时间,任务的类型等。

在这里,先为任务建立最简单的任务控制块。当然,随着 RW/CZXT-1.0 小型嵌入式操作系统内部功能的增加,任务控制块中的成员也会越来越多。

任务控制块,采用结构体形式进行定义。

3.3.1 定义一个类型结构体:RWK

```
typedef    struct   renwukuai
{
//1　任务栈顶寄存器
```

```
    uc8      rwsp;
// 2 任务延时寄存器
    ui16     rwys;
// 3 任务状态寄存器
    uc8      rwzt;
    uc8      rwztchucun;
} RWK;   //结构体类型
```

这个类型结构体，就是任务控制块的数据结构，内部由 4 个成员构成，每一个成员的作用如下：

① 结构体成员：rwsp，用来保存任务的栈顶地址，也称任务栈顶地址寄存器。
② 结构体成员：rwys，用来存放任务进行延时的时钟节拍数，也称任务延时时间寄存器。
③ 结构体成员：rwzt，用来保存任务当前的状态，也称任务当前状态寄存器。
④ 结构体成员：rwztchucun，用来保存任务被挂起前的状态。

3.3.2 用类型结构体为每个任务定义任务控制块

使用类型结构体定义一个结构体数组：

```
RWK   idata   ch_rwk[ ch_rwzs ];   //结构体数组
```

该结构体数组用来作为任务的任务控制块，结构体数组的元素号对应于任务的任务号。系统中，每个任务都拥有自己的控制块，其对应关系如下：

0 号任务的任务控制块：   ch_rwk[0];
1 号任务的任务控制块：   ch_rwk[1];
2 号任务的任务控制块：   ch_rwk[2];
3 号任务的任务控制块：   ch_rwk[3];
4 号任务的任务控制块：   ch_rwk[4];

系统使用结构体类型名 RWK，其作用如下：
① 可以使用 RWK 来定义结构体数组，数组中每一个元素都是一个结构体。
② 可以使用 RWK 来定义指向结构体的指针。

3.4 系统的初始化操作

RW/CZXT－1.0 小型嵌入式操作系统在进入正常运行之前，必须要进行一系列的初始化操作，系统通过初始化操作之后，就可以启动系统中的任务进入运行。随着 RW/CZXT－1.0 小型嵌入式操作系统内部功能的不断扩展，系统的初始化操作也会越来越复杂。在后面的章节中，随着操作系统功能的扩展，会增加需要进行初始化的对象。下面，先为这个简单模型系统的初始化操作进行设计。

为 DRW－XT－002 工程新建立一个源程序文件，起名为：XT－INT.C，即操作系统的初始化文件，并把该文件保存在 DRW－XT－002 工程文件中。下面的所有初始化操作和静态创建任务等的程序代码，都在系统初始化文件上进行编写。

第3章 系统变量定义及初始化

系统初始化主要包含以下方面。

3.4.1 系统变量初始化

RW/CZXT-1.0 小型嵌入式操作系统初始化变量时,主要是设置变量初始状态、为变量设置初始数据、对变量进行清零等。系统建立了一个专用的变量初始化函数,对系统中的变量进行初始化。

变量初始化函数的程序代码如下:

```
void    xt_blcsh(void)
{
   uc8  i,j;
//------初始化系统管理器
   ch_xtglk.yxhao = 0;                //运行号码
   ch_xtglk.xyxhao = 0;               //新运行号
   ch_xtglk.ch_rwsjzs = 0;            //时间片
   ch_xtglk.ch_zdzs = 0;              //中断嵌套
   ch_xtglk.ch_tdsuo = 0;             //调度锁
   ch_xtglk.ch_xtyx = ch_off ;        //系统运行标志
   ch_xtglk.ch_xtzt = ch_tzms;        //操作系统状态模式
   ch_xtglk.ch_sjyx = ch_sj_off;
//------初始化运行队列
   for(i = 0;i<ch_rwzs;i++)
    { ch_yxb[i] = 0; }
//------初始化任务栈区
   for(i = 0 ; i < ch_rwzs; i++ )
   {
    for(j = 0 ; j < ch_rwzhan_cd; j++ )
     {
       rwzhan[i][j] = 0;
     }
   }
}
```

从函数的程序代码可以看出,初始化函数内部由三部分组成,分别是初始化系统管理器、初始化运行队列、初始化任务栈区。

1. 初始化系统管理器

ch_xtglk._yxhao = 0;   //把当前运行任务寄存器变量清零,即初始化后,ch_xtglk.yxhao 变量中
                             //的数据为 0
ch_xtglk.xyxhao = 0;   //把新运行任务寄存器变量清零,即初始化后,ch_xtglk.xyxhao 变量
                             //中的数据为 0
ch_xtglk.ch_rwsjzs = 0;   //把时间片寄存器变量清零,即没有时间片数据
ch_xtglk.ch_zdzs = 0;   //把中断嵌套计数器变量清零,即中断嵌套计数器数没有计数,系统没
                             //有中断嵌套的情况存在

```
ch_xtglk.ch_tdsuo = 0;        //把调度锁变量清零,即调度锁处于解锁状态
ch_xtglk.ch_xtyx = ch_off ;   //把系统运行标志设置为停止状态
ch_xtglk.ch_xtzt = ch_tzms;   //把系统状态模式寄存器设置为停止运行模式
```

2. 初始化运行队列

初始化时,把运行队列中各个位置设置为 0,默认记录 0 号空闲任务,不记录其他任何任务。

```
for(i = 0;i<ch_rwzs;i++)
{
    ch_yxb[i] = 0;
}
```

程序代码中的循环的条件就是任务的总数量,因为运行队列的位置总数量等于任务的总数量,ch_yxb[i]=0 语句的作用就是把运行队列中各个位置的数据设置为 0,默认为 0 号空闲任务,0 号空闲任务永远都处于就绪运行状态。

3. 初始化任务栈

初始化时,把每个任务的任务栈都进行清零,即任务栈区中不记录任何数据,避免任务栈区中存在错误数据。

```
for(i = 0 ; i < ch_rwzs; i++ )
{
    for(j = 0 ; j < ch_rwzhan_cd; j++ )
    {
        rwzhan[i][j] = 0;
    }
}
```

在初始化操作时,使用了两个循环条件,第一个循环的条件是任务数量,第二个循环条件是任务栈的长度,在两个循环条件的控制下,对系统中每一个任务栈都进行清零操作。

3.4.2 系统总初始化函数的结构

RW/CZXT-1.0 小型嵌入式操作系统使用了一个系统总初始化函数,该函数的内部结构如下:

```
void   ch_xt_int(void)   // 系统总初始化函数
{
 1:调用系统变量初始化函数,完成系统相关的初始化操作。
 2:调用系统任务建立函数,为操作系统建立应用任务。
}
```

系统总初始化函数的程序代码如下:

```
void   ch_xt_int(void)
{
```

```
    //-- 系统变量初始化
       xt_blcsh();
    //-- 创建任务
       ch_xt_renwu();
}
```

系统总初始化函数的作用：
① 完成 RW/CZXT-1.0 小型嵌入式操作系统的一切初始化操作。
② 以静态方式建立应用任务。

3.5 静态创建应用任务

RW/CZXT-1.0 小型嵌入式操作系统的基础模型是采用静态创建任务的方法为系统建立应用任务。因为采用静态法创建任务,是一种比较直观和容易理解的方法。熟悉了静态法创建任务的方法之后,就可以很方便地把静态法改变为动态法。

静态法创建任务的步骤如下：
① 在系统的头文件 XT.H 中,声明任务的任务函数形式。
② 定义任务栈。
③ 把任务函数的入口地址存放在任务栈中。
④ 初始化任务控制块。
⑤ 新建立的任务,以就绪运行态的形式在运行队列中登记。
⑥ 在 MAIN 文件中编写任务函数。

RW/CZXT-1.0 小型嵌入式操作系统建立了一个专用的任务创建函数：静态创建函数,用该函数来创建 5 个应用任务。该个函数包含了创建任务的 3 个步骤。

创建函数的内部功能结构如下：

```
void    ch_xt_renwu(void)
{
1:
    任务函数的入口地址存入任务栈区中。
2:
    任务控制块初始化。
3:
    任务在运行队列中进行登记。
}
```

ch_xt_renwu(void)函数的程序代码：

```
void    ch_xt_renwu(void)
{
//1:
//任务函数的入口地址存入任务栈区中；
    rwzhan[0][1] = (ui16)renwu_0 ;
    rwzhan[0][2] = (ui16)renwu_0 >> 8;
// =========================
```

```
      rwzhan[1][1] = (ui16)renwu_1 ;
      rwzhan[1][2] = (ui16)renwu_1 >> 8;
// =========================
      rwzhan[2][1] = (ui16)renwu_2 ;
      rwzhan[2][2] = (ui16)renwu_2 >> 8;
// =========================
      rwzhan[3][1] = (ui16)renwu_3 ;
      rwzhan[3][2] = (ui16)renwu_3 >> 8;
// =========================
      rwzhan[4][1] = (ui16)renwu_4 ;
      rwzhan[4][2] = (ui16)renwu_4 >> 8;
// =========================
//2：
//任务控制块初始化
      xt_rwkzk();
//3：
//任务就绪登记
      ch_yxb[0] = 1;
      ch_yxb[1] = 2;
      ch_yxb[2] = 3;
      ch_yxb[3] = 4;
      ch_yxb[4] = 0;
}
```

3.5.1 在系统的头文件 XT.H 中,声明任务函数

声明5个任务函数的代码如下：

```
void    renwu_0( );
void    renwu_1( );
void    renwu_2( );
void    renwu_3( );
void    renwu_4( );
```

其对应关系是：

声明0号任务:void   renwu_0( );renwu_0( )就是0号任务的函数名称
声明1号任务:void   renwu_1( );renwu_0( )就是1号任务的函数名称
声明2号任务:void   renwu_2( );renwu_0( )就是2号任务的函数名称
声明3号任务:void   renwu_3( );renwu_0( )就是3号任务的函数名称
声明4号任务:void   renwu_4( );renwu_0( )就是4号任务的函数名称

3.5.2 定义任务栈

任务栈是任务一个重要的组成部分,系统必须为每一个任务配置任务栈,用来保存任务的

重要数据:断点数据。

任务栈的定义已经在上面的章节中进行说明。

3.5.3 把任务函数的入口地址存放在任务栈中

把任务函数的入口地址保存在对应的任务栈中,以便任务在第一次进入运行时,CPU可以从任务函数的入口地址处开始执行任务的程序代码。

把任务函数的入口地址保存在对应的任务栈中,就是应用任务创建函数的第一个操作步骤。

程序代码如下:

```
//----0号任务栈
  rwzhan[0][1] = (ui16)renwu_0 ;        // 入口地址低8位数据
  rwzhan[0][2] = (ui16)renwu_0 >> 8; // 入口地址高8位数据
//----1号任务栈
  rwzhan[1][1] = (ui16)renwu_1 ;
  rwzhan[1][2] = (ui16)renwu_1 >> 8;
//----2号任务栈
  rwzhan[2][1] = (ui16)renwu_2 ;
  rwzhan[2][2] = (ui16)renwu_2 >> 8;
//----3号任务栈
  rwzhan[3][1] = (ui16)renwu_3 ;
  rwzhan[3][2] = (ui16)renwu_3 >> 8;
//----4号任务栈
  rwzhan[4][1] = (ui16)renwu_4 ;
  rwzhan[4][2] = (ui16)renwu_4 >> 8;
```

上面程序语句对应的汇编程序代码为:

```
//----0
  MOV    R7,#LOW (renwu_0)        ;//取0号任务函数入口地址的低8位数据
  MOV    R0,#LOW (rwzhan+01H)     ;//取0号任务栈1号位置的地址
  MOV    @R0,AR7                  ;//间接存入0号任务函数入口地址的低8位数据
;
       ; SOURCE LINE # 118
  MOV    A,#HIGH (renwu_0)
  INC    R0                       ;//取得0号任务栈2号位置的地址
  MOV    @R0,A                    ;//间接存入0号任务函数入口地址的高8位数据
;
//----1
  MOV    R7,#LOW (renwu_1)
  MOV    R0,#LOW (rwzhan+013H)
  MOV    @R0,AR7
;
       ; SOURCE LINE # 122
```

```
        MOV     A,#HIGH(renwu_1)
        INC     R0
        MOV     @R0,A
;
//----2
        MOV     R7,#LOW(renwu_2)
        MOV     R0,#LOW(rwzhan+025H)
        MOV     @R0,AR7
;
                ; SOURCE LINE # 126
        MOV     A,#HIGH(renwu_2)
        INC     R0
        MOV     @R0,A
;
//----3
        MOV     R7,#LOW(renwu_3)
        MOV     R0,#LOW(rwzhan+037H)
        MOV     @R0,AR7
;
                ; SOURCE LINE # 130
        MOV     A,#HIGH(renwu_3)
        INC     R0
        MOV     @R0,A
;
//----4
        MOV     R7,#LOW(renwu_4)
        MOV     R0,#LOW(rwzhan+049H)
        MOV     @R0,AR7
; *** sync lost ***
                ; SOURCE LINE # 134
        MOV     A,#HIGH(renwu_4)
        INC     R0
        MOV     @R0,A
```

保存任务函数入口地址的时候,任务栈中要为AT89Sxx系列单片机的堆栈指针SP预留一个位置,即栈底,这是堆栈操作特点决定的,用所有任务栈的0号位置来作为栈底。任务运行时,系统用任务的任务栈来作为堆栈操作区。那么任务函数的入口地址数据必须从任务栈的1号位置开始存入。从上面的代码可以看出:

① 0号任务函数的入口地址数据是存入0号任务栈中。入口地址的低8位数据存入任务栈的1号位置中,入口地址的高8位数据存入任务栈的2号地址中。任务栈的0号位置就是0号任务栈的栈底。

② 1号任务函数的入口地址数据是存入1号任务栈中。入口地址的低8位数据存入任务栈的1号位置中,入口地址的高8位数据存入任务栈的2号地址中。任务栈的0号位置就是1号任务栈的栈底。

③ 2 号任务函数的入口地址数据是存入 2 号任务栈中。入口地址的低 8 位数据存入任务栈的 1 号位置中,入口地址的高 8 位数据存入任务栈的 2 号地址中。任务栈的 0 号位置就是 2 号任务栈的栈底。

④ 3 号任务函数的入口地址数据是存入 3 号任务栈中。入口地址的低 8 位数据存入任务栈的 1 号位置中,入口地址的高 8 位数据存入任务栈的 2 号地址中。任务栈的 0 号位置就是 3 号任务栈的栈底。

⑤ 4 号任务函数的入口地址数据是存入 4 号任务栈中。入口地址的低 8 位数据存入任务栈的 1 号位置中,入口地址的高 8 位数据存入任务栈的 2 号地址中。任务栈的 0 号位置就是 4 号任务栈的栈底。

任务函数入口地址数据存入的操作顺序,是按硬件自动压栈的操作顺序为标准的,即 CPU 程序计数器 PC 数据自动压栈的操作顺序。

3.5.4 初始化任务控制块

初始化任务控制块,是应用任务创建函数的第二个步骤。其作用就是对任务控制块中的各个成员进行设置:存入任务的初始数据,主要是任务栈区的栈顶地址。这些初始数据是任务第一次进入运行的必备条件,系统中建立一个专用函数来对任务控制块进行初始化操作。

该函数的程序代码如下:

```
void    xt_rwkzk(void)
{
   uc8   i;

   for(i = 0 ; i < rwzons; i ++ )
   {
    ch_rwk[i].rwsp = rwzhan[i];       // RWSP 取得栈区的首地址
    ch_rwk[i].rwsp + = 2;              // RWSP 取得任务的栈顶地址
    ch_rwk[i].rwzt = ch_yunxing;       // 任务当前状态寄存器
    ch_rwk[i].rwztchucun = 0;          // 挂起前状态储存器
    ch_rwk[i].rwys = 0;                // 延时寄存器清零
   }
}
```

初始化操作原理详解如下:

① 把任务函数入口地址压栈后的栈顶地址保存在任务控制块的栈顶寄存器中,保存的操作是:

- 任务控制块的栈顶寄存器先取得任务栈的首地址,即数组 0 号元素的地址,也即任务栈 0 号位置的地址(栈底地址),由语句 ch_rwk[i].rwsp=rwzhan[i]实现。
- 把这个首地址数据加上 2,即取得任务栈 2 号位置的地址,此地址单元中的数据就是任务函数入口地址的高 8 位数据,由语句 ch_rwk[i].rwsp+=2 实现。

② 把任务的当前状态设置为就绪运行态,即把任务控制块中的成员任务当前状态寄存器中的数据设置为 ch_yunxing。

③ 把任务控制块中的成员任务挂起前状态寄存器设置为0,不存储任何状态信息。
④ 把任务控制块中的成员任务延时节拍数据寄存器设置为0,任务没有延时数据。

3.3.5 任务在运行队列中进行登记

系统初始化时所创建的任务,其状态都是就绪运行态,那么任务就必须在运行队列中进行登记。完成任务登记程序代码如下:

ch_yxb[0] = 1;
ch_yxb[1] = 2;
ch_yxb[2] = 3;
ch_yxb[3] = 4;
ch_yxb[4] = 0;

登记的操作过程如下:
① 1号任务的任务号存入运行队列的0号位置中,由语句 ch_yxb[0]=1 实现。
② 2号任务的任务号存入运行队列的1号位置中,由语句 ch_yxb[1]=2 实现。
③ 3号任务的任务号存入运行队列的2号位置中,由语句 ch_yxb[2]=3 实现。
④ 4号任务的任务号存入运行队列的3号位置中,由语句 ch_yxb[3]=4 实现。
⑤ 0号任务的任务号存入运行队列的4号位置中,由语句 ch_yxb[4]=0 实现。

程序语句的汇编代码如下:

```
//----1
    MOV    R0,#LOW(ch_yxb)    ;//取得数组的首地址,即队列0号位置的地址
    MOV    @R0,#01H           ;//间接存入1号任务的任务号1
//----2
    INC    R0
    MOV    @R0,#02H
//----3
    INC    R0
    MOV    @R0,#03H
//----4
    INC    R0
    MOV    @R0,#04H
//----0
    CLR    A
    INC    R0
    MOV    @R0,A
```

可以看出,登记是按任务号的顺序进行的,但是把0号任务登记在最后的位置。RW/CZXT-1.0小型嵌入式操作系统把0号任务默认为系统的空闲任务,把1号任务默认为系统的首次任务。

3.5.6 在 MAIN 文件中编写任务函数模型

最后,必须在 MAIN 文件中为任务编写任务函数。在 DRW-XT-002 工程中新建一个

源程序文件,起名为 MAIN.C,作为工程的主文件。

在这里,先为任务编写基本原型的函数,代码如下:

```
void   renwu_0()
{
  while(1)            // 无限循环结构
  {

  }
}
void   renwu_1()
{
  while(1)
  {

  }
}
void   renwu_2()
{
  while(1)
  {

  }
}
void   renwu_3()
{
  while(1)
  {

  }
}
void   renwu_4()
{
  while(1)
  {

  }
}
```

建立起来的任务函数,只是基本的模型,并没有其他程序代码,任务没有进行任何工作。任务函数中,由一个无限循环的 while(1) 控制语句组成。

如果进行实际应用时,就可以把程序代码放入任务函数中。任务函数,就是任务实现具体工作的一个程序函数。

通过完成这 6 个步骤的工作后,已经为 RW/CZXT-1.0 小型嵌入式操作系统建立起多任务模型,建立的任务暂时没有执行具体的工作。

3.6 系统基础模型的编译和调试

通过完成上面各个步骤的工作后,已经为 RW/CZXT-1.0 小型嵌入式操作系统建立起系统的基础模型,系统模型建立后,接着可以对系统进行编译和调试。

在对 DRW-XT-002 工程进行编译和调试之前,在 MAIN.C 文件中建立一个主函数,即 MAIN 函数。

MAIN 函数的作用如下:
① 就是控制系统进行初始化操作。
② 启动任务进入运行,即启动操作系统。

系统启动后,控制权交给操作系统,由操作对任务进行管理。

主函数的内部操作如下:
① 调用系统总初始化函数。
② 调用系统启动函数。

3.6.1 在 MAIN 文件中加入各个程序文件

在对 DRW-XT-002 工程进行编译和调试之前,必须先把上面建立的头文件和系统初始化文件加入 MAIN 文件中,同时把 RW/CZXT-1.0 的宏定义文件和系统配置文件也加入 MAIN 文件中。

文件加入的代码如下:

```
#include" XT-HDY.H"
#include" XT-PZ.H"
#include" XT.H"
#include" XT-INT.C"
```

加入文件,实际就是把文件包含到 MAIN 文件中,包含的文件应该放在 MAIN 文件的开头之处。

3.6.2 为系统建立 MAIN 函数

MAIN 函数的程序代码如下:

```
void  main( )
{
//1:系统初始化
  ch_xt_int( );
//2:系统启动
  ch_xt_on( );
}
```

在这里,MAIN 函数先实现第一部分的操作,即调用系统总初始化函数,完成简单模型系统的初始化操作。

3.6.3 编译和调试

建立好 MAIN 函数和加入各个源程序文件之后就可以对工程进行编译和调试。

开始对工程进行编译:单击 KEIL 工具栏中 rebuild dll target files 按钮,KEIL 编译器开始对工程 DRW－XT－002 中的所有程序文件进行编译,编译完成后,在 output window 对话框中显示编译信息。

如果出现错误,编译是不能通过的,将显示错误信息,此时,用鼠标单击信息窗口的错误信息行,软件将会定位到产生错误的地方,应认真进行检查和修改,直到编译通过。

如果工程中各个程序文件中没有语法错误或其他错误,将显示如下编译通过的信息:

```
Build target 'Target 1'
compiling MAIN.C...
assembling MAIN.src...
linking...
Program Size: data = 136.0 xdata = 0 code = 234
creating hex file from "DRW－XT－002"...
"DRW－XT－002" - 0 Error(s),0 Warning(s).
```

从信息中可以得知:
① 工程编译后,产生了一个反汇编程序代码文件:MAIN.src ;
② 工程中各个文件没有错误出现,也没有警告出现。
③ 工程占用 RAM 数据存储器的数量,程序代码占用 ROM 字节单元的数量。

3.6.4 采用简单的方式启动任务运行

下面,采用简单的方法来启动 1 号任务进入运行,主要由两个步骤完成:
① 当前运行任务的任务号寄存器 yxhao 取得 0 号任务的任务号。
② 堆栈指针 SP 取得 1 号任务的栈顶地址。
在 MAIN 文件中建立一个启动函数来完成上面这两个步骤的操作,启动函数的程序代码如下:

```
void  ch_xt_on(void)
{
//1:取出 1 号任务的任务号:
  ch_xtglk.xyxhao = ch_yxb[0];
  ch_xtglk.yxhao = ch_xtglk.xyxhao;
//2:SP 取得 1 号任务的栈顶地址:
  SP = ch_rwk[ch_xtglk.yxhao].rwsp;
}
```

启动函数的汇编程序代码可以从 DRW－XT－002 工程的 MAIN.src 文件中看到。
程序语句 ch_xtglk.xyxhao＝ch_yxb[0] 的作用是新任务号寄存器取得运行队列 0 号位

置中的任务号,这个任务号是 1,ch_xtglk.yxhao＝ch_xtglk.xyxhao 语句作用是当前运行任务的任务号寄存器从新任务号寄存器中取得数据,此数据是 1 号任务的任务号 1,实现任务号切换。

程序语句 SP＝ch_rwk[ch_xtglk.yxhao].rwsp 的作用是堆栈指针 SP 从 1(ch_xtglk.yxhao 寄存器变量中的数据＝1)号任务控制块的第一个成员中取出数据,因为任务控制块中第一个成员就是用来保存任务的栈顶地址,所以,SP 从这个成员中取出 1 号任务的栈顶地址。语句相等于:SP＝ch_rwk[1].rwsp。

当函数 void ch_xt_on(void)执行完成后产生返回时,CPU 就会把 1 号任务函数的入口地址数据自动弹给程序计数器 PC,返回完成后,1 号任务就开始运行。

进入仿真运行步骤如下:

① 用鼠标单击 debug 菜单,在下拉的子菜单中单击 start/stop debug session 菜单项,系统开始进入仿真运行环境。

② 在仿真工具栏上,用鼠标单击 run 按钮,工程开始仿真运行。

③ 过几秒钟后,用鼠标单击 halt 按钮,停止仿真运行,此时仿真运行光标应该停在 1 号任务函数程序区中,那么工程的编译和调试就告完成。

如果仿真运行出现错误的话,仿真运行光标是不会停在 1 号任务函数程序代码区中,那么应检查:

① 系统初始化过程出现错误。

② 静态创建任务的过程是否出现错误:如任务函数的入口地址压栈错误、任务的栈顶地址错误、人为登记错误等。

通过检查和修改错误后,重新编译后,再进入仿真,应该得到正确的结果。

总　结

通过 3 个重要的步骤,建立了 DRW/CZXT-1.0 小型嵌入式操作系统的基础模型。在第一步中,定义了系统主要的变量并详细讲述这些变量的作用;在第二步中,主要对系统的初始化操作进行讲述,并且分解步骤详解建立应用任务的方法;在第三步中,主要对 DRW/CZXT-1.0 小型嵌入式操作系统的基础模型进行调试和仿真,并且建立了一个简单的系统启动函数,用该函数来启动任务进入运行。在学习时,应该认真理解这 3 个步骤,为后面的学习打下理论基础。

第 4 章

任务调度器设计

本章重点：
- 掌握调度器的相关概念及调度器功能。
- 时间片轮转调度方法的工作原理。
- 掌握运行队列的操作方法。
- 构建 RW/CZXT-1.0 嵌入式操作系统的第四步：建立内核的一个最重要的功能模块，任务级调度器；中断级调度器。

任务调度器是 RW/CZXT-1.0 嵌入式操作系统内核的一个最重要的功能模块，负责进行任务调度，为任务分配 CPU 的资源（任务运行时间，运行环境）。调度器设计的成败，关系到 RW/CZXT-1.0 嵌入式操作系统设计的成败，对 RW/CZXT-1.0 嵌入式操作系统的稳定性、可靠性有着重要的影响，是 RW/CZXT-1.0 嵌入式操作系统设计过程的一项重要的工作。

在进行调度器设计之前，先建立一个实例工程，起名为 DRW-XT-003，这个实例工程是在 DRW-XT-002 的基础上进行建立，即 DRW-XT-003 实例工程已经包含了 RW/CZXT-1.0 嵌入式操作系统的基础模型，并为工程建立一个源程序文件：XT-TD.C，把该文件保存在 DRW-XT-003 实例工程文件中。

本章设计的程序代码都在源程序文件 XT-TD.C 上进行编写。

1. 首先需要了解任务调度器的相关概念

(1) 断点数据

任务被中断运行时，CPU 相关寄存器(PC,PSW,ACC,B,DPH,DPL,R0-R7)所产生的重要的当前数据称为断点数据，俗称任务的上下文数据。这些重要数据，在任务被中断运行时必须保存在任务栈区中。

当前运行任务被中断或者任务自身放弃运行时，这些断点数据都必须保存在当前任务的任务栈区中，以便任务再次运行时，这些数据可以重新恢复，为任务提供原来的运行环境，保证任务能够无缝运行。

(2) 任务切换

任务切换实际就是任务上下文切换，即任务断点数据切换。实现任务切换的操作方法是：

改变堆栈指针 SP 的指向,再通过进、出栈操作完成任务切换。如 0 号任务要调度进入运行,那么 SP 必须指向 0 号任务栈的栈顶。

(3) 调度策略

调度策略实际就是调度算法,按特定逻辑方法准确地确定某个任务并取出该任务。目前嵌入式操作系统常用的调度算法主要如下:

① 时间片轮转调度法。
② 优先级抢占调度法。
③ 先到先服务调度法。

(4) 调度时机

允许进行任务调度的特定的机会称为调度时机。

嵌入式操作系统调度器并不是在什么时候都可以对任务进行调度,只有达到系统设定的时机时才可以对任务进行调度。设计良好的调度时机,可以提高调度器的性能,保证了嵌入式操作系统的稳定性和可靠性。

(5) 调度耗时

调度耗时,即完成任务调度整个过程所占用 CPU 的时间。调度耗时是调度器性能的一个重要的指标。

影响调度耗时指标的两种情况:
① 调度策略逻辑处理方法的优异。
② 任务断点数据的数量及其切换速度。

有了这些概念的支持,学习本章知识就会变得较轻松。当然,一个完善的调度器,所涉及的知识远不止这些。

2. RW/CZXT-1.0 嵌入式操作系统调度器的主要工作

① 调度时机检查。
② 从运行队列中取出就绪任务。
③ 进行任务调度:切换任务的断点数据。

4.1 时间片轮转调度方法

RW/CZXT-1.0 嵌入式操作系统对于普通任务所采用的调度算法是:基于"优先和普通结合"的时间片轮转调度算法,此调度算法是采用在时间片轮转调度的基础上结合任务可优先运行的方法,来实现和提高操作系统的实时性能。

任务可优先运行,并不是任务具有优先级,也不是采用抢占式调度,而是在系统中设计一个优先队列,系统中除了空闲任务之外的所有任务,只要具备可优先运行的资格时,就可以在优先运行队列中登记,享受优先运行服务。

4.1.1 时间片轮转调度工作原理

时间片轮转调度是 RW/CZXT-1.0 嵌入式操作系统内核的一个基本的调度策略,时间片轮转调度主要体现任务都能平等地拥有自己的一个运行时间片,公平享用 CPU 的资源。

时间片轮转调度采取先到先服务的操作方法,系统中的所有普通任务都享受同等级别,任务先就绪就先在运行队列中登记,之后等待调度器的调度,任务是不可以插队的。

其工作原理如下:

① 调度器为每一个要进入运行的任务分配了一个运行时间片,该时间片数据存在系统管理器的时间片寄存器中。

② 任务在运行的过程中,在系统定时器的每一次中断服务中,都会把时间片进行减 1 操作。当任务的时间片等于 0,即任务的时间片用完时,系统会强迫任务退出运行,让出 CPU。任务的时间片用完后,但任务本身还没有运行完毕的时候,系统会把任务登记在运行队列的队尾中。

③ 使用调度器调度运行队列中位于队头的任务进入运行。

注:任务的时间片是以时钟粒度为单位的,每一个时钟粒度就是系统定时器二次中断产生的时间间隙。如系统定时器二次中断的时间间隙为 10 ms,那么系统的时钟粒度就是 10 ms,任务的时间片正常都是由 3~5 个时钟粒度组成的。

4.1.2 时间片轮转调度工作模式

图 4.1 所示是时间片轮转调度算法的基本的工作模式。

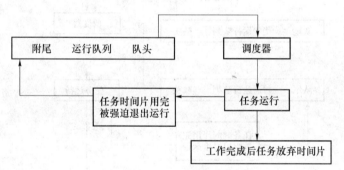

图 4.1 时间片轮转调度的基本模式

进入调度时,调度器会从运行队列的队头位置中取出就绪任务,并为任务分配一个时间片后调度任务进入运行。

任务进入运行后,其运行时间片交给系统定时器中断服务程序进行控制;如任务时间片用完,系统定时器中断服务程序会迫使任务退出运行,重新调度其他任务进入运行。

任务的工作已经完成,但分配给任务的时间片还没有用完,这时,任务必须自动放弃时间片,系统发生任务调度。

4.1.3 基于"优先和普通结合"的时间片轮转调度算法

普通的时间片轮转调度,着重于任务运行时间的公平性和任务级别的同等性,可以保证系统中的任务都能够占有 CPU,都能够被运行。但是由于是采用先到先服务的策略,如果任务就绪登记后,急需进入运行,但它是登记在运行队列的队尾,那么这个任务是只有等待队列中前面的任务运行完后才能被调度进入运行,这样就大大降低了系统的实时性,任务不能及时被调度进入运行。

那么,有没有办法来提高系统实时响应性能呢?

RW/CZXT-1.0嵌入式操作系统采用基于"优先和普通结合"的时间片轮转调度算法,可以在一定程度提高系统实时响应性能,当任务具备优先运行条件时,任务就绪后就在优先运行队列中登记,享受优先调度进入运行,这样就可以提高普通任务的实时性。

1. 基于"优先和普通结合"的时间片轮转调度算法的调度模式

图4.2所示是基于"优先和普通结合"的时间片轮转调度算法的工作模式,该模式主要体现在下面两种情形。

① 优先任务先到先运行模式:RW/CZXT-1.0嵌入式操作系统为优先运行的任务设置了一个优先运行队列,采用先到先服务的方法让优先运行队列中处于队头的任务先被调度进入运行。

② 普通任务先到先运行模式:RW/CZXT-1.0嵌入式操作系统设置了基本的一个普通的运行队列,采用先到先服务的方法让普通运行队列中处于队头的任务先被调度进入运行。

如果优先运行队列中有就绪任务,那么先调度处于该队列队头位置中的任务进入运行。

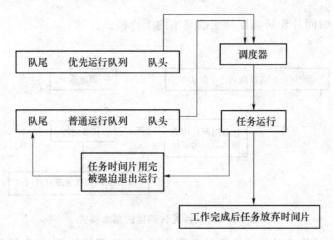

图4.2 基于"优先和普通结合"的时间片轮转调度的工作模式

2. 基于"优先和普通结合"的时间片轮转调度的工作原理

调度器运行时先查询优先运行队列,如果有任务需要优先运行,则取出处于队头的就绪任务并调度该任务进入运行。怎样知道有任务需要优先运行呢?在RW/CZXT-1.0嵌入式操作系统的系统管理器中,设置一个队列标志 ch_xtglk.ch_sjyx。如果该标志为真,即 ch_xtglk.ch_sjyx=ch_sj_on,则表示有任务需要优先运行;如果该标志为假,即 ch_xtglk.ch_sjyx=ch_sj_off,则表示没有任务需要优先运行;调度器会根据该标志的状态进行相应的操作。

如果优先运行队列中没有任务就绪,即没有任务需要优先运行,自动转入查询普通运行队列,把处于队列队头的就绪任务取出并调度任务进入运行。

如果优先运行队列和普通运行队列中没有就绪任务,则调度系统中的空闲任务(0 号任务)进入运行。

3. 任务优先运行的条件

① 任务处于阻塞状态重新恢复为就绪运行状态时。
② 任务挂起后重新恢复为就绪运行状态时。
③ 任务等待中断信号,在任务被恢复为就绪运行状态时。
④ 普通任务被实时任务抢占,普通任务是作为优先运行任务登记在优先运行队列中。

任务具备优先运行条件时,必须在优先运行队列中进行登记,登记的顺序是从队列的队头位置开始,如有多个任务登记,必须逐个往后登记,先到先登记,普通运行队列的登记顺序也是相同的。

4.1.4 提高系统实时性的其他方法

RW/CZXT-1.0 嵌入式操作系统通过采用基于"优先和普通结合"的时间片轮转调度算法来提高系统实时响应性能之外,还采取了一些其他的方法,可以进一步提高系统实时响应性能。

1. 剥夺空闲任务的时间片

空闲任务是不被用户使用的一个系统任务,一般是没有执行具体的工作,它的运行时间片是可以被剥夺的,完成剥夺空闲任务时间片的工作是由系统定时器中断服务程序进行的,实现剥夺工作的程序代码如下:

```
if((ch_xtglk.yxhao == 0)&&(ch_xtglk.ch_rwsjzs!= 0))
   /*空闲任务执行其间,每一次中断都进行调度查询,看是否有延时已到或等待已超时的任务已经进入就绪运行状态*/
        {ch_xtglk. ch_rwsjzs = 0; }               //剥夺 0 号任务的时间片
```

ch_xtglk.yxhao 变量中保存着当前运行任务的任务号。
ch_xtglk.ch_rwsjzs 变量保存着任务的运行时间片的长度。

这段程序代码是在系统定时器的中断服务函数中,程序语句的作用是:判断 ch_xtglk.yxhao 变量中的数据,如果 Ch_xtglk.yxhao 变量等于 0,则表示当前运行的任务是 0 号任务(RW/CZXT-1.0 嵌入式操作系统把 0 号任务默认为系统的空闲任务),则清除 Ch_xtglk.ch_rwsjzs 变量中的数据,即清除 0 号任务的运行时间片,允许中断级调度器进行任务调度。

2. 任务释放资源后,自动放弃运行时间片

当前任务释放资源(信号量,登记消息到邮箱中等)后,如有其他任务正在等待资源,则当前任务自动放弃运行时间片,实现这个要求的程序代码如下:

```
ch_yxbdengji(ch_xtglk.yxhao);     //当前任务重新在普通队列中登记登记
if(ch_xtglk.ch_rwsjzs>0)
       { ch_xtglk.ch_rwsjzs = 0;}  //时间片清 0
```

程序代码的作用:第一条程序语句是调用了普通运行队列登记函数,使当前任务重新在普通运行队列中登记后自动放弃时间片。

4.2 任务运行队列

从上一小节中知道,RW/CZXT-1.0嵌入式操作系统是采用基于"优先和普通结合"的时间片轮转调度策略,那么,必须为系统的任务建立两个运行队列:优先运行队列、普通运行队列。

① 优先运行队列:具备优先运行资格的就绪任务,是在优先运行队列中登记,并且享受优先调度进入运行。

② 普通运行队列:没有具备优先运行资格的就绪任务,是在普通运行队列中登记,顺序等待调度进入运行。

4.2.1 运行队列的结构

运行队列是用来登记就绪任务的任务号。
RW/CZXT-1.0嵌入式操作系统定义了两个一维数组来作为运行队列使用,定义如下:

```
uc8  idata  ch_yxb[ch_rwzs];           //普通运行队列
uc8  idata  ch_sj_yxb[ch_rwzs];        //优先运行队列
```

任务运行队列的长度是等于任务的总数量,如:系统配置有8项任务,即#define ch_rwzs 8,那么每个运行队列的长度就是8字节,每一个字节用来登记一个任务的任务号。

4.2.2 运行队列的操作

运行队列记录着系统中已经就绪的任务,也即任务只有在运行队列中进行登记,才能被调度器取出,那么就要进行以下操作。

1. 就绪任务在运行队列中进行登记

RW/CZXT-1.0嵌入式操作系统采用专用的函数来完成就绪任务在运行队列中进行登记的这个功能,函数名称如下:

```
void  ch_yxbdengji(uc8  dengjihao)     //函数实现就绪任务在普通运行队列中进行登记的功能
void  ch_sj_yxbdengji(uc8  dengjihao)  //函数实现就绪任务在优先运行队列中进行登记的功能
```

Dengjihao是一个形式参数,用来传入要登记的任务号。
void ch_yxbdengji(uc8 dengjihao)和void ch_sj_yxbdengji(uc8 dengjihao)这两个函数的程序工作流程是相同的,如图4.3所示。
void ch_yxbdengji(uc8 dengjihao)函数的程序代码

```
void  ch_yxbdengji(uc8  dengjihao)
{    uc8  wei;
     for(wei=0;wei<ch_rwzs;wei++)
     {
```

第 4 章 任务调度器设计

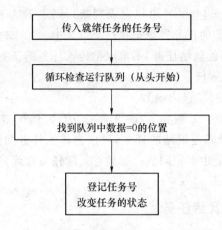

图 4.3　两个登记函数的程序流程

```
        if(ch_yxb[wei] == 0)    //位置检查
          {
              ch_yxb[wei] = dengjihao；   //登记任务
              ch_rwk[dengjihao].rwzt = ch_yunxing；//改变任务的当前状态
              wei = ch_rwzs；
          }
      }
}
```

void ch_sj_yxbdengji(uc8　dengjihao)函数的程序代码

```
void   ch_sj_yxbdengji(uc8  dengjihao)
{
   uc8   wei;
       for(wei = 0;wei<ch_rwzs;wei++)
          {
              if(ch_sj_yxb[wei] == 0)
                {
                   ch_sj_yxb[wei] = dengjihao;
                   rwzt[dengjihao] = ch_yunxing;
                   wei = ch_rwzs;
                }
          }
    Ch_xtglk.ch_sjyx = ch_sj_on;     //有优先任务要运行的标志为真
}
```

这两个函数的内部功能是一样的,只是操作的对象不同而已,void　ch_yxbdengji(uc8　dengjihao)实现把就绪任务登记在普通运行队列中,void　ch_sj_yxbdengji(uc8　dengjihao)实现把就绪任务登记在优先运行队列中。

就绪任务登记过程的工作原理如下:

① 先从运行队列的队头开始逐个位置进行检查,由 for(wei＝0;wei＜ch_rwzs;wei＋＋)程序语句产生循环,如果运行队列的某个位置中的数据(任务号)等于 0 (由 if(ch_yxb[wei]＝

＝0)语句和 if(ch_sj_yxb[wei]＝＝0)语句完成判断),则表示这个位置没有登记其他就绪的任务,可以把传入的就绪任务的任务号登记在这个位置中。如果这个位置中的数据不等于 0,则代表这个位置已经记录其他就绪任务,不可以把传入任务的任务号登记在这个位置中。

② 登记完成后,改变传入任务的状态为就绪运行态。

③ 人为改变循环变量的值,退出函数。

例如 if(ch_yxb[wei]＝＝0),假如 wei＝3,那么 if(ch_yxb[3]＝＝0)时,则代表普通运行队列的 3 号位置没有记录其他就绪的任务,可以把传入任务的任务号登记在 ch_yxb[3]位置中,优先运行队列的登记也是相同的。如果有就绪任务在优先队列中登记,那么把优先运行标志设置为真,ch_xtglk.ch_sjyx＝ch_sj_on。

2. 在运行队列中取出就绪任务

实现从运行队列中取出就绪任务的功能函数如下:

```
uc8   ch_rwhao(void);      //从普通运行队列的队头位置取出就绪任务的任务号
uc8   ch_sj_rwhao(void);   //从优先运行队列的队头位置取出就绪任务的任务号
```

这两个函数没有参数传入,但函数执行完成后会返回一个任务号,即位于运行队列队头位置中的任务号。uc8   ch_rwhao(void)和 uc8   ch_sj_rwhao(void)这两个函数的程序工作流程是相同的,如图 4.4 所示。

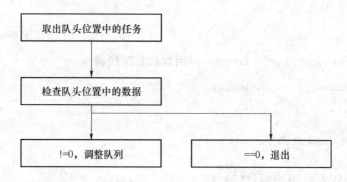

图 4.4 取出就绪任务这两个功能函数的程序流程

uc8   ch_rwhao(void) 函数的程序代码

```
uc8   ch_rwhao(void)
{
  uc8   xin;                              //调整后的位置变量
  uc8   jiu;                              //调整前的位置变量
  uc8   rwhao;
  rwhao = ch_yxb[0];                      //取出位于队头的任务
  if(ch_yxb[0] != 0)                      //检查队头位置中的数据
    {
      for(jiu = 1,xin = 0;jiu<ch_rwzs;jiu ++ )    // 调整数据的位置
        {
          ch_yxb[ jiu-1 ] = 0;            //前一个位置先清零
          if(ch_yxb[jiu] != 0)
```

```
                ch_yxb[xin] = ch_yxb[jiu];           //移动就绪任务号的位置
                xin ++ ;
              }
            if((ch_yxb[jiu] != 0) && (jiu == (ch_rwzs - 1)))
              {
                ch_yxb[jiu] = 0;                     //清零最后位置中的数据
              }
          }
      }
    return(rwhao);                                   //返回任务的任务号
}
```

void ch_sj_rwhao(void) 函数的程序代码

```
uc8  ch_sj_rwhao(void)
{
  uc8  xin;
  uc8  jiu;
  uc8  rwhao;
  rwhao = ch_sj_yxb[0];
  if(ch_sj_yxb[0] != 0)                              //0号位置不为0,调整数据的位置
    {
      for(jiu = 1,xin = 0;jiu<ch_rwzs;jiu ++ )
        {
          ch_sj_yxb[ jiu - 1 ] = 0;                  //前一个位置先清零
          if(ch_sj_yxb[jiu] != 0)
            {
              ch_sj_yxb[xin] = ch_sj_yxb[jiu];       //移动就绪任务号的位置
              xin ++ ;
            }
          if((ch_sj_yxb[jiu] != 0) && (jiu == (ch_rwzs - 1)))
            { ch_sj_yxb[jiu] = 0; }                  //清除队列最后位置中的数据
        }
    }
  if(ch_sj_yxb[0] == 0)                              //优先运行队列无就绪任务
    { ch_xtglk.ch_sjyx = ch_sj_off;}                 //清除优先运行标志
  return(rwhao);
}
```

这两个函数的内部功能是一样的,只是操作的对象不同而已。uc8 ch_rwhao(void)函数实现从普通运行队列队头中取出就绪任务的任务号,uc8 ch_sj_rwhao(void) 函数实现从优先运行队列队头中取出就绪任务的任务号。

函数内部的工作原理如下:

① rwhao=ch_yxb[0] 和 rwhao=ch_sj_yxb[0]语句的作用是取出位于运行队列队头位置中的任务号。

② 检查队头位置中的数据（就绪任务的任务号），如果数据不等于0，由 if(ch_yxb[0] !=0)和 if(ch_sj_yxb[0] !=0)语句进行判断，说明需要调整队列中数据的位置；如果数据等于0，则说明不需要调整队列中数据的位置，因为后面位置没有就绪任务。

说明：取出就绪任务的任务号，总是在队列的队头位置中取出，如果不把队列后面位置中的任务往前移位，那么，下一次取出的任务号还是一样的，那么，会造成系统运行混乱。如任务已经自动放弃运行进入延时等待，但调度器还是从运行队列的队头中取出该任务进行调度。

③ 队头位置中的数据（就绪任务的任务号）不等于0，调整运行队列中数据（就绪任务的任务号）的位置；进入循环检查，从运行队列的第二个位置开始取出数据放入队头的位置中，之后循环变量自增加1，指向下一个位置，如此循环。jiu 指向取出数据的位置，xin 指向放入数据的位置。

④ 调整过程有3个重要的操作：

- jiu 变量指向位置取出的数据不为0，则把取出的数据放入 xin 变量指向的位置中，ch_yxb[xin]=ch_yxb[jiu]（普通运行队列）和 ch_sj_yxb[xin]=ch_sj_yxb[jiu]（优先运行队列）语句就是实现这个操作功能，并使 xin 指向下一个位置。jiu 指向位置取出的数据是0，则不把0放入 xin 指向的位置中。继续取出下一个位置中的数据进行检查。
- ch_yxb[jiu−1]=0；和 ch_sj_yxb[jiu−1]=0 语句，实现把 jiu 指向位置的前一个位置中的数据进行清零。如 jiu=3，那么有 ch_yxb[2]=0；ch_sj_yxb[2]=0。
- 把运行队列最后的位置中的数据改变为0，不管队列最后的位置中的数据是否为0。

ch_sj_rwhao(void) 函数中的语句：

if(ch_sj_yxb[0] == 0)
　{ ch_xtglk.ch_sjyx = ch_sj_off;}

其作用在于：优先运行队列经过调整后，if(ch_sj_yxb[0]==0)语句判断队头位置的数据为0，则表示优先队列中没有就绪任务的登记，那么 ch_xtglk.ch_sjyx=ch_sj_off 语句是把优先标志改变为假状态，即通知调度器，优先运行队列中没有就绪任务。

调整队列中数据的位置之后，实现数据重新从队头位置开始顺序进行排列，就算队列中的数据是零散的，在不改变数据前后顺序的情况下，重新顺序进行前移紧凑排列。

3. 删除运行队列中的就绪任务

有时，在某种条件出现时，需要把原来登记在运行队列中的任务删除，如：当前运行任务挂起已经就绪登记但未进入运行的任务，那么必须把该任务的就绪登记进行删除。实现这项操作的函数如下：

　　void ch_yxbqingchu(uc8　qingchuhao)　//把就绪任务从普通队列中删除。
　　uc8　ch_sj_yxbqingchu(uc8　qingchuhao)　//把就绪任务从优先队列中删除。

qingchuhao 参数就是用来传入需要删除就绪登记的任务。

图 4.5 所示是 void ch_yxbqingchu(uc8　qingchuhao)和 uc8　ch_sj_yxbqingchu(uc8　qingchuhao)这两个函数的程序工作流程。

　　void ch_yxbqingchu(uc8　qingchuhao)函数程序代码如下：

第4章 任务调度器设计

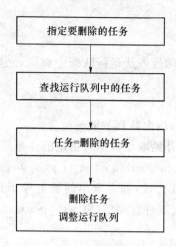

图 4.5 删除就绪任务这两个功能函数的程序流程

```
void  ch_yxbqingchu( uc8  qingchuhao)
{
    uc8  wei;
    for(wei = 0;wei<ch_rwzs;wei++)
      {  if(ch_yxb[wei] == qingchuhao)         //查找相等的任务号
          {
            ch_yxb[wei] = 0;
            yxb_genxin();                       //运行队列更新
            wei = ch_rwzs;
          }
      }
}
```

uc8 ch_sj_yxbqingchu(uc8 qingchuhao)函数程序代码如下:

```
uc8  ch_sj_yxbqingchu( uc8  qingchuhao)
{
    uc8  wei;
    uc8  czxx;
    czxx = 0x00;
        for(wei = 0;wei<ch_rwzs;wei++)
          {  if(ch_sj_yxb[wei] == qingchuhao)   //查找相应的任务号
              {
                ch_sj_yxb[wei] = 0;
                sj_yxb_genxin();                //运行队列更新
                wei = ch_rwzs;
                czxx = 0xff;
              }
          }
    if(ch_sj_yxb[0] == 0)                       //运行队列无任务
      { ch_xtglk.ch_sjyx = ch_sj_off;}
```

```
    return(czxx);
}
```

函数功能作用如下:把指定的任务从运行队列中删除,之后,调整更新运行队列中数据的位置。

函数内部工作用原理如下:

① 初始化位置变量 wei=0;指向队列的队头位置。

② 从运行队列的 0 号位置开始取出数据与指定的任务号进行比较。

③ if(ch_yxb[wei]==qingchuhao)和 if(ch_sj_yxb[wei]==qingchuhao)语句的作用就是取出数据与指定的任务号进行比较,如果取出的数据等于指定的任务号,则把这个位置清零。之后对运行队列中数据的位置进行调整,由 yxb_genxin( )和 sj_yxb_genxin( ) 运行队列更新函数来完成调整工作。

④ 改变循环变量,退出循环。

在 ch_sj_yxbqingchu(uc8 qingchuhao)函数中,如果删除操作成功,则会返回一个数据 0xff,如没有删除成功,则返回 0x00。因为,任务处于就绪运行状态的时候,只能在一个队列中进行登记。如果对该任务进行删除、清除操作开始时,会先从优先队列中进行检查,如果该任务是登记在优先队列中,那么删除后,系统无须再检查普通队列。

4. 更新运行队列中就绪任务的位置

yxb_genxin( ) 普通运行队列更新函数的程序代码如下:

```
void    yxb_genxin(void)
{
  uc8   xin;
  uc8   jiu;
  for(xin = 0,jiu = 0;j<ch_rwzs;jiu++)
   {
     if(ch_yxb[jiu]!= 0)              // 原来位置中的数据 !=0
      { ch_yxb[xin] = ch_yxb[jiu];    // 把数据调入新的位置中
        xin++;                        //调整新的位置
      }
     if((ch_yxb[jiu]!= 0)&&(jiu == ch_rwzs-1)&&(xin<jiu))
      { ch_yxb[jiu] = 0 ;}            // 把队列的最后位置数据清零
   }
}
```

sj_yxb_genxin( ) 优先运行队列更新函数的程序代码如下:

```
void    sj_yxb_genxin(void)
{
  uc8   xin;
  uc8   jiu;
  for(xin = 0,jiu = 0;jiu<ch_rwzs;jiu++)
   {
     if(ch_sj_yxb[jiu]!= 0)
```

```
    { ch_sj_yxb[xin] = ch_sj_yxb[jiu];
       xin++;
    }
    if((ch_sj_yxb[jiu]!=0)&&(jiu==ch_rwzs-1)&&(xin<jiu))
    { ch_sj_yxb[jiu]=0 ;}
  }
}
```

函数功能作用如下:对运行队列中任务登记(就绪任务的任务号)的位置进行调整更新。

函数内部的工作原理(以 yxb_genxin( )函数为例进行说明)如下:

① 把 jiu 和 xin 两个位置变量初始化为 0,都指向运行队列的队头。

② 对 jiu 指向位置中的数据进行检查,如果等于 0,则调整 jiu 指向下一个位置;如果数据不等于 0,则把数据放入 xin 指向位置中,并调整 xin 指向下一个位置。ch_yxb[xin]=ch_yxb[jiu]语句实现把 jiu 指向位置中的数据存入 xin 指向的位置中。

③ 数据调整更新完成后,把队列最后位置中的数据进行清零。

RW/CZXT-1.0 嵌入式操作系统对运行队列的相关操作就由这 8 个功能函数来完成的,其中最关键的操作是调整运行队列中数据(任务号)的位置。在功能函数内部都定义了位置变量,通过改变位置变量的值来指向运行队列的位置,并在这些位置中取出数据或存入数据。

这 8 个功能函数供 RW/CZXT-1.0 嵌入式操作系统内部调用,不作为 API 应用函数供用户调用,即在任务函数的程序代码中,不允许调用这 8 个功能函数。

4.3 堆栈原理、堆栈操作

任务在运行中被中断或者任务自身放弃运行,CPU 相关寄存器所产生的重要的数据,必须保存起来,那么就要为每一个任务建立专用的栈区来保存这些重要的数据。任务运行被中断或者放弃运行时,CPU 相关寄存器所产生的重要的数据称为断点数据,用来保存这些断点数据的存储区称为任务栈区,简称任务栈。这些断点数据是为任务下次无缝运行提供保证,即保证任务能够在原断点的地方开始运行。

4.3.1 任务栈设计

任务栈是任务 3 个组成部分中的一个重要的组成部分,任务栈的主要作用是用来保存任务的断点数据。为应用任务设计和建立任务栈,是一项关键性的工作。

1. 为任务建立任务栈

```
uc8   idata   rwzhan[ch_rwzs][ch_rwzhan_cd];
```

在 RW/CZXT-1.0 嵌入式操作系统头文件 XT.H 中,定义一个二维数组 rwzhan[ch_rwzs][ch_rwzhan_zs]来作为应用任务的任务栈,数组的名称就是任务栈的名称。ch_rwzs 代表系统中任务的总数量,同时也表示任务栈的数量。ch_rwzhan_zs 用来配置每一个任务栈的长度。如在 RW/CZXT-1.0 嵌入式操作的配置文件中进行以下配置:

```
#define    ch_rwzs         5
#define    ch_rwzhan_cd   20
```

则代表为 RW/CZXT-1.0 嵌入式操作系统配置 5 个任务,每个任务拥有一个任务栈,每个任务栈的长度是 20 个存储单元(字节)。

2. 任务栈的设计要求

为系统配置的任务的数量越多,占用的任务栈的数量也越多,任务栈一般是定义在单片机的数据存储器 RAM 中,那么在配置系统任务总数量的时候,应该进行多个方面的考虑。

① RW/CZXT-1.0 嵌入式操作系统是基于 AT89Sxx 系列单片机进行设计的,因为单片机芯片中数据存储器 RAM 的数量有限,只有 256 字节,在没有采取外扩数据存储器 RAM 的情况下,就会存在以下的局限。

- 不能够为系统配置过多的任务,因为每一个任务都需要一定数量的 RAM 存储单元来作为任务栈。
- 不能为系统创建过多的功能,如信号量,邮箱,消息队列等。
- 限制了系统的扩展性能。

② 任务栈设计的考虑。

- 保证能够完整地保存任务的断点数据,避免数据溢出丢失或覆盖了其他任务栈中的数据。
- AT89Sxx 系列单片机是支持中断嵌套功能,是否也让 RW/CZXT-1.0 嵌入式操作系统支持中断嵌套功能。
- KEIL 工具软件的编译器的堆栈操作方法。

当然,如果操作系统在应用时,无须建立太多任务或者没有采取外扩数据存储器 RAM 时,可以采用任务私有栈的形式为应用任务建立任务栈。

注:为了使 RW/CZXT-1.0 嵌入式操作系统的基础系统能够在 ME300B 试验板上运行起来(实验板没有外扩数据存储 RAM),采用任务私有栈。在后续功能扩展中,采用任务私有栈与公共运行栈结合的形式设计栈区,采用这种形式,可以方便地把任务的私有栈定义在片外的数据存储器 RAM 中,把公共运行栈定义在片内的 RAM 中,那么就可以解决上面存在的局限问题。

4.3.2　堆栈操作

RW/CZXT-1.0 嵌入式操作系统中,任务断点数据的进栈和出栈是调度器要进行的一项重要的操作。把断点数据压进栈区和把栈区中的断点数据出栈给 CPU 的各个寄存器,就是堆栈操作。

堆栈操作顺序一般采用"先进后出"的顺序进行操作。

RW/CZXT-1.0 嵌入式操作系统中,进栈操作和出栈操作是用汇编指令编写的,就是用 AT89Sxx 系列单片机的压栈指令"PUSH"和出栈指令"POP"。

1. 进栈操作

进栈操作就是按一定的顺序,把 CPU 相关寄存器中的数据保存到指定的栈区中,起到指定作用的寄存器就是 CPU 的堆栈指针 SP。在没有进行压栈操作之前,堆栈指针 SP 是指向栈区的栈底地址。

(1) AT89Sxx 的压栈指令

指令的格式:PUSH　　寄存器地址

指令的作用:把寄存器中的数据压进栈区中,即把寄存器的数据保存在栈区中。如:PUSH ACC;就是把累加器 A 中的数据压进栈区。

(2) 进栈顺序

就是按一定的排列顺序,把 CPU 相关寄存器中的数据逐个地压进栈区中。RW/CZXT-1.0 嵌入式操作系统中任务断点数据的进栈顺序是按 KEIL C51 编译器生成的进栈顺序为标准进行设计的。

如:PC、PSW、ACC 进栈时,硬件先自动把程序计数器 PC 中的数据压进栈区,再由编译器自动或用指令把 PSW 中的数据压进栈区,把 ACC 中的数据压进栈区,那么进栈的顺序如下:

```
PC                 //由硬件自动完成(函数调用时,即由 LCALL 指令完成)
PUSH   PSW         //用指令完成
PUSH   ACC         //用指令完成
```

2. 出栈操作

(1) AT89Sxx 的出栈指令

指令的格式:POP　　寄存器地址

指令的作用:把栈区中的数据取出并放入对应的寄存器中,如:POP　ACC;就是把栈区中原来进栈的数据取出并放入累加器 A 中。

(2) 出栈顺序

就是按进栈顺序的相反顺序,把数据逐个地弹给 CPU 相对应的寄存器。RW/CZXT-1.0 嵌入式操作系统中任务断点数据的出栈顺序是按 KEIL C51 编译器生成的出栈顺序为标准进行设计的。

如,PC、PSW、ACC 进栈后,数据要出栈时,先把数据出栈给 ACC,再把数据出栈给 PSW,最把数据出栈给 PC,那么出栈的顺序如下:

```
POP    ACC         //由指令完成
POP    PSW         //用指令完成
PC                 //用硬件自动完成(函数返回时,即由 RET 指令完成)
```

4.4　任务调度器设计与实现

本小节重点:

- 任务级调度器内部结构组成。
- 任务级调度器工作流程。
- 任务级调度器内部功能程序代码的设计和实现。
- 调度器任务切换形式的配置。

任务调度器是一个实现对任务进行调度的功能函数,RW/CZXT－1.0 嵌入式操作系统中,任务调度器由两个调度器构成:

① 任务级调度器。其函数名称为:void ch_rwtd(void)。

② 中断级调度器。其以一段程序代码嵌入在系统定时器中断服务函数中。

在第 1 章中,已经建立了一个简单的任务调度器,其实现的功能:以人为指定的方式对任务进行调度。

这一小节将重点对任务级调度器的内部结构、工作流程、程序代码和任务切换操作进行详细的设计及说明。

4.4.1 任务级调度器设计与实现

1. void ch_rwtd(void) 函数的内部结构

图 4.6 所示是任务级调度器的内部功能结构,即 ch_rwtd( )函数的内部功能结构。从图 4.6 中可以看出,任务级调度器是由三部分结构构成的,每个结构实现的功能如下:

① 调度时机查询结构。对系统规定的调度时机进行检查,是调度器函数能否继续执行的限制条件。如果可以进行任务调度,则调度函数可以继续执行;如果不允许进行任务调度,则调度函数停止执行,不进行任务调度。

② 调度策略执行结构。按"基于优先和普通结合"的调度策略从运行队列中取出就绪任务供给任务切换结构使用。

③ 任务切换结构。任务切换结构是调度器最核心的功能结构,其功能是:把当前运行任务的断点数据压进任务栈中,切换任务号,改变堆栈指针 SP 的指向,把新运行任务的任务栈中的断点数据出栈给 CPU 的各个寄存器。

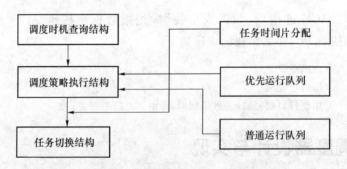

图 4.6 任务级调度器的功能结构

2. ch_rwtd(void) 函数的程序流程设计

(1) 调度时机查询结构

图 4.7 所示为调度时机查询结构的程序工作流程。

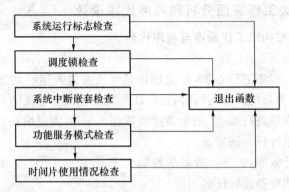

图 4.7　调度时机查询结构的程序流程

(2) 调度策略执行结构

图 4.8 所示为调度策略执行结构的程序工作流程。

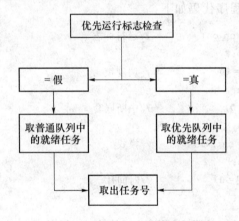

图 4.8　调度策略执行结构的程序流程

(3) 任务切换结构

图 4.9 所示为任务级调度器中任务切换结构的程序工作流程。

图 4.9　任务切换结构的程序流程

从图 4.9 所示任务切换的程序工作流程来看,采用任务私有栈形式的任务切换工作是最简单的模式,这种模式可以大大缩短调度器的调度耗时,提高调度器的工作效率。但是这种形式时,要求单片机的片内数据存储器要足够大,否则会限制了操作系统的很多功能。

3. 任务级调度函数工作原理分析和程序代码设计

(1) 调度时机查询结构的工作原理与程序代码

① 调度时机查询如下:

- 对操作系统运行标志进行查询,如果操作系统没有进入运行状态,则不允许调度器进行任务调度,因为系统没有运行时,进行任务调度是没有意义的。
- 对系统中的调度锁进行检查,如果调度锁数据大于 0,则说明调度锁已经上锁,那么也不允许调度器进行任务调度。
- 检查中断嵌套计数器,如果计数器的数据大于 0,说明 CPU 正在运行中断服务程序,此时是不允许调度器进行任务调度。
- 检查系统的状态模式,如系统运行在服务模式时,是不允许调度器进行任务调度。
- 检查任务运行时间片,任务时间片没有用完时,说明任务的运行时限未到,也是不允许调度器进行任务调度。

② 调度时机查询结构程序代码如下:

```
if(ch_xtglk.ch_xtyx!= ch_on)         //运行标志
  { EA = ch_zd_on;return;}
if(ch_xtglk.ch_tdsuo!= 0)            //调度锁
  { EA = ch_zd_on;return;}
if(ch_xtglk.ch_zdzs!= 0)             //中断嵌套
  { EA = ch_zd_on;return;}
if(ch_xtglk.ch_xtzt == ch_fwms)      //模式
  { EA = ch_zd_on;return;}
if(ch_xtglk.ch_rwsjzs!= 0)           //时间片
  { EA = ch_zd_on;return;}
```

程序代码采用 if 条件语句对调度时机进行检查,如果某个调度时机为假,则退出调度函数。如 if(ch_xtglk.ch_xtyx!= ch_on) { EA=ch_zd_on;return;} 语句,作用是对系统运行标志进行检查,如果运行标志 ch_xtglk.ch_xtyx==ch_on 说明系统已经处于运行状态,那么不执行 if 条件下面的语句 { EA=ch_zd_on;return;},语句的作用是开放全局中断,退出调度函数。后面的条件语句是对不同的调度时机进行检查。

(2) 调度策略执行结构的工作原理与程序代码

① 调度策略执行结构的工作原理如下:

先检查系统优先运行标志,如果该标志为真,那么从优先运行队列中取出就绪任务,如果该标志为假,则从普通运行队列中取出就绪任务,取出的任务号保存在 ch_xtglk.xyxhao 变量中。

② 调度策略执行结构的程序代码如下:

```
if(ch_xtglk.xyxhao == 0)
  { if( ch_xtglk.ch_sjyx == ch_sj_on)
```

```
        { ch_xtglk.xyxhao = ch_sj_rwhao();}    //从优先队列中取得任务
    else
        { ch_xtglk.xyxhao = ch_rwhao(); }       //从普通队列中取得任务
}
```

要从运行队列中取出就绪任务的任务号,关键条件是 ch_xtglk.xyxhao 变量中的数据必须为 0,否则将不在运行队列中取出就绪任务的任务号。这个限制在后面的第 9 章中说明。

ch_sj_rwhao( ) 和 ch_rwhao( ) 函数的工作原理已经在"运行队列的操作"中进行了详细的描述。

(3) 任务切换结构的工作原理与程序代码

① 任务切换的工作原理如下:

- 首先是把当前运行任务的断点数据进栈(CPU 相关寄存器中的数据保存到任务栈中),进栈完成后,保存栈顶地址。
- 其次,切换任务号,即把新运行任务的任务号(在 ch_xtglk.xyxhao 中)交给变量 ch_xtglk.yxhao,并把新任务的栈顶地址赋给堆栈指针 SP。
- 最后,新任务的任务栈中的断点数据出栈给 CPU 对应的各个寄存器。

任务切换形式如图 4.10 所示,任务切换,实际就是任务断点数据切换,也称为上下文切换。

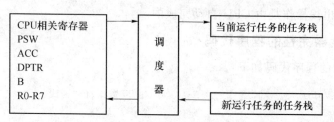

图 4.10 任务切换操作形式示意图

② 任务切换结构的程序代码如下:

```
if(ch_xtglk.yxhao!=ch_xtglk.xyxhao)
{
    __asm  PUSH   ACC                 //保存运行任务的断点数据
    __asm  PUSH   B
    __asm  PUSH   PSW
    __asm  PUSH   AR0
    __asm  PUSH   AR1
    __asm  PUSH   AR4
    __asm  PUSH   AR5
    __asm  PUSH   AR6
    __asm  PUSH   AR7

         ch_rwk[ch_xtglk.yxhao].rwsp = SP;        //保存栈顶地址
         ch_xtglk.yxhao = ch_xtglk.xyxhao;        //改变运行任务
         ch_xtglk.xyxhao = 0;
         SP = ch_rwk[ch_xtglk.yxhao].rwsp;        //取得栈顶地址
```

```
        __asm    POP    AR7                    //恢复新任务的断点数据
        __asm    POP    AR6
        __asm    POP    AR5
        __asm    POP    AR4
        __asm    POP    AR1
        __asm    POP    AR0
        __asm    POP    PSW
        __asm    POP    B
        __asm    POP    ACC
    }
```

这段程序代码的作用是进行任务断点数据切换,进行切换的条件是当前运行任务的任务号与新任务的任务号不相同,即不是同一个任务。进栈、出栈操作是使用汇编指令完成的,指令前面的 __asm 是声明使用汇编指令。

在程序代码中,进栈操作和出栈操作,都没有涉及程序计数器 PC,这是因为,在调用 ch_rwtd( ) 函数的时候,CPU 已经自动把程序计数器 PC 中的数据压入栈区中,在 ch_rwtd( ) 函数执行完毕返回时,CPU 自动把栈区中的该寄存器数据(新任务)弹入程序计数器 PC 中。程序计数器 PC 的进出栈操作是由 CPU 自动完成的。

4. 任务级调度器完整的程序代码

任务级调度器的程序代码如下:

```
void   ch_rwtd(void)                           // PC 数据自动进栈
{
  EA = ch_zd_off;

  if(ch_xtglk.ch_xtyx!= ch_on)                 //运行标志
    { EA = ch_zd_on;return;}
  if(ch_xtglk.ch_tdsuo!= 0)                    //调度锁
    { EA = ch_zd_on;return;}
  if(ch_xtglk.ch_zdzs!= 0)                     //中断嵌套
    { EA = ch_zd_on;return;}
  if(ch_xtglk.ch_xtzt == ch_fwms)              //模式
    { EA = ch_zd_on;return;}
  if(ch_xtglk.ch_rwsjzs!= 0)                   //时间片
    { EA = ch_zd_on;return;}

  if(ch_xtglk.xyxhao == 0)
    { if(ch_xtglk.ch_sjyx == ch_sj_on)
       { ch_xtglk.xyxhao = ch_sj_rwhao();}     //从优先队列中取得任务号
      else
       { ch_xtglk.xyxhao = ch_rwhao();}        //从普通队列中取得任务号
    }
```

```
    ch_xtglk.ch_rwsjzs = ch_sjzs;              //分配时间片
    if(ch_xtglk.yxhao! = ch_xtglk.xyxhao)
    {
        __asm   PUSH    ACC                    //保存当前任务的断点数据
        __asm   PUSH    B
        __asm   PUSH    PSW
        __asm   PUSH    AR0
        __asm   PUSH    AR1
        __asm   PUSH    AR4
        __asm   PUSH    AR5
        __asm   PUSH    AR6
        __asm   PUSH    AR7

            ch_rwk[ch_xtglk.yxhao].rwsp = SP;  //保存栈顶地址
            ch_xtglk.yxhao = ch_xtglk.xyxhao;  //切换任务号
            ch_xtglk.xyxhao = 0;
            SP = ch_rwk[ch_xtglk.yxhao].rwsp;  //取得栈顶地址

        __asm   POP     AR7                    //恢复新任务的断点数据
        __asm   POP     AR6
        __asm   POP     AR5
        __asm   POP     AR4
        __asm   POP     AR1
        __asm   POP     AR0
        __asm   POP     PSW
        __asm   POP     B
        __asm   POP     ACC
    }
    EA = ch_zd_on;
}                                              // PC 数据自动出栈
```

上面的程序代码是比较简单的,因为任务是采用私有栈,进栈和出栈操作都是直接在任务的私有栈区上进行的。在第 8 章中将对调度器中任务切换操作功能进行扩展。

在进行任务切换之前,调度器给新任务分配一个完整的运行时间片,时间片数据由配置文件中的时间片配置项设置生成。

4.4.2 中断级调度器设计与实现

中断级调度器是一段实现任务调度的程序代码。RW/CZXT-1.0 嵌入式操作系统中,中断级调度器不是以一个函数的形式存在,而是系统定时器中断服务函数中的一段程序代码。

1. 中断级调度器的内部结构

中断级调度器的总结构与任务级调度器是一样的,不同之处在于任务切换结构上。

这一小节主要对中断级调度器中的任务切换结构进行详细的说明,对于调度时机查询结构和调度策略执行结构只进行简单说明,因这两个结构的功能与任务级调度器是一样的。图4.11所示的程序工作流程就是实现中断级调度器中任务断点数据的入栈、切换、出栈操作功能。

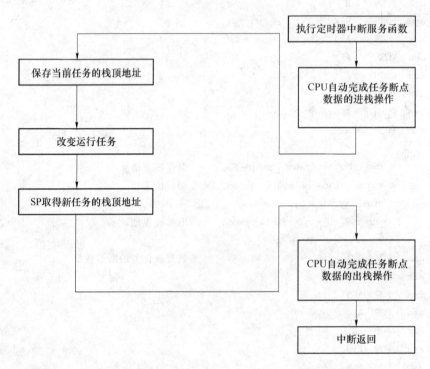

图 4.11 中断级调度器中任务断点数据的入栈、切换、出栈操作的程序工作流程

在 CPU 执行系统定时器的中断服务程序之前,会自动把任务的断点数据压进任务的任务栈中,在中断服务程序执行完成要返回之前,会自动把任务栈区中的断点数据恢复到 CPU 的各个寄存器中,所以在中断级调度器中,无须人为完成任务断点数据的进、出栈操作,那么剩下的操作就是保存任务的栈顶地址、切换任务号、调整堆栈指针 SP 的指向。

2. 中断级调度器的程序代码

(1) 调度时机查询结构的程序代码

程序代码如下:

```
if((ch_xtglk.ch_zdzs == 0)   &&
   (ch_xtglk.ch_tdsuo == 0)  &&
   (ch_xtglk.ch_rwsjzs == 0) &&
   (ch_xtglk.ch_xtzt  != ch_fwms))
```

这部分程序代码的编写形式与任务级调度器中相同结构的程序代码的编写方法是不同的,主要原因在于:中断级调度器的程序代码不是以函数形式存在,所以就不能使用语句 return,只能采用条件语句结合的方法来对调度时机进行检查,实际起的作用是相同的。

(2) 调度策略执行结构的程序代码

两个调度器中,这一部分的程序代码是相同的,中断级调度器中调度策略执行结构的程序

第4章 任务调度器设计

代码如下：

```
if(ch_xtglk.xyxhao == 0)
{ if( ch_xtglk.ch_sjyx == ch_sj_on)
    { ch_xtglk.xyxhao = ch_sj_rwhao();}
   else
    { ch_xtglk.xyxhao = ch_rwhao(); }
}
```

(3) 任务切换结构的程序代码

```
if(ch_xtglk.yxhao!= ch_xtglk.xyxhao)
  {
    ch_rwk[ch_xtglk.yxhao].rwsp = SP;      //保存栈顶地址
    ch_xtglk.yxhao = ch_xtglk.xyxhao;       //切换任务
    ch_xtglk.xyxhao = 0;
    SP = ch_rwk[ch_xtglk.yxhao].rwsp;       //取得栈顶地址
  }
```

由于在执行中断服务函数时，CPU自动把任务的断点数据压进栈区，同时，也会把新任务的断点数据自动出栈给CPU的各个寄存器。那么实现切换工作的程序代码就变得非常简单：把当前任务的栈顶地址保存起来，切换任务号，SP取得新任务的栈顶地址。

中断级调度器在切换任务之前，同样要为新任务分配一个完整的运行时间片。

3. 中断级调度器完整的程序代码

```
EA = ch_zd_off;
  if((ch_xtglk.ch_zdzs == 0)  &&
     (ch_xtglk.ch_tdsuo == 0)  &&
     (ch_xtglk.ch_rwsjzs == 0) &&
     (ch_xtglk.ch_xtzt   != ch_fwms))
    {
        if(ch_xtglk.xyxhao == 0)
         { if(ch_xtglk.ch_sjyx == ch_sj_on)
            { ch_xtglk.xyxhao = ch_sj_rwhao();}
           else
            { ch_xtglk.xyxhao = ch_rwhao(); }
         }
        ch_xtglk.ch_rwsjzs = ch_sjzs;           //分配时间片
        if(ch_xtglk.yxhao!= ch_xtglk.xyxhao)
          {
            ch_rwk[ch_xtglk.yxhao].rwsp = SP;   //保存栈顶地址
            ch_xtglk.yxhao = ch_xtglk.xyxhao;    //切换任务
            ch_xtglk.xyxhao = 0;
            SP = ch_rwk[ch_xtglk.yxhao].rwsp;    //取得栈顶地址
          }
    }
```

```
    EA = ch_zd_on;
}                                            // 断点数据自动出栈
```

4. 中断级调度器的使用情况

RW/CZXT-1.0 嵌入式操作系统对任务进行调度,并不是每一次都会使用到中断级调度器,系统只有在两种情况出现的时候,才会使用中断级调度器对任务进行调度。

这两种情况如下:

① 当前运行任务的运行时间片用完时,系统进行任务调度,迫使任务退出运行。

② 有延时任务就绪,当前运行任务是空闲任务,系统会剥夺它的运行时间片,并进行任务调度。

RW/CZXT-1.0 嵌入式操作系统在其他情况下对任务进行调度,是使用任务级调度器。

4.4.3　调度器设计注意事项

在调度器的设计中,最关键的是保证任务断点数据堆栈操作的一致性(同样的寄存器及其数量)。RW/CZXT-1.0 嵌入式操作系统调度器设计的时候,任务级调度器是人为参与堆栈操作,中断级调度器是由编译器自动完成堆栈操作,那么系统任务调度过程会存在两种情况:

① 某个任务通过任务级调度器的调度退出运行,通过中断级调度器的调度重新进入运行。即任务的断点数据是在任务级调度函数中进栈,在系统定时器中断服务函数返回时出栈。

② 某个任务通过中断级调度器的调度退出运行,通过任务级调度器的调度重新进入运行。即任务的断点数据是在定时器中断服务函数中进栈,在在任务级调度器中出栈。

为了保证这两种情况下任务调度准确无误,那么必须保证任务级调度器中人为堆栈操作与编译器自动完成的堆栈操作是一致的,否则会出现错误,甚至造成操作系统崩溃。为保证这两种堆栈操作的一致性,必须做到:

① 任务级调度器中的堆栈操作以 KEIL　C51 编译器的堆栈操作为标准。

② 编译器堆栈操作用到的寄存器,任务级调度器中堆栈操作也应使用相同的寄存器。

③ 任务级调度器中的堆栈操作顺序必须与编译器的堆栈操作顺序相同。

4.5　调度时机

操作系统允许调度器对任务进行调度的特定的机会,称为调度时机。

RW/CZXT-1.0 嵌入式操作系统调度器并不时在什么时候都可以对任务进行调度,只有达到系统设定的时机才可以对任务进行调度。

完善了操作系统的调度时机控制功能,可以提高调度器的性能,保证嵌入式操作系统的稳定性和可靠性。

4.5.1　任务调度的时机和调度限制

RW/CZXT-1.0 嵌入式操作系统调度器的调度器中,有一个调度时机查询结构,其职责

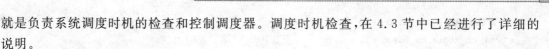

就是负责系统调度时机的检查和控制调度器。调度时机检查,在4.3节中已经进行了详细的说明。

1. 调度限制

调度限制,就是操作系统在检查调度时机的时候,如果某一个调度时机为假,即调度时机不适合,那么就会限制调度器,不让调度器对任务进行调度。

在下面任何一个情况出现时,都将限制调度器对任务进行调度。

① 系统没有进入运行状态。

② 调度器被锁。

③ CPU在执行中断服务程序,或出现中断嵌套未退出。

④ 系统已经进入服务模式。

⑤ 当前运行任务的运行时间片还没有用完。

当然,在实际应用的时候,根据应用的要求,调度时机会存在调整的情况。

2. 临界保护状态

临界保护状态主要用来保护关键操作的安全性,保证重要的数据不被干扰或破坏。RW/CZXT-1.0嵌入式操作系统内核中有非常多的操作,都是在临界保护状态中进行的。系统采用屏蔽总中断的方式进入临界保护状态,在临界保护状态中进行任务的调度及任务挂起、解挂、任务进入延时、任务申请信号量、任务读邮箱数据等。系统在临界状态中完成相关的操作后,以开放总中断的方式退出临界状态。但是,采用临界保护,会影响操作系统的实时性能。

① 进入临界状态的方式:由 EA=ch_zd_off 语句使系统进入临界状态,实际就是使 EA=0;

② 退出临界状态的方式:由 EA=ch_zd_on 语句使系统退出临界状态,实际就是使 EA=1;

4.5.2 调度器上锁、解锁

调度锁是系统调度时机的一个组成部分,对调度锁的操作主要有两种:上锁和解锁。RW/CZXT-1.0嵌入式操作系统定义了一个变量来用做调度锁,此变量是:ch_xtglk.ch_tdsuo。调度锁的锁定对象就是调度器。

1. 调度锁上锁

调度锁在系统初始化的时候,被设置为解锁的状态,即调度锁等于0。

调度锁设置为上锁的时候,调度锁是等于1,即 ch_xtglk.ch_tdsuo=1;调度锁上锁后,系统就会把调度器锁住,不允许调度器对任务进行调度,直到调度锁被解锁,系统才允许调度器对任务进行调度。

RW/CZXT-1.0嵌入式操作系统使用一个专用的函数,为调度锁进行上锁,函数的程序代码如下:

```
void   ch_tdsuo_on(void)
{
    EA = ch_zd_off;
```

```
    if(ch_xtglk.ch_tdsuo == 0)
      { ch_xtglk.ch_tdsuo = 1; }
    EA = ch_zd_on;
}
```

从程序代码中可以看出,对调度锁上锁前,应该检查上锁条件是否具备,如果条件具备,可以对调度锁进行上锁,否则说明调度锁已经被上锁。

可以对调度锁进行上锁的条件是:调度锁处于解锁状态。

调度锁上锁操作:

把变量 ch_xtglk.ch_tdsuo 中的数据改变为 1,即 ch_xtglk.ch_tdsuo=1。调度锁的上锁操作是在屏蔽总中断后的情况下进行的,调度锁上锁操作完成后应该重新开放总中断。

2. 调度锁解锁

调度锁解锁就是把调度锁改变为 0,调度锁解锁后,系统允许调度器对任务进行调度。

RW/CZXT-1.0 嵌入式操作系统也是使用一个专用的函数,为调度锁进行解锁,函数的程序代码如下:

```
void ch_tdsuo_off(void)
{
    EA = ch_zd_off;
    if(ch_xtglk.ch_tdsuo > 0)
      { ch_xtglk.ch_tdsuo = 0; }
    EA = ch_zd_on;
}
```

从程序代码中可以看出,对调度锁进行解锁前,应该检查解锁条件是否具备,如果条件具备,可以对调度锁进行解锁,否则说明调度锁已经处于解锁状态。

可以对调度锁进行解锁的条件是:调度锁处于锁住状态。

调度锁上锁操作:把变量 ch_xtglk.ch_tdsuo 中的数据改变为 0,即 ch_xtglk.ch_tdsuo=0。调度锁的解锁操作是在屏蔽总中断后的情况下进行的,调度锁解锁操作完成后应该重新开放总中断。

4.5.3 中断嵌套计数器

目前,非常多的目标 CPU 大多支持中断嵌套,AT89Sxx 系列单片机就是其中的一种。中断向量具有优先级,当 CPU 响应低优先级中断请求并进行中断服务时,有更高优先级的中断请求出现,CPU 会中断低优先级的中断服务,响应更高优先级中断,并执行更高优先级中断服务程序,这种情况就是中断嵌套。

RW/CZXT-1.0 嵌入式操作系统在 CPU 进行中断服务时,对每一层次的中断都会进行计数,中断嵌套计数器也是系统调度时机的一个组成部分。系统定义了一个变量来用作中断嵌套计数器。此变量是:ch_xtglk.ch_zdzs。

中断嵌套计数器中的数据为 0 时,系统允许调度器对任务进行调度,中断嵌套计数器中的数据不为 0 时,系统不允许调度器对任务进行调度。

第4章 任务调度器设计

1．进入中断

在进入中断服务程序的时候，必须对中断的层次进行计数。中断嵌套计数器在系统初始化的时候，被设置为0，即没有中断嵌套计数。

RW/CZXT-1.0嵌入式操作系统使用一个专用的函数，对中断服务的层次进行计数，函数的程序代码如下：

```
void  ch_zhongduan_on(void)
  {
    EA = ch_zd_off;
  if(ch_xtglk.ch_zdzs<8)
    {ch_xtglk.ch_zdzs ++ ;}
  EA = ch_zd_on;
}
```

从程序代码中可以看出，对中断服务的层次进行计数前，应该计数的条件是否具备，如果条件具备，可以进行计数，如果条件不具备，则不进行计数。

可以进行计数的条件是：中断服务已经嵌套的层次小于8，该数据最大为255。

进行计数的操作：变量ch_xtglk.ch_zdzs中的数据进行自加1操作，即ch_xtglk.ch_zdzs++。计数操作是在屏蔽总中断后的情况下进行的，计数操作完成后应该重新开放总中断。

2．退出中断

当某个层次的中断服务完成时，在退出中断服务之前，应该把本层次的嵌套计数清除，即中断嵌套计数器进行自减1操作。在中断服务程序全部退出后，中断嵌套计数器中的数据等于0。

RW/CZXT-1.0嵌入式操作系统也是使用一个专用的函数，对中断服务的退出层次进行计数，函数的程序代码如下：

```
void  ch_zhongduan_off(void)
{
  EA = ch_zd_off;
  if(ch_xtglk.ch_zdzs>0)
    {ch_xtglk.ch_zdzs -- ;}
  EA = ch_zd_on;
}
```

从程序代码中可以看出，只有在中断服务的层次还没有退完时，中断嵌套计数器才可以进行自减1操作。全部退出后，将限制对中断嵌套计数器进行操作，以免产生中断嵌套计数错误。

进行计数的操作：变量ch_xtglk.ch_zdzs中的数据进行自减1操作，即ch_xtglk.ch_zdzs--。计数操作是在屏蔽总中断的情况下进行的，计数操作完成后应该重新开放总中断。

4.6 调度器的应用对象

RW/CZXT-1.0嵌入式操作系统要对任务进行调度，必须使用调度器，但是系统在进行应用设计时，调度器不是显式的提供给用户使用，而是嵌入在系统的API应用函数之中。

1. 使用任务级调度器的对象

操作系统中,如果功能模块越多,那么使用任务级调度器的对象也就越多,因为很多功能的实现都需要使用任务级调度器。

RW/CZXT-1.0嵌入式操作系统中使用任务级调度器的对象主要有:

① 任务管理的 API 应用函数。
② 时间延时的 API 应用函数。
③ 信号量的 API 应用函数。
④ 邮箱的 API 应用函数。
⑤ 消息队列的 API 应用函数。

2. 使用中断级调度器的对象

使用中断级调度器的对象就比使用任务级调度器的对象少得多,RW/CZXT-1.0嵌入式操作系统中使用中断级调度器的对象就是系统定时器的中断服务函数。使用中断级调度器对任务进行调度的情况也是很少的,在"中断级调度器设计与实现"的章节中已经进行了说明。

4.7 系统启动设计

RW/CZXT-1.0嵌入式操作系统由一个专用的启动函数来启动进入运行。本节设计的启动函数,目前还不能够启动操作系统进入运行。因为,在本章中没有对操作系统的驱动定时器进行设计,在第5章中完成操作系统的驱动定时器的设计之后,就可以使用启动函数来启动操作系统进入运行。本函数与前面设计的简单的启动函数有很大的区别。

启动函数的名称代码如下:

```
void  ch_xt_on(void)
```

启动函数的内部工作原理如下:
① 把操作系统的运行标志设置为真。
② 把操作系统的当前状态修改为运行状态模式。
③ 调用系统定时器的启动控制函数。因本章还没有对操作系统的驱动定时器进行设计,所以该函数还处于无效状态。
④ 从运行队列中取出位于队头位置中的任务,并为该任务分配一个运行时间片。
⑤ 把要进入运行的任务的任务号存入当前运行任务号寄存器中,并调整堆栈指针指向该任务的任务栈栈顶。
⑥ 把任务栈中的断点数据弹入 CPU 的各个寄存器中,启动函数执行返回后,任务开始运行,完成操作系统的启动工作。

启动函数的程序代码如下:

```
void  ch_xt_on(void)
{
    ch_xtglk.ch_xtyx = ch_on;          //运行标志为真
    ch_xtglk.ch_xtzt = ch_yxms;        //系统进入运行模式
```

```
    // ch_time_on ();                      //定时器启动

    EA = ch_zd_off;
    if(ch_xtglk.xyxhao == 0)
     { if( ch_sjyx == ch_sj_on)
         { ch_xtglk.xyxhao = ch_sj_rwhao();}   //从优先队列中取得任务
       else
         { ch_xtglk.xyxhao = ch_rwhao(); }     //从普通队列中取得任务
     }
    ch_xtglk.ch_rwsjzs = ch_sjzs;              //为运行任务配置一个时间片
    ch_xtglk.yxhao = ch_xtglk.xyxhao;
    ch_xtglk.xyxhao = 0;
    SP = ch_rwk[ch_xtglk.yxhao].rwsp;
//任务断点数据出栈
    __asm    POP    AR7
    __asm    POP    AR6
    __asm    POP    AR5
    __asm    POP    AR4
    __asm    POP    AR1
    __asm    POP    AR0
    __asm    POP    PSW
    __asm    POP    B
    __asm    POP    ACC
    EA = ch_zd_on;
}
```

启动函数由 MAIN 函数调用,一般在 MAIN 函数的最后位置调用启动函数来启动操作系统进入运行。操作系统启动后,将取得 CPU 的控制权,操作系统就可以实现对应用任务进行管理。

总　结

本章节详细地对 RW/CZXT-1.0 嵌入式操作系统中调度器的设计和实现的过程进行讲解,主要的应该掌握的设计要点有:

① 时间片轮转调度方法的工作原理。

② 理解 RW/CZXT-1.0 嵌入式操作系统中采用"基于优先和普通结合"的调度策略的设计和实现的方法。

③ 理解运行队列的相关操作。

④ 理解任务栈设计时采用的方法。

⑤ 重点理解调度器的结构,设计调度器的过程所采用的方法及其注意事项。调度器对任务进行调度时采取的操作方法及其操作过程。

⑥ 理解调度时机及调度时机的设计方法。

⑦ 为操作系统设计一个启动函数,由该函数来启动操作系统。

第 5 章
系统时间管理与应用函数设计

本章重点：

构建 RW/CZXT-1.0 小型嵌入式操作系统的第五步：建立操作系统内核的时间管理功能。

- 建立系统驱动定时器，生成系统运行所需的时钟粒度。
- 定时器中断服务函数内部功能设计与程序代码的实现。
- 延时功能函数的设计与实现。

前面建立起来的操作系统，还没有具备自动运行的功能。系统要运行起来，还必须为系统建立以下两个功能：

① 建立驱动定时器，以产生系统运行所需的时钟粒度。

② 管理运行任务的运行时间片。

RW/CZXT-1.0 小型嵌入式操作系统内核的另外一个重要的功能，就是时间管理控制功能。系统采用 AT89Sxx 系列单片机的 0 号定时器来建立操作系统的时间驱动定时器，时间功能在内核中的主要作用如下：

① 生成系统的时钟粒度。

② 生成任务的运行时间片。

③ 完成中断级任务调度。

在 RW/CZXT-1.0 小型嵌入式操作系的系统定时器中断服务程序中，对时间进行严格的管理和控制，表现在以下两个方面：

① 对当前运行任务的运行时间片进行管理和控制。

② 对进入延时等待的任务进行管理，激活已完成延时时间的任务

在实现 RW/CZXT-1.0 小型嵌入式操作系统时间管理功能之前，建立一个实例工程 DRW-XT-004，DRW-XT-004 实例工程是在 DRW-XT-003 实例工程的基础上进行建立，并为 DRW-XT-004 实例工程新建一个源程序文件：XT-SHIJ.C。该文件为操作系统的时间管理文件，把该文件保存在 DRW-XT-004 实例工程中。同时，在 MAIN 文件的开头采用 include "XT-SHIJ.C"语句把时间管理文件加入到工程中，以便一起进行编译。系统时间管理功能的程序代码就在该文件上进行编写。

5.1 AT89Sxx 单片机定时器的设置

RW/CZXT-1.0 小型嵌入式操作系统采用 AT89Sxx 单片机的 T0 定时器来作为系统的驱动定时器,由该定时器的中断服务程序来驱动 RW/CZXT-1.0 小型嵌入式操作系统运行,该定时器是一个 16 位可编程的定时器,也可作为计数器使用。

T0 定时器内部由 TH0 和 TL0 两个寄存器构成 16 位的定时/计数器,其工作方式是可以通过编程设定的。T0 作为定时器使用时,由 CPU 外接的晶振产生的振荡脉冲经过 12 分频后得到时钟脉冲,T0 定时器对此脉冲进行计数,产生定时时间。

5.1.1 T0 定时器的工作方式设置

定时器的工作方式是由方式控制寄存器 TMOD 控制的,对方式控制寄存器 TMOD 进行设置,就可以选择定时器的工作方式。

号码:	TMOD 寄存器作用							
		←——	—T1—	——→		←——	—T0—	——→	
位号:	D7	D6	D5	D4	D3	D2	D1	D0
作用:	GATE	C/T	M1	M0	GATE	C/T	M1	M0

TMOD 寄存器的高 4 位是对 T1 定时器/计数器的工作方式进行设置,低 4 位是对 T0 定时器/计数器的工作方式进行设置:

GATE   门控位,用以控制定时器的启动方法:
0   由 TR0/TR1 启动定时器。
1   由 TR0/TR1 和 INT0/INT1 相结合的方式启动定时器。
C/T   定时器、计数器选择:
0   作为定时器使用。
1   作为计数器使用。
M1,M0   定时器工作方式选择:
0 0   工作方式 0:是 13 位定时/计数工作方式。
0 1   工作方式 1:是 16 位定时/计数工作方式。
1 0   工作方式 2:是 8 位自动重装数据工作方式。
1 1   工作方式 3:是 T0 分为 2 个 8 位计数器,T1 工作于方式 2。

对 T0 定时器进行设置:
- 由 TR0 启动定时器,那么应使 GATE 位=0。
- 把 T0 作为定时器使用,那么应使 D2 位=0。
- 让 T0 定时器工作于方式 1,那么使 M1=0,M0=1。

由于 TMOD 寄存器不能进行位寻址,只能按字节的方式进行操作,即 TMOD=0x01,设置后,定时器按方式 1 进行工作,并由 TR0 就可以启动定时器进入工作。

5.1.2 T0 定时器中断功能设置

定时器计数溢出时产生中断请求,由中断允许寄存器进行控制。为开放 T0 定时器计数溢出产生的中断请求,必须对中断允许寄存器进行设置,该寄存器是可以进行位寻址。

IE 中断允许控制寄存器

控制对象:	总中断			串口	T1	INT1	T0	INT0
位号:	D7	D6	D5	D4	D3	D2	D1	D0
位名:	EA	—	—	ES	ET1	EX1	ET0	EX0

与 T0 定时器有关的位的设置:
EA: CPU 总中断允许控制位。
0   CPU 禁止全部中断。
1   CPU 开放全部中断。
ET0 T0 定时器中断允许控制位。
0   禁止 T0 产生中断。
1   允许 T0 产生中断。

要让 CPU 能够响应 T0 定时器的中断请求并执行 T0 中断服务程序,应使 EA=1,ET0=1。

5.1.3 T0 定时器初值设置

T0 定时器工作方式 1 的计数最大值为 2^{16},等于 65 536。T0 定时器都是增量计数器,以计数满 65 536 时产生溢出,所以不能把实际要定时的数值装入 TH0 和 TL0 中,必须采用以下的方法计算出初值:

定时初值 = 65536 −(定时时间 / 机器周期)

其中,机器周期 = 晶振频率 / 12,如 CPU 的晶振为 12 MHz,那么一个机器周期 = 1 μs。
按计算公式计算出初值后,把初值数据转换为十六进制数据,把高 8 位数据装入 TH0 中,把低 8 位数据装入 TL0 中。
或者采用另外一种比较直接的计算方法:定时时间以 μs 为单位。

TH0 =(65536 − 定时时间) /256;
TL0 =(65536 − 定时时间) % 256;

5.1.4 T0 定时器设置的程序代码

RW/CZXT-1.0 小型嵌入式操作系统中建立了两个函数,专用于对 T0 定时器进行设置及定时初值的安装。
T0 定时器初值数据安装函数如下:

void   ch_time_sjaz(void)
{

```
    TR0 = 0;
    TH0 = ch_tick_th0；   //装入高 8 位初值
    TL0 = ch_tick_tl0 ；  //装入低 8 位初值
    TR0 = 1；
}
```

程序代码中，ch_tick_th0 是在系统的配置文件中被配置为定时器初值的高 8 位数据，计算公式为(65 536－10 000)/256。ch_tick_tl0 被配置为定时器初值的低 8 位数据，计算公式为(65 536－10 000)％256，式中的 10 000 是 T0 定时器实际定时时间，为 10 ms。定时器计数 10 000 次后就产生数据溢出，置位定时器控制寄存器 TCON 中的 TF0 位，向 CPU 发出中断请求。那么 T0 定时器每 10 ms 就产生一次中断，数据是基于系统晶振为 12 MHz 进行设计的。

安装数据的操作如下：
① 先关闭 T0 定时器。
② 装入定时初值。
③ 再启动 T0 定时器。

T0 定时器的设置及启动函数的程序代码如下：

```
void    ch_time_on (void)
{
    TMOD | = 0x01；        // 设置 T0 定时器的工作方式
    ch_time_sjaz( )；      // 调用定时器数据安装函数
    ET0 = 1；              // 允许 T0 定时器产生中断
}
```

ch_time_on (void) 函数实现的功能是设置 T0 定时器的工作方式，并装入定时初值，打开 T0 定时器中断控制位，允许 T0 定时器产生中断。

注：RW/CZXT－1.0 小型嵌入式操作系统在启动时，必须调用 ch_time_on（void）函数，以启动 T0 定时器。

5.2 定时器驱动操作系统运行的原理

系统定时器 T0 的中断服务，是驱动 RW/CZXT－1.0 小型嵌入式操作系统自动运行的动力。由于 RW/CZXT－1.0 小型嵌入式操作系统的基本调度策略是采用时间片轮转调度方法，系统中的任务都具有一个相等的运行时间片，对任务的运行时间片进行管理和控制，就由 T0 定时器的中断服务来完成。

5.2.1 时间节拍与任务的运行时间片

1. 时间节拍与任务运行时间片之间的关系

时间节拍（时钟粒度）是 RW/CZXT－1.0 小型嵌入式操作系统最基本的时间单位，任务的运行时间片是用时间节拍的数量来决定的。一个运行时间片是由一定数量的时间节拍组合而成的。

2. 系统时间节拍

RW/CZXT-1.0 小型嵌入式操作系统最基本的时间单位就是时间节拍,也称时钟粒度,系统的时间节拍是由 T0 定时器产生的。每个时间节拍等于 T0 定时器两次中断的间隙时间,也即 T0 定时器的定时时间。

时间节拍的设计要点如下:

① 必须兼顾系统的实时性能。为了 RW/CZXT-1.0 小型嵌入式操作系统能够响应一定的实时性的要求,把时间节拍设置为 10ms。如果时间节拍太长的话,会造成系统的实时性能下降,单位时间内任务的处理量也跟着下降,在实际应用时,得不到应有的效率。

② 必须兼顾 CPU 的工作效率。在 RW/CZXT-1.0 小型嵌入式操作系统能够响应一定的实时性要求之后,也不能把时间节拍设置得太小,否则,会造成 CPU 的工作效率大大下降。因为,每个节拍的时间减少之后,任务运行时间片也跟着减少,系统进行任务调度的频率就会上升,那么将导致 CPU 用了很大部分时间在完成任务的调度工作,留给任务可以运行的时间就缩短了,最终使 RW/CZXT-1.0 小型嵌入式操作系统的运行效率也跟着下降。

3. 任务的运行时间片

RW/CZXT-1.0 小型嵌入式操作系统中,任务的运行时间是由时间片的长度决定的。任务在进入运行之前,调度器会为任务分配一个时间片,在这个时间片内,任务独自占有 CPU 的使用权,其他任务没有权力占用 CPU。当任务用完这个时间片后,不管任务是否已经完成工作,都必须让出 CPU 的使用权。

时间片的设计要点如下:

① 配置任务时间片的长度。在 RW/CZXT-1.0 小型嵌入式操作系统的配置文件中,用户可以对任务运行时间片的长度进行配置,配置的形式如下:

```
#define    ch_sjzs   5
```

用 ch_sjzs 来代替数据 5,即表示任务的运行时间片由 5 个时间节拍组成,即任务的运行时间是 50 ms。

② 时间片长度配置的要求。在实际的应用中,时间片的数据不能配置得太长,否则会使任务的实时性得不到保证,同时,也会存在浪费时间的现象。如果时间片太长,任务会长时间占有 CPU 的使用权,导致系统中其他任务无法及时得到运行,那么,CPU 的利用效率会下降。如果时间片太短,又会造成调度频率上升,调度开销跟着上升,同样会导致 CPU 的利用效率下降。

5.2.2 定时器中断服务

定时器中断服务是驱动 RW/CZXT-1.0 小型嵌入式操作系统内核运行的动力,其作用是非常重要的,定时器中断服务实现的功能如下:

① 重装定时器计数初值。
② 管理任务的运行时间片。
③ 对正在延时等待的任务的延时时间进行管理。
④ 剥夺 0 号任务的运行时间片。
⑤ 完成中断级任务调度。

在 RW/CZXT－1.0 小型嵌入式操作系统中,为系统定时器建立了一个中断服务函数,在函数的内部,实现定时器中断服务的所有的功能。

1. 定时器中断服务函数

图 5.1 所示是定时器中断服务函数的内部结构。由 4 个功能结构组合而成,每一个结构都完成一个独立的功能,把这些功能组合起来构成定时器中断服务功能。

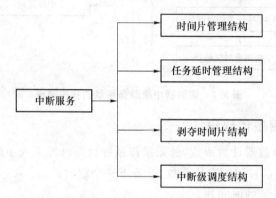

图 5.1　定时器中断服务函数的内部功能结构

(1) 时间片管理结构

时间片管理结构实现的功能如下:检查运行时间片的剩余时间,如果剩余时间不为 0,把时间片的时间长度减去 1 个时间节拍后,再次检查时间片的剩余时间,如果该时间为 0,则说明当前任务的运行时间已经用完,那么把该任务登记在普通运行队列的队尾,即迫使该任务退出运行。

(2) 延时任务管理结构

该结构主要实现以下的功能:检查所有正在延时的任务,把任务的延时时间减去 1 个时间节拍后,再次检查任务的延时时间,如果任务的延时时间等于 0,则说明该任务的延时时间已完成,那么把该任务的状态改变为就绪运行态,并把该任务登记在运行队列中,让任务等待调度。

(3) 剥夺时间片结构

该结构主要是剥夺 0 号任务的运行时间片。在每次中断服务中,都会检查寄存器:ch_xt-glk.yxhao 中的任务号,如果当前运行任务是 0 号任务,那么中断服务会剥夺其运行时间片,迫使系统进行任务调度,保证延时等待完成的任务可以及时得到运行,在一定程度上提高系统的实时性能。

(4) 中断级调度结构

中断级调度结构,实际就是中断级调度器,其内部功能已经在调度器设计的章节中进行详细的介绍。

2. 定时器中断服务函数的工作流程

图 5.2 所示为定时器中断服务函数的程序工作流程。

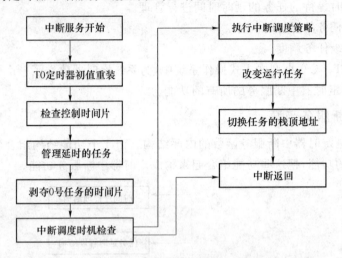

图 5.2 定时器中断服务函数的程序流程

3. 中断服务函数程序代码设计

① 调用中断嵌套计数器计数函数,通知操作系统目前已经进入中断服务。
② 调用 T0 定时器定时初值安装函数,准备下一个定时。
③ 检查当前运行任务的时间片。

程序代码如下:

```
   if((ch_xtglk.ch_rwsjzs > 0)&&
(ch_xtglk.ch_tdsuo == 0))
   {  ch_xtglk.ch_rwsjzs -- ;                //时间片减 1
      if(ch_xtglk.ch_rwsjzs == 0)
       {
         if(ch_xtglk.yxhao != 0)
          {ch_yxbdengji(ch_xtglk.yxhao);}    //时间片用完,重新在运行队列中登记
       }
   }
```

程序代码实现的功能如下:

① 先检查运行时间片的剩余时间,如果时间片寄存器中的数据大于 0 及调度锁没有上锁,则把时间片寄存器中的时间节拍数减去 1。

② 减去一个时间节拍后,检查时间片寄存器中的数据,如果该剩余时间数据为 0,则说明任务的运行时间片已经用完,那么把当前运行任务重新登记在运行队列中。

③ 管理延时的任务,并把延时时间数据变为 0 的任务登记在运行队列中。

RW/CZXT - 1.0 小型嵌入式操作系统建立了一个专用的功能函数来管理延时的任务,该函数的名称为 ch_rwyschaxun(void)。

函数内部的工作原理如下:

① 从1号任务控制块中的延时寄存器开始循环检查。
② 任务延时寄存器中的数据大于0,并且任务的状态不是停止状态。
③ 把延时寄存器中的数据减去1。
④ 再次检查任务延时寄存器中的数据,如果等于0,而且任务的状态是延时状态,那么把该任务登记在运行队列中,该任务延时完成。

任务延时管理函数的程序代码如下:

```
void  ch_rwyschaxun(void)
{
  uc8   i;
  for(i=1;i<ch_rwzs;i++)
   {
     if((ch_rwk[i].rwys > 0)&&( ch_rwk[i].rwzt != ch_tingzhi))
       {
          ch_rwk[i].rwys -= 1;
          if(ch_rwk[i].rwys == 0)
           {
              if(ch_rwk[i].rwzt == ch_yanshi)
               {
                  ch_yxbdengji( i );      //运行登记
               }
           }
       }
   }
}
```

函数内部使用一个循环变量,用该变量来取代任务的任务号,以便系统可以直接检查任务控制块中的成员:任务延时寄存器。

如果任务正在延时的时候被其他任务挂起的话,系统将不再对该任务的延时时间进行管理和控制。在该任务重新恢复为延时态时,系统将继续对该任务的延时时间进行管理和控制,直到该任务延时完成。

至此,中断服务的时间管理工作已经完成,系统调用退出中断嵌套计数函数,中断嵌套计数器自减去1。

⑤ 剥夺0号任务的时间片。0号任务是操作系统的空闲任务,在实际应用时,不建议执行具体的工作,系统让空闲任务每次只运行一个时间节拍,如果有其他任务就绪时,系统可以调度其他任务进入运行。

实现剥夺空闲任务运行时间片的程序代码:

```
if((ch_xtglk.yxhao == 0)&&
   (ch_xtglk.ch_rwsjzs!=0))
  { ch_xtglk.ch_rwsjzs = 0; }
```

检查ch_xtglk.yxhao寄存器中的任务号,如果任务号等于0,同时时间片寄存器中的数据不等于0时,系统就剥夺掉时间片寄存器中的数据。

⑥ T0 中断服务函数完整的程序代码。

```
void    ch_timer0(void) interrupt  1
{                                           // 断点数据自动进栈
  ch_zhonduan_on();                         // 进入中断计数
  EA = ch_zd_off;
  ch_time_sjaz ();                          // T0 数据重装

  ch_rwyschaxun();                          //检查任务延时器

  if((ch_xtglk.ch_rwsjzs > 0)&&(ch_xtglk.ch_tdsuo == 0))
    { ch_xtglk.ch_rwsjzs -- ;               //时间片减 1
      if(ch_xtglk.ch_rwsjzs == 0)
        {
          if(ch_xtglk.yxhao != 0)
            {ch_yxbdengji(ch_xtglk.yxhao);} //时间片用完,重新在运行队列中登记
        }
    }
  ch_zhonduan_off();                        // 退出中断计数

  if((ch_xtglk.yxhao == 0)&&
     (ch_xtglk.ch_rwsjzs!= 0))
   { ch_xtglk.ch_rwsjzs = 0;  }
//------- 中断级调度器 ------- //
EA = ch_zd_off;
if((ch_xtglk.ch_zdzs   == 0) &&
   (ch_xtglk.ch_tdsuo == 0)  &&
   (ch_xtglk.ch_rwsjzs == 0)  &&
   (ch_xtglk.ch_xtzt   != ch_fwms))
   {
        if(ch_xtglk.xyxhao == 0)
         { if( ch_sjyx == ch_sj_on)
            { ch_xtglk.xyxhao = ch_sj_rwhao();}
           else
            { ch_xtglk.xyxhao = ch_rwhao(); }
         }
        ch_xtglk.ch_rwsjzs = ch_sjzs;
        if(ch_xtglk.yxhao!= ch_xtglk.xyxhao)
          {
            ch_rwk[ch_xtglk.yxhao].rwsp = SP;    //保存栈顶地址
            ch_xtglk.yxhao = ch_xtglk.xyxhao;    //切换任务
            ch_xtglk.xyxhao = 0;
            SP = ch_rwk[ch_xtglk.yxhao].rwsp;    //取得栈顶地址
          }
   }
EA = ch_zd_on;
```

第5章 系统时间管理与应用函数设计

}   // 断点数据自动出栈

⑦ 中断服务函数的汇编程序代码。

```
CSEG   AT    0000BH
  LJMP   ch_timer0
  RSEG   ?PR?ch_timer0?MAIN
  USING  0
ch_timer0:
  PUSH   ACC
  PUSH   B
  PUSH   PSW
  MOV    PSW,#00H
  PUSH   AR0
  PUSH   AR1
  PUSH   AR4
  PUSH   AR5
  PUSH   AR6
  PUSH   AR7
  USING  0
                ; SOURCE LINE # 137
                ; SOURCE LINE # 139
  LCALL  ch_zhonduan_on
                ; SOURCE LINE # 140
  CLR    EA
                ; SOURCE LINE # 141
  LCALL  ch_time_sjaz
                ; SOURCE LINE # 143
  LCALL  ch_rwyschaxun
                ; SOURCE LINE # 145
  MOV    A,ch_xtglk+03H
  SETB   C
  SUBB   A,#00H
  JC     ?C0095
  MOV    A,ch_xtglk+05H
  JNZ    ?C0095
                ; SOURCE LINE # 146
  DJNZ   ch_xtglk+03H,?C0095
                ; SOURCE LINE # 147
                ; SOURCE LINE # 148
                ; SOURCE LINE # 149
  MOV    A,ch_xtglk
  JZ     ?C0095
                ; SOURCE LINE # 150
  MOV    R7,A
  LCALL  _ch_yxbdengji
```

```
            ; SOURCE LINE # 151
            ; SOURCE LINE # 152
? C0095:
            ; SOURCE LINE # 154
    LCALL   ch_zhonduan_off
            ; SOURCE LINE # 156
    MOV     A,ch_xtglk
    JNZ     ? C0098
    MOV     A,ch_xtglk+03H
    JZ      ? C0098
            ; SOURCE LINE # 158
    MOV     ch_xtglk+03H,#00H
? C0098:
            ; SOURCE LINE # 160
    CLR     EA
            ; SOURCE LINE # 162
    MOV     A,ch_xtglk+04H
    JNZ     ? C0099
    MOV     A,ch_xtglk+05H
    JNZ     ? C0099
    MOV     A,ch_xtglk+03H
    JNZ     ? C0099
    MOV     A,ch_xtglk+06H
    XRL     A,#04H
    JZ      ? C0099
            ; SOURCE LINE # 166
            ; SOURCE LINE # 167
    MOV     A,ch_xtglk+01H
    JNZ     ? C0100
            ; SOURCE LINE # 168
    MOV     A,ch_sjyx
    CJNE    A,#0FFH,? C0101
            ; SOURCE LINE # 169
    LCALL   ch_sj_rwhao
    MOV     ch_xtglk+01H,R7
    SJMP    ? C0100
? C0101:
            ; SOURCE LINE # 171
    LCALL   ch_rwhao
    MOV     ch_xtglk+01H,R7
            ; SOURCE LINE # 172
? C0100:
            ; SOURCE LINE # 174
    MOV     ch_xtglk+03H,#05H
            ; SOURCE LINE # 176
```

```
       MOV    A,ch_xtglk
       XRL    A,ch_xtglk+01H
       JZ     ?C0099
                      ; SOURCE LINE # 177
                      ; SOURCE LINE # 178
       MOV    A,ch_xtglk
       MOV    B,#05H
       MUL    AB
       ADD    A,#LOW(ch_rwk)
       MOV    R0,A
       MOV    @R0,SP
                      ; SOURCE LINE # 179
       MOV    ch_xtglk,ch_xtglk+01H
                      ; SOURCE LINE # 180
       MOV    ch_xtglk+01H,#00H
                      ; SOURCE LINE # 181
       MOV    A,ch_xtglk
       MOV    B,#05H
       MUL    AB
       ADD    A,#LOW(ch_rwk)
       MOV    R0,A
       MOV    A,@R0
       MOV    SP,A
                      ; SOURCE LINE # 182
                      ; SOURCE LINE # 183
?C0099:
                      ; SOURCE LINE # 184
       SETB   EA
                      ; SOURCE LINE # 185
       POP    AR7
       POP    AR6
       POP    AR5
       POP    AR4
       POP    AR1
       POP    AR0
       POP    PSW
       POP    B
       POP    ACC
       RETI
; END OF ch_timer0
```

汇编程序代码可以在 DRW-CZXT-004 工程实例的 MAIN.src 文件中看到。

5.3 时间延时应用函数设计

RW/CZXT-1.0 小型嵌入式操作系统中,并不是所有的任务都会用完系统为其分配的运行时间片,任务可以执行完用户规定的工作之后,使用系统提供的延时函数使任务进入延时,任务在延时函数的控制下进入延时状态,放弃 CPU 的使用权,让系统中其他就绪的任务可以及时进入运行。

RW/CZXT-1.0 小型嵌入式操作系统提供的延时函数,其内部功能并不像普通的延时函数那样,主要区别如下:

① 普通的延时函数:CPU 在执行延时函数的时候,无法再执行其他程序代码。

② 操作系统的延时函数:任务在延时函数的控制下,退出运行而进入延时态,系统会调度其他就绪任务进入运行,即 CPU 可以执行其他任务的程序代码。

RW/CZXT-1.0 小型嵌入式操作系统中,为用户提供的延时函数有以下几个:

① 以时间节拍为单位的延时函数。

② 以 100 ms 为单位的延时函数。

③ 以 1 s 为单位的延时函数。

任务调用延时函数后会退出运行,放弃 CPU 的使用权,进入延时等待状态,处于延时等待状态的任务可以通过下面两种方法重新恢复为就绪任务:

① 在系统定时器每次中断的时候,中断服务会检查任务的延时等待时间是否已完成,如果延时时间已完成,那么使该任务重新变为就绪任务,并把任务登记在运行队列中,等候调度器的调度。

② 可以使用系统提供的恢复函数,使正在延时的任务马上变为就绪任务,并把任务登记在运行队列中,等候调度器的调度。

5.3.1 时间节拍延时函数

时间节拍延时函数,就是任务以时间节拍为时间单位进行延时。如操作系统的时间节拍等于 10 ms,任务延时 100 个时间节拍,那么任务的延时时间就是 1 000 ms,即 1 s,也就是说,任务开始进入延时,在 1 s 后任务会重新变成就绪任务,调度器调度该任务后,任务进入运行。

RW/CZXT-1.0 小型嵌入式操作系统中,时间节拍延时函数名称为 ch_rwys_tk(ui16 yszs),使用该函数时,必须传入一个时间数据,时间数据的数值范围为 0~65 535,按系统的时间节拍为 10 ms 来计算,任务最长的延时时间可以达到 10 min 以上。

1. 时间节拍延时函数的工作流程

ch_rwys_tk(ui16 yszs)时间节拍延时函数的程序工作流程如图 5.3 所示。从该流程图可以看出,任务进入延时之前,系统会清除任务运行时间片的剩余时间,改变任务的当前状态,同时把任务要延时的时间数据保存在任务控制块中,最后使用任务级调度器调度其他就绪任务进入运行,当前任务开始进入延时等待。

2. 时间节拍延时函数的程序代码

```
void ch_rwys_tk(ui16 yszs)
{
    EA = ch_zd_off;
    if(yszs >0)    //YSZS 不可为 0
```

第5章 系统时间管理与应用函数设计

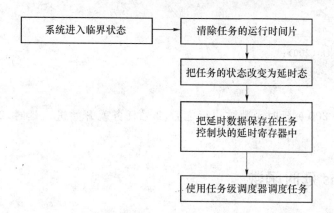

图 5.3 ch_rwys_tk（ui16 yszs）函数的程序流程

```
{
    if(ch_xtglk.ch_rwsjzs>0)          //清零时间片
        { ch_xtglk.ch_rwsjzs = 0;}
    ch_rwk[ch_xtglk.yxhao].rwzt = ch_yanshi;   //状态 = 延时
    ch_rwk[ch_xtglk.yxhao].rwys = yszs;        //延时器赋予数值
    ch_rwtd();   //任务调度
}
    EA = ch_zd_on;
}
```

3．函数工作原理详解

① 进入延时函数后，必须先使系统进入临界状态，在临界状态中进行各项操作后，使系统退出临界状态，恢复系统正常运行。

② 要进入延时的任务，它的时间片不一定会用完，所以系统必须清除时间片寄存器中剩余的时间，由语句 if(ch_xtglk.ch_rwsjzs＞0){ ch_xtglk.ch_rwsjzs＝0;}实现，如果不清除剩余的时间，调度器将无法进行任务调度。

③ 要进入延时的任务，必须改变任务的当前状态为延时态，由语句 ch_rwk[ch_xtglk.yxhao].rwzt＝ch_yanshi 实现，保证任务当前状态的准确性，避免任务的当前状态与控制块中任务当前状态寄存器记录的状态不一致。

④ 把延时时间数据存入任务的任务控制块中，以便操作系统可以准确控制任务的延时时间，由语句 ch_rwk[ch_xtglk.yxhao].rwys＝yszs 实现。这个延时时间数据是由用户指定的一个数据。

⑤ 调度当前任务进入延时，同时，调度其他就绪任务进入运行。

⑥ 调度器的工作完成后会使系统退出临界状态，系统正常运行。

4．函数的使用方法

如要使任务循环延时 2 s（系统的时间节拍为 10 ms），可以在任务函数程序代码中调用延时函数。如在 2 号任务中调用该函数，控制任务延时 2 s，代码如下：

```
void  renwu_2( )
```

```
{ while(1)
  {
    ch_rwys_tk(200);
  }
}
```

ch_rwys_tk（200）延时函数被执行之后，2 号任务就开始进入延时，2 s 后，任务又恢复为就绪任务。

5.3.2 100 ms 延时函数

100 ms 延时函数，就是控制任务以 100 ms 为时间单位进行延时。在该函数的内部，把实际时间数据转换为时间节拍数，然后调用时间节拍延时函数来控制任务进行延时。如果操作系统的时间节拍为 10 ms，那么 100 ms 刚好是 10 个时间节拍。

RW/CZXT-1.0 小型嵌入式操作系统中，100 ms 延时函数名称为：ch_rwys_100ms(uc8 yss)，使用该函数时，必须传入一个时间数据，时间数据的数值范围为 0~255，按系统的时间节拍为 10 ms 来算，任务最长的延时时间可以达到 25 s 以上。

100 ms 延时函数的最长延时时间比时间节拍延时函数的实际延时时间短得多，该函数的好处在方便灵活应用。

1. 100 ms 延时函数的工作流程

ch_rwys_100ms（uc8 yss）100 ms 延时函数的程序工作流程如图 5.4 所示。100 ms 延时函数内部工作流程实际是非常简单的，主要是把实际时间转换为时间节拍数之后，调用时间节拍延时函数控制任务进入延时。

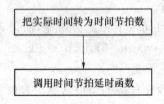

图 5.4 ch_rwys_100ms(uc8 yss)函数的程序流程

2. 100 ms 延时函数程序代码

```
void ch_rwys_100ms(uc8  yss)
{
  if(0< yss <255)
  {
    ch_rwys_tk( (yss*100)/ch_ticks );
  }
}
```

3. 函数工作原理详解

① 函数中由一个宏标志 ch_ticks 来代表操作系统的时间节拍，该宏标志在系统的配置文

件中预先配置好时间数据,该数据必须与系统的时间节拍是一致的。

② 把传入的实际时间转换为时间节拍数,由语句实现:

(yss * 100)/ch_ticks

③ 调用时间节拍延时函数,并把转换后的时间节拍数作为实参传入时间节拍延时函数。

④ 由时间节拍延时函数控制任务进入延时,并调度其他就绪任务进入运行。

4. 函数的使用方法

如要使任务延时 2 s(系统的时间节拍为 10 ms),可以在任务函数程序代码中调用 100 ms 延时函数,代码如下:

```
void  renwu_2( )
{ while(1)
  {
      ch_rwys_100ms(20);
  }
}
```

ch_rwys_100ms(20)延时函数被执行之后,2 号任务就开始进行延时,2 s 后,任务又恢复为就绪任务。

5.3.3 1 s 延时函数

1 s 延时函数,就是任务以 1 s 为时间单位进行延时,在该函数的中,会把实际时间转换为时间节拍数,控制任务以时间节拍进行延时。如果操作系统的一个时间节拍为 10 ms,那么 1 s 刚好是 100 个时间节拍。

RW/CZXT-1.0 小型嵌入式操作系统中,1 s 延时函数名称为:void ch_rwys_1s(ui16 yss),使用该函数时,必须传入一个时间数据,时间数据的数值范围:1~600,按系统的时间节拍为 10 ms 来算,任务最长的延时时间可以达到 10 min。

1. 1 s 延时函数的工作流程

1 s 延时函数的内部工作流程与 100 ms 延时函数相同,都是把实际时间转换为时间节拍数之后,调用时间节拍延时函数来控制任务进行进入延时。

2. 1 s 延时函数的程序代码

```
void  ch_rwys_1s(ui16   yss)
{
  if(0< yss <600)
  {
     ch_rwys_tk( (yss * 1000)/ch_ticks );
  }
}
```

3. 函数工作原理详解

① 函数中也是由宏标志 ch_ticks 来代表操作系统的时间节拍数据。

② 把传入的实际时间转换为时间节拍数,由以下语句实现:

(yss * 1000)/ch_ticks

③ 调用时间节拍延时函数,并把转换后的时间节拍数作为实参传入时间节拍延时函数。
④ 由时间节拍延时函数控制任务进入延时,并调度其他就绪任务进入运行。

4. 函数的使用方法

如要使任务延时 2 s(系统的时间节拍为 10 ms),可以在任务函数程序代码中调用延时函数,代码如下:

```
void  renwu_2()
{ while( 1 )
   {
     ch_rwys_1s(2) ;
   }
}
```

ch_rwys_1s(2)延时函数被执行之后,2 号任务就开始进行延时,2 s 后,任务又恢复为就绪任务。

5.3.4 恢复正在延时的任务

有时候希望正在延时的任务退出延时状态,并进入运行,系统建立了一个专用函数,用来控制正在延时的任务退出延时状态,进入就绪运行态。使用该函数时,必须传入一个延时任务的任务号。函数名称为 void ch_rwys_off(uc8 rwhao)。

1. 函数的内部工作流程

ch_rwys_off(uc8 rwhao)函数的程序工作流程如图 5.5 所示。从该流程图中可以看出,函数执行时,要检查两个条件:用户传入的任务号是系统的合法任务;用户指定的任务其当前状态必须是延时状态,如果这两个条件有一个不成立时,将退出函数,不进行延时恢复操作。

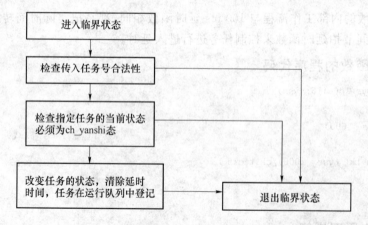

图 5.5　ch_rwys_off(uc8　rwhao)函数的程序流程

2. 函数的程序代码

```
void  ch_rwys_off( uc8  rwhao )
{
    EA = ch_zd_off;
    if( 0＜rwhao＜ch_rwzs )
    {
      if( ch_rwk[rwhao].rwzt == ch_yanshi )
        {
          ch_rwk[rwhao].rwzt = ch_yunxing;
          ch_rwk[rwhao].rwys = 0;
           ch_yxbdengji(rwhao);
        }
    }
    EA = ch_zd_on;
}
```

3. 函数工作原理详解

① 函数内部操作时在系统临界状态中进行的。

② 函数进行实际操作之前,先检查用户传入的任务号的合法性,如果该任务号超出系统任务范围的,函数将直接退出,由语句 if(0＜rwhao＜ch_rwzs)进行检查判断。

③ 如果传入的任务号是合法的,接着检查该任务的当前状态,如果任务的当前状态不是延时态,函数也退出,由语句 if(ch_rwk[rwhao].rwzt＝＝ch_yanshi)进行检查判断。

④ 两个条件都成立时,函数进行下面的操作。
- 把该任务的当前状态改为就绪运行态,由语句实现 ch_rwk[rwhao].rwzt＝＝ch_yunxing。
- 清除该任务的任务块中延时寄存器中的延时数据,由语句实现 ch_rwk[rwhao].rwys＝0。
- 把该任务登记在运行队列中,由函数调用语句实现 ch_yxbdengji(rwhao)。

⑤ 系统退出临界状态。

4. 函数的使用方法

如系统中的 3 号任务当前正在延时,要使 3 号任务退出延时进入就绪运行状态,可以调用函数来实现,代码如下:

```
ch_rwys_off (3);
```

在函数执行后,3 号任务就会变成就绪任务。这个调用语句是在系统中其他任务的程序代码中,因为 3 号任务本身处于延时状态时,是无法让强制自己退出延时态。

5.4 应用实验

系统定时器建立后,已经为 RW/CZXT‐1.0 小型嵌入式操作系统制造了系统运行所必须的时钟粒度,同时定时器中断服务功能建立后,RW/CZXT‐1.0 小型嵌入式操作系已经具备对任务的运行时间片进行管理的功能,也具备中断级任务调度功能,那么系统中的任务已经能够按用户指定的时间要求进行工作,即 RW/CZXT-1.0 小型嵌入式操作系统已经具备真正运行的功能。下面设计一个简单的实验工程,让操作系统运行起来。

在 DRW-XT-004 工程实例的基础上,建立一个应用实例工程:DRW-XT-004-SL,实验项目要求如下:

① 系统中除 0 号任务外,其他任务每个任务控制一个 LED 指示灯。

② 每个 LED 指示灯按要求的时间进行工作,形成应用试验。

1. 任务的工作要求

① 0 号任务不执行任何工作。

② 1 号任务控制 LED1 指示灯按 0.5 s 的速度进行循环闪烁,任务每间隔 0.5 s 运行一次,运行时取反 LED1 的状态。

③ 2 号任务控制 LED2 指示灯按 1 s 的速度进行循环闪烁,任务每间隔 1 s 运行一次,运行时取反 LED2 的状态。

④ 3 号任务控制 LED3 指示灯按 2 s 的速度进行循环闪烁,任务每间隔 2 s 运行一次,运行时取反 LED3 的状态。

⑤ 4 号任务控制 LED4 指示灯按 4 s 的速度进行循环闪烁,任务每间隔 4 s 运行一次,运行时取反 LED4 的状态。

2. 在 MAIN 文件中定义 LED 指示灯端口

```
sbit    LED1 = P0^1;
sbit    LED2 = P0^2;
sbit    LED3 = P0^3;
sbit    LED4 = P0^4;
```

LED 指示灯使用 AT89S52 的 P0 端口,在实验板上的 P0 端口已经装配有 LED 指示灯。AT89S52 复位后,指示灯处于熄灭状态。

3. 在任务函数中编写任务工作的程序代码

(1) 1 号任务的程序代码

C 语言程序代码如下:

```
void   renwu_1( )
{
    while(1)
    {
        LED1 = ~LED1;
        ch_rwys_tk(50);    // 0.5 s = 50 个时间节拍
    }
}
```

对应的汇编语言程序代码:以 1 号任务为例

```
   RSEG   ? PR? renwu_1? MAIN
renwu_1:
```

第5章　系统时间管理与应用函数设计

```
            USING   0
                            ; SOURCE LINE # 58
                            ; SOURCE LINE # 59
? C0116:
                            ; SOURCE LINE # 60
                            ; SOURCE LINE # 61
                            ; SOURCE LINE # 62
            CPL     LED1
                            ; SOURCE LINE # 63
            MOV     R7,#032H
            MOV     R6,#00H
            LCALL   _ch_rwys_tk      // 此处调用时间节拍延时函数
                            ; SOURCE LINE # 64
            SJMP    ? C0116
; END OF renwu_1
```

任务运行时，取反 LED1 的状态后，进行 0.5 s 延时，那么 LED1 的状态将保持 0.5 s，即 LED1 点亮 0.5 s、熄灭 0.5 s 循环工作。

(2) 2 号任务程序代码

```
void   renwu_2()
{
    while(1)
    {
        LED2 = ~LED2;
        ch_rwys_100ms(10);   // 1 s = 100 ms × 10
    }
}
```

任务运行时，取反 LED2 的状态后，进行 1 s 延时，那么 LED2 的状态将保持 1 s，即 LED2 点亮 1 s、熄灭 1 s 循环工作。

(3) 3 号任务程序代码

```
void   renwu_3()
{
    while(1)
    {
        LED3 = ~LED3;
        ch_rwys_1s(2);    // 调用 1 s 为单位的延时函数
    }
}
```

任务运行时，取反 LED3 的状态后，进行 2 s 延时，那么 LED3 的状态将保持 2 s，即 LED3 点亮 2 s、熄灭 2 s 循环工作。

(4) 4 号任务的程序代码

```
void   renwu_4()
{
```

```
    while(1)
    {
        LED4 = ~LED4;
        ch_rwys_1s(4);
    }
}
```

任务运行时,取反 LED4 的状态后,进行 4 s 延时,那么 LED3 的状态将保持 4 s,即 LED4 点亮 4 s、熄灭 4 s 循环工作。

4. 编译和下载工程

(1) 编译工程

单击 rebuild all target files 工具按钮,keil 开始编译工程,如果系统没有错误,将显示下面的编译信息:

```
Build target 'Target 1'
compiling MAIN.C...              //------ C 文件
assembling MAIN.src...           //------ 生成汇编代码文件
linking...
Program Size: data=152.0 xdata=0 code=1408
creating hex file from "DRW-XT-004-SL"...
"DRW-XT-004-SL" - 0 Error(s),0 Warning(s).
```

(2) 下载代码到实验板的 AT89S52 芯片上

① 打开下载软件。
② 擦除 AT89S52 芯片中的程序代码。
③ 加入 DRW-CZXT-004-SL 工程的 HEX 文件。
④ 单击"编程"按钮,程序代码开始写入。

5. 实际运行结果

程序代码下载完毕后,AT89S52 开始运行,此时可以看到:

(1) LED 指示灯按照要求循环工作

- LED1 点亮 0.5 s、熄灭 0.5 s 循环工作。
- LED2 点亮 1 s、熄灭 1 s 循环工作。
- LED3 点亮 2 s、熄灭 2 s 循环工作。
- LED4 点亮 4 s、熄灭 4 s 循环工作。

(2) 另一个工作状态如下

- LED1 点亮 0.5 s、熄灭 0.5 s 一次,LED2 的显示状态改变一次。
- LED2 点亮 1 s、熄灭 1 s 一次,LED3 的显示状态改变一次。
- LED3 点亮 2 s、熄灭 2 s 一次,LED4 的显示状态改变一次。

总　结

本章详细介绍构建 RW/CZXT-1.0 小型嵌入式操作系统第五步的设计方法,主要体

第5章 系统时间管理与应用函数设计

现如下:

① 为系统建立时间驱动定时器,介绍 AT89Sxx 系列单片机定时器的设置方法。

② 用定时器生成操作系统的时钟粒度,即时间节拍,同时,用时间节拍组成任务的运行时间片。

③ 建立定时器的中断服务函数,实现 RW/CZXT-1.0 小型嵌入式操作系统内核的时间管理功能:

- 对任务的运行时间片进行管理和控制。
- 对延时任务的延时时间进行管理和控制。
- 实现中断级任务调度功能。

④ 在 RW/CZXT-1.0 小型嵌入式操作系统内核时间功能的基础上,建立时间延时控制函数,为用户提供时间延时 API 接口函数,方便用户进行工程项目的开发和设计。

⑤ 通过一个简单的应用实例(基于内核时间功能应用),让 RW/CZXT-1.0 小型嵌入式操作系统真正运行起来。

第6章

任务管理与应用函数设计

本章重点：

构建 RW/CZXT-1.0 小型嵌入式操作系统的第六步：完善操作系统内核的任务管理功能。

- 创建任务。
- 任务状态及其改变。
- 任务的调度。
- 任务控制函数的设计和实现。

在第 3 章中，已经实现了用静态法创建任务的步骤和方法，在第 4 章中已经实现任务调度功能，所以在本章节中，主要是要完善 RW/CZXT-1.0 小型嵌入式操作系统任务管理的其他一些功能：任务管理的 API 功能函数。

嵌入式操作系统任务管理能力的强弱，是直接决定了操作系统本身性能高低的又一个重要因素。系统中建立的所有任务，从创建开始到任务运行及其处于非运行状态，都必须由系统内核进行管理和控制，主要体现如下：

① 提供创建任务的功能。

② 对就绪任务和非就绪任务进行相应的管理。

③ 准确管理任务的当前状态。

④ 为用户提供可以控制任务的 API 功能函数。

在第 8 章中，将扩展 RW/CZXT-1.0 小型嵌入式操作系统任务管理的另外两项功能：

① 用户直接调用函数来创建应用任务。

② 实现任务的实时功能。

建立工程文件。首先，在 DRW-XT-004 工程实例的基础上，建立另外一个工程实例 DRW-XT-005，并为 DRW-XT-005 实例工程新建一个源程序文件：XT-RWGL.C，该文件为操作系统的任务管理文件，把该文件保存在 DRW-XT-005 实例工程中。同时，在 MAIN 文件的开头采用 include "XT-RWGL.C"语句把任务管理文件加入到工程中，以便一起进行编译。系统任务管理控制函数的程序代码就在该文件上进行编写。

6.1 任务的状态

RW/CZXT-1.0 小型嵌入式操作系统中,任务是以多种状态形式存在的,系统启动运行后,任务的状态就随运行而变。但是,有些状态是由用户调用功能函数实现的,如任务进入延时状态、任务进入停止状态、任务进入等待状态等。有些状态是系统内部自行决定的,用户是无法干预的。

6.1.1 任务状态的宏定义

在 RW/CZXT-1.0 小型嵌入式操作系统的宏定义文件中,对任务的各种状态进行了定义,在任务的控制块中,有一个任务当前状态寄存器,就是用来存放宏定义的数据。该寄存器中存放的数据所对应的状态,就是任务当前所处的状态,即任务的当前状态。如任务的当前状态是运行状态,则表示该任务占用 CPU 的使用权,任务正在运行中。

目前,先了解任务所具有的 4 种状态。

```
#define   ch_yunxing        0x01    //就绪运行态(就绪)
#define   ch_yanshi         0x02    //延时(等待)
#define   ch_dengdai_zd     0x20    //等待中断(等待)
#define   ch_tingzhi        0x40    //停止运行(任务挂起)
```

6.1.2 任务状态

RW/CZXT-1.0 小型嵌入式操作系统中,每一个任务具有的基本状态有 4 种:
- 就绪运行状态。
- 延时状态。
- 阻塞等待等待状态。
- 停止状态。

1. 处于就绪状态的任务的特点

① 任务的状态寄存器 ch_rwk[任务号].rwzt=ch_yunxing。
② 任务已经准备就绪,任务的任务号在运行队列中登记起来。
③ 任务在运行队列中等待调度器的调度。一经调度,即可进入运行。

2. 处于运行态的任务的特点

① 任务的状态寄存器 ch_rwk[任务号].rwzt=ch_yunxing。
② 任务已经占有 CPU 的使用权。
③ CPU 正在执行该任务的程序代码。

3. 处于停止状态的任务的特点

① 任务的状态寄存器 ch_rwk[任务号].rwzt=ch_tingzhi。

② 任务被挂起，但其上下文数据（断点数据）保存在任务栈中，程序代码保存在内存中。
③ 任务在等待其他任务的恢复信号。

4. 处于延时状态的任务的特点

① 任务的状态寄存器 ch_rwk[任务号].rwzt＝ch_yanshi。
② 任务由系统定时器中断服务进行管理，正在等待时间延时。
③ 任务等待的时间到达时，任务恢复为就绪任务。

5. 处于阻塞等待状态的任务的特点

① 如果任务是等待中断信号，则任务的状态寄存器 ch_rwk[任务号].rwzt＝ch_dengdai_zd。
② 如果有中断信号到来，任务会被激活，恢复为就绪任务并在有些运行队列中登记。

6.2 任务状态的改变

　　在系统中，任务要参与资源竞争（CPU、信号量、邮箱、消息队列等），只有在任务所需的资源都得到满足时，任务才得以运行。任务竞争资源的情况是不断变化的，这样，导致任务的状态也出现不断的变化，任务从当前状态迁移到另一种状态的过程，就是任务状态改变。

　　任务状态的改变，主要是由操作系统的 API 应用函数实现的，这些调用函数，提供给用户使用，可以出现在任务的程序代码中。

6.2.1 任务状态迁移图

　　图 6.1 是任务状态相互转换的示意图。从图中可以看出，只有处于就绪状态的任务，才能够进入运行状态，即只有就绪任务才能够进入运行。处于运行状态的任务，任务的状态可以改变为其他的任一个状态。任务在任一时刻只能具有一种状态，不能同时具有两种或两种以上的状态。任务的状态在非运行状态和非就绪状态时，任务所需的资源得到满足后，要进入运行，其状态必须先改变为就绪状态。

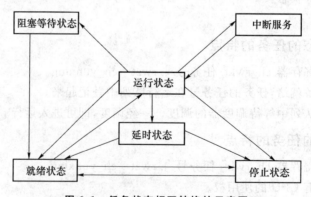

图 6.1　任务状态相互转换的示意图

6.2.2 状态转换过程说明

1. 延时状态

① 运行→延时：当前运行任务自身工作完成后，任务自动放弃运行时间片，放弃 CPU 的使用权，任务进入延时等待，任务延时的时间被保存在任务控制块中，该延时时间由用户设定。

② 延时→就绪：延时任务等待的延时时间完成后，在系统定时器中断服务中会控制任务退出延时状态，同时把任务登记在运行队列中。

任务进入延时状态，等待延时时间，是任务自动放弃运行时间片，放弃 CPU 的使用权的一种常用的方法，在实际应用时，该方法是运用最多的一种。RW/CZXT-1.0 小型嵌入式操作系统中，时间延时函数的功能就是控制任务进行延时。

2. 停止状态

① 就绪→停止：登记在运行队列中的就绪任务，如果被其他正在运行的任务挂起时，其状态会从就绪态改变为停止状态，处于就绪状态的任务因未进入运行，不能自己挂起自己。

② 运行→停止：正在运行的任务，如果任务自己挂起自己的时候，任务的状态会从运行态改变为停止状态。

③ 停止→就绪：处于停止状态的任务，当其他正在运行的任务发出恢复信号时，任务会重新进入就绪状态，并在运行队列中登记，任务开始等待调度。

操作系统中，只有正在运行的任务才能发出挂起信号和发出恢复信号。RW/CZXT-1.0 小型嵌入式操作系统中，任务被挂起之前，都会把任务当前所处的状态保存在任务控制块中，任务被恢复之后，任务会恢复到挂起前的状态。如某个任务被挂起时，任务刚好处于等待延时状态，任务被挂起后，任务处于停止状态，暂停等待延时时间，任务被恢复后，任务会继续等待未完成的延时时间。

3. 阻塞等待状态

① 运行→等待：正在运行的任务采用阻塞方式申请某个事件系统资源（如信号量），刚好这个资源被其他任务占用，那么任务会进入阻塞等待，同时，任务在该资源的任务等待表中登记。

② 等待→就绪：任务阻塞于某个系统资源，当该资源被释放（如信号量）并且可以被其他任务使用时，操作系统内核会检查该资源的任务等待表，如果任务等待表中有任务在等待该资源，那么处于等待状态的任务会被激活变成就绪任务，并在运行队列中登记，任务开始等待调度。

RW/CZXT-1.0 小型嵌入式操作系统中，处于阻塞等待状态的任务被激活后，任务在优先运行队列中登记，等待优先调度。

4. 其他

① 运行→就绪：正在运行的任务，如果系统分配的时间片被该任务使用完，但是任务的工

作还没有全部完成,任务没有自动放弃 CPU 的使用权,那么操作系统会迫使该任务退出运行,把 CPU 的使用权分配给其他就绪任务,调度其他任务进入运行。用完时间片的任务,其状态会从运行态变成就绪态,重新在运行队列中登记,等待下一次运行。

② 运行→中断:正在运行中的任务,如果系统有中断事件产生时,CPU 会中断正在运行的任务,转去执行中断服务程序,此时,任务的状态不会产生改变。当中断程序执行完成后,CPU 会继续运行原来中断的任务。

6.3 控制任务的应用函数设计

操作系统中,为了对任务进行管理和控制,必须建立相应的应用函数来实现需要的控制功能。控制任务的应用函数,是操作系统实现任务管理功能的重要的组成部分。

在本小节中,主要建立 RW/CZXT-1.0 小型嵌入式操作系统的任务控制函数。

6.3.1 挂起任务

实现挂起任务,即控制任务从其他状态进入停止状态。RW/CZXT-1.0 小型嵌入式操作系统中,任务可以从运行状态转为停止状态,可以从就绪状态转为停止状态,可以从延时状态转为停止状态。

实现挂起任务的功能,主要包括以下几方面:
- 正在运行的任务可以挂起自己。
- 正在运行的任务可以挂起处于其他状态的任务,即挂起其他任务。
- 任务挂起时的当前状态必须被保存在任务的控制块中。
- 任务被解挂时,必须准确恢复到挂起前的状态。

在任务的任务控制块中,已经定义有一个寄存器 uc8 rwztchucun;就是用来保存任务被挂起时的当前状态。如果任务在运行中自己挂起时,那么把 ch_yunxing 保存在 rwztchucun;如果任务正在等待延时时间的时候被挂起,那么把 ch_yanshi 保存在 rwztchucun 变量中。

任务被挂起后就处于停止状态,实现这个功能的应用函数的名称为:void ch_rwtingzhi(uc8 rwhao),该函数在使用时,必须传入一个数据,即任务号,这个任务号,就是要挂起的任务的任务号。如果传入的数据为 0,则表示当前运行任务自行挂起。

1. 函数的内部工作流程

图 6.2 所示是 ch_rwtingzhi(uc8 rwhao)函数的程序工作流程。从图中可以看出,函数内部有两个工作分支结构。一个分支结构是实现当前运行任务挂起其他任务的功能,另一个分支结构实现当前正在运行的任务挂起自己的功能。两个分支结构的不同之处在于:当前运行任务挂起其他任务的时候,操作系统不进行任务调度,当前正在运行任务自行挂起的时候,操作系统需要进行任务调度。

第6章 任务管理与应用函数设计

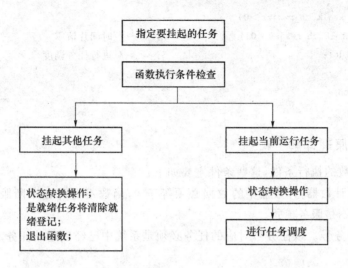

图 6.2 ch_rwtingzhi(uc8 rwhao)函数的程序工作流程

2. 函数的程序代码

```
void ch_rwtingzhi(uc8 rwhao)
{
if((ch_xtglk.ch_zdzs!=0)||
    (ch_xtglk.ch_xtzt == ch_fwms))
 {return;}
if(rwhao>(ch_rwzs-1))
 {return;}

EA = ch_zd_off;
if((ch_rwk[rwhao].rwzt!=ch_tingzhi)&&
(rwhao!=0)&&(rwhao!=ch_xtglk.yxhao))         //挂起其他任务
  {
    if(ch_rwk[rwhao].rwzt == ch_yunxing)     //任务已登记但未被运行
     {
       if(ch_sj_yxbqingchu(rwhao) == 0x00)
        { ch_yxbqingchu( rwhao ); }          //清除运行队列中的登记
     }
    ch_rwk[rwhao].rwztchucun = ch_rwk[rwhao].rwzt;   //保存停止前的状态
    ch_rwk[rwhao].rwzt = ch_tingzhi;         //改变任务的状态
    EA = ch_zd_on;
    return;
  }

  if((rwhao == 0)&&(ch_xtglk.yxhao!=0))      //挂起当前运行的任务
    {
      ch_rwk[ch_xtglk.yxhao].rwztchucun =
      ch_rwk[ch_xtglk.yxhao].rwzt;           //保存当前状态
      ch_rwk[ch_xtglk.yxhao].rwzt = ch_tingzhi;   //改变状态
```

```
        if(ch_xtglk.ch_rwsjzs>0)
        { ch_xtglk.ch_rwsjzs = 0;}         //时间片清零
        ch_rwtd();                          //进行任务调度
    }
    EA = ch_zd_on ;
}
```

3. 函数工作原理详解

开始检查函数的执行条件,这些条件主要如下:

① 中断嵌套计数器,计数器中的数据必须等于 0,函数不允许在中断服务中执行,同时,操作系统的状态不是服务模式。

② 传入的任务号。该任务号对应的任务必须是系统中已经创建的任务。

```
if((ch_xtglk.ch_zdzs!=0)||
    (ch_xtglk.ch_xtzt == ch_fwms))
  {return;}
if(rwhao>(ch_rwzs - 1))
   {return;}
```

如果函数的执行条件中,有一个不成立时,函数将直接返回,退出运行。

② 关闭系统总中断,使系统进入临界保护状态。

③ 函数的执行条件都具备时,接着判断执行功能,如果是要挂起其他任务,即条件语句

```
if((ch_rwk[rwhao].rwzt!= ch_tingzhi)&&(rwhao!= 0)&&(rwhao!= ch_xtglk.yxhao))
```

要求的条件都成立,则挂起指定的任务,执行的操作如下:

● 检查指定任务的当前状态,如果该状态为就绪运行态,必须把该任务从运行队列中删除。

```
if(ch_sj_yxbqingchu(rwhao) == 0x00)
{ ch_yxbqingchu( rwhao ); }
```

清除操作开始时,先在条件语句中调用优先队列清除操作,如果返回值是 0x00,则说明要清除的任务没有登记在优先队列中,接着从普通队列中清除任务的就绪登记。

● 把指定任务的当前状态保存在任务控制块中。
● 改变指定任务的当前状态为停止状态。
● 打开系统总中断,使系统退出临界保护状态,之后,函数返回。

④ 如果是要执行当前运行任务自行挂起功能时,将由条件语句进行判断,if((rwhao==0)&&(ch_xtglk.yxhao!=0))。给函数传入数据 0,即函数会执行自行挂起的操作,进行的操作如下:

● 把当前运行任务的当前状态保存在任务控制块中。
● 把当前运行任务的当前状态改变为停止状态。
● 清除当前运行任务剩余的时间片。
● 进行任务调度。

第6章 任务管理与应用函数设计

4. 函数的使用方法

① 使用 ch_rwtingzhi(uc8 rwhao)函数挂起其他任务。如2号任务挂起3号任务,那么在2号任务函数的程序代码中调用该函数,并把任务号3传入函数即可,代码如下:

```
void  renwu_2( )
{
    while(1)
    {
        ch_rwtingzhi( 3 );
    }
}
```

ch_rwtingzhi(3)函数执行完成后,3号任务会被挂起。

② 当前运行任务使用 ch_rwtingzhi(uc8 rwhao)函数挂起自身。如2号任务挂起自己,那么在2号任务函数的程序代码中调用该函数,并把数据0传入函数即可,代码如下:

```
void  renwu_2( )
{
    while(1)
    {
        ch_rwtingzhi( 0 );
    }
}
```

ch_rwtingzhi(0)函数执行完成后,2号任务会被挂起。

6.3.2 恢复挂起的任务

任务被挂起之后,只能通过其他任务发出恢复信号,被挂起的任务才能重新恢复为就绪任务。任务要发出恢复信号,就是使用恢复函数来发出恢复信号。被挂起的任务如果恢复为就绪任务之后,会在运行队列中登记,等待调度。

恢复函数要实现的功能:
① 把被挂起任务的状态恢复到挂起前的状态。
② 如果任务挂起之前是就绪运行态,必须使任务在运行队列中登记。

建立一个函数,命名为 void ch_rwtctingzhi(uc8 rwhao),函数使用时必须传入一个数据(任务号),该数据就是函数要恢复的任务的任务号。

1. 函数的内部工作流程

ch_rwtctingzhi(uc8 rwhao)函数的程序工作流程如图6.3所示,从该函数的程序工作流程中可以看出,函数只需把要恢复的任务改变为挂起前的状态,并没有进行任务调度,那么调用这个函数的任务,在函数执行完成之后,任务会继续运行。

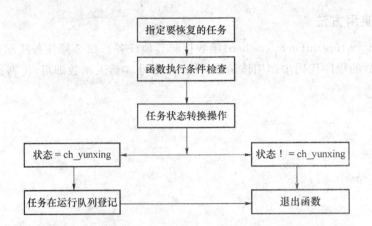

图 6.3 ch_rwtctingzhi(uc8 rwhao)函数的程序工作流程

2. 函数的程序代码

```
void ch_rwtctingzhi( uc8  rwhao)
{
if((ch_xtglk.ch_zdzs!=0)||
    (ch_xtglk.ch_xtzt == ch_fwms))
{return;}
if((rwhao == 0)||(rwhao>(ch_rwzs-1)))
{return;}
EA = ch_zd_off;
if(ch_rwk[rwhao].rwzt == ch_tingzhi)
  {
    ch_rwk[rwhao].rwzt = ch_rwk[rwhao].rwztchucun;   //取得停止前保存的状态
    ch_rwk[rwhao].rwztchucun = 0;
    if(ch_rwk[rwhao].rwzt == ch_yunxing)
      {
        ch_sj_yxbdengji( rwhao );                     //任务在运行队列中登记
      }
  }
EA = ch_zd_on;
}
```

3. 函数工作原理详解

① 函数执行时,先检查函数的执行条件,这些条件主要以下几方面:
- 中断嵌套计数器,计数器中的数据必须等于 0,同时,操作系统不处于服务运行模式。
- 检查传入的任务号,该任务号的任务必须是系统中已经创建的任务,并且不是 0 号空闲任务。如果函数的执行条件中,有一个不成立时,函数将退出运行。

② 接着控制系统进入临界状态,确保操作安全。

③ 函数的执行条件都具备时,接着检查指定任务的状态,如果该状态为停止状态,则进行如下操作:
- 把指定任务的状态恢复为被挂起之前的状态。
- 状态恢复后,在检查该状态,如果是就绪运行状态,则把指定任务登记在优先运行队列中。

```
if(ch_rwk[rwhao].rwzt == ch_yunxing)
  {
    ch_sj_yxbdengji( rwhao );
  }
```

④ 在函数的操作完成后,会控制系统退出临界状态。

4. 函数的使用方法

2号任务任务使用 void ch_rwtctingzhi(uc8 rwhao)函数恢复3号任务(假设3号任务已经被挂起),那么在2号任务函数的程序代码中调用该函数,并把数据3传入函数即可,代码如下:

```
void  renwu_2( )
{
    while(1)
    {
      ch_rwtctingzhi(3);
    }
}
```

ch_rwtctingzhi(3)函数执行完成后,3号任务会被恢复为就绪任务。

6.3.3 任务等待中断信号

任务可以等待任何中断服务发出的运行信号,任务如果在等待中断信号,那么中断信号没有到来时,任务会处于一直等待的状态。

任务要转入等待中断信号的状态,必须使用功能函数来实现,那么该函数要实现的功能如下:
① 改变任务的状态为等待中断信号状态(处于等待状态)。
② 进行调度操作,任务开始处于等待状态。

建立一个功能函数,命名为 void ch_rwzhongduan_on(void),函数使用时无须传入参数,该函数只对当前运行的任务起作用,即控制当前运行任务等待中断信号。

1. 函数的内部工作流程

ch_rwzhongduan_on(void)函数的程序工作流程如图6.4所示。某个任务要等待某个中断信号的时候,也即任务的运行条件未具备而选择自动放弃运行,放弃CPU的使用权,那么,为了不让CPU处于空闲状态,必须使用调度器调度其他就绪任务进入运行。但是,在函数的执行条件不具备时,当前任务会继续运行。

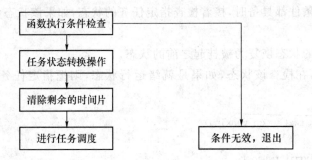

图 6.4 ch_rwzhongduan_on(void)函数的程序流程

2. 函数的程序代码

```
void  ch_rwzhongduan_on(void)
{
    if(ch_xtglk.ch_xtzt == ch_fwms)
    { return;}
    EA = ch_zd_off;
    if(ch_xtglk.ch_zdzs == 0)
    {
        ch_rwk[ch_xtglk.yxhao].rwzt = ch_dengdai_zd;        //改变状态
        if(ch_xtglk.ch_rwsjzs>0)
        { ch_xtglk.ch_rwsjzs = 0;}                          //时间片清零
        ch_rwtd();                                          //进行任务调度
    }
    EA = ch_zd_on;
}
```

3. 函数工作原理详解

① 函数执行时,先检查执行条件:如果操作系统的当前状态为服务状态模式,那么函数将返回,退出运行。

② 接着控制系统进入临界状态,确保操作安全。

③ 检查功能操作的条件。

如果中断嵌套计数器的当前值不为 0,说明系统当前处于中断服务中,那么不进行功能操作,直接控制系统退出临界状态并返回,任务继续运行。反之,进行如下操作:

① 把当前运行任务的状态改变为等待中断信号的状态。

② 清除剩余的时间片数据。

③ 进行任务调度,任务开始进入等待状态。

4. 函数的使用方法

2号任务任务使用 void ch_rwzhongduan_on(void)函数来控制自己进入等待中断信号的状态,只要在任务函数的程序代码中调用该函数即可,形式如下:

```
void  renwu_2()
{
```

```
    while(1)
    {
        ch_rwzhongduan_on( );
    }
}
```

ch_rwzhongduan_on( )函数执行后,2号任务开始进入等待状态,调度器调度其他任务进入运行。

6.3.4 恢复等待中断的任务

任务处于等待中断信号状态,只有在中断服务中给等待任务发出恢复信号,等待任务才能恢复为就绪任务。如果没有中断服务发来的恢复信号,那么任务将永远(系统运行)处于等待状态。中断服务要发出中断信号,必须使用功能函数来实现。

函数要实现的功能:

① 检查信号发送环境(必须处于中断服务中);系统处于中断服务环境时,中断嵌套计数器中的数据是大于 0 的。

② 把恢复的任务登记在优先运行队列中。

建立一个函数,命名为 void ch_rwzhongduan_off(uc8 rwhao),函数使用时必须传入一个数据(任务号),该数据就是被恢复的任务的任务号。

1. 函数的内部工作流程

ch_rwzhongduan_off(uc8 rwhao)函数的程序工作流程如图 6.5 所示。该函数只能在中断服务环境中完成功能操作,另外,在任何中断服务环境中,是不能够发生任务调度的,所以,函数只实现把等待中断信号的任务改变为就绪任务而已,函数内部不可以使用调度器。如果函数的执行条件和运行环境不具备时,函数不进行功能操作。

该函数只能够在中断服务函数中使用。

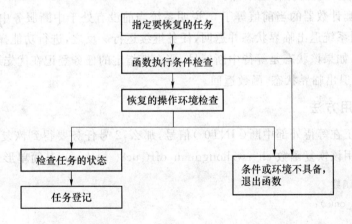

图 6.5　ch_rwzhongduan_off(uc8 rwhao) 函数的程序流程

2. 函数的程序代码

```
void  ch_rwzhongduan_off( uc8  rwhao)
{
  if(ch_xtglk.ch_xtzt == ch_fwms)
    { return;}
  if((rwhao == 0)||(rwhao > (ch_rwzs - 1)))        //限制任务号
    { return;}
  EA = ch_zd_off;
  if(ch_xtglk.ch_zdzs>0)                           //只能在中断中
    {
      if(ch_rwk[rwhao].rwzt == ch_dengdai_zd)      //任务是等待中断
        {
          ch_sj_yxbdengji( rwhao );                //在优先运行队列中登记
        }
    }
  EA = ch_zd_on;
}
```

3. 函数工作原理详解

① 函数执行时,先检查函数的执行条件,这些条件主要有以下几方面:
- 如果操作系统的当前状态时服务状态模式,那么函数将返回,退出运行。
- 传入的任务号,该任务号的任务必须是系统中已经创建的任务,并且不是 0 号空闲任务。

如果函数的执行条件中,有一个不成立时,函数将退出运行。

② 接着控制系统进入临界状态,确保操作安全。

③ 检查函数进行功能操作的条件。

如果中断嵌套计数器的当前值等于 0,说明系统当前没有处于中断服务中,那么不进行功能操作,直接控制系统退出临界状态并返回,任务继续运行。反之,进行功能操作:检查指定的任务的当前状态,如果该状态是等待中断信号,那么把指定的任务登记在优先运行队列中。

④ 控制系统退出临界状态,函数返回。

4. 函数的使用方法

如 2 号任务正在等待外部中断(INT0)信号,那么,2 号任务要得到恢复信号,只有在外部中断服务中调用该恢复函数 ch_rwzhongduan_off(uc8 rwhao),其简单形式如下:

```
外部中断服务函数
{ch_zhongduan_on( );
其他程序代码;
ch_rwzhongduan_off( 2 );
ch_zhongduan_off( );
}
```

6.4 应用实验

在本章中,已经实现了操作系统对任务进行管理的最基本的功能,这些功能都是采用函数的形式来实现,形成功能模块,方便用户开发和设计应用工程。接下来,建立一个应用实验工程例子,采用这些功能函数来控制应用任务。为了实例工程可以在 ME300B 实验板上运行,任务的控制对象还是采用 LED 指示灯。

在 DRW-XT-005 工程的基础上建立实验工程 DRE-XT-005-SL,实验工程中,建立 5 个任务,0 号任务默认为系统的空闲任务,不执行任何实际工作。

实验项目如下:
① 每个任务控制一个 LED 指示灯。
② 每个任务实现一个控制工作,控制 LED 进行指示。

6.4.1 任务的工作要求

① 0 号任务不实现任何功能。
② 1 号任务控制 LED1 指示灯按 0.5 s 的速度进行循环闪烁 5 次之后,1 号任务自行挂起,进入停止状态,LED1 停止闪烁变为稳态。
③ 2 号任务控制 LED2 指示灯按 1 s 的速度进行循环闪烁 5 次之后,2 号任务自行挂起,进入停止状态,LED2 停止闪烁变为稳态。
④ 3 号任务控制 LED3 指示灯按 2 s 的速度进行循环闪烁 5 次之后,3 号任务自行挂起,进入停止状态,LED3 停止闪烁变为稳态。
⑤ 4 号任务控制 LED4 指示灯按 4 s 的速度进行循环闪烁,同时检查 1,2,3 号任务,如果任务都已经挂起后,在 LED4 闪烁 2 次之后,把 1,2,3 号任务恢复为就绪任务,使 1,2,3 号任务可以继续按原来的要求运行。

6.4.2 在 MAIN 文件中定义 LED 指示灯端口及相关变量

1. 定义 LED 指示灯

```
sbit    LED1 = P0^1;
sbit    LED2 = P0^2;
sbit    LED3 = P0^3;
sbit    LED4 = P0^4;
```

LED 指示灯使用 AT89S52 的 0 号端口,在实验板上的 P0 端口已经装配有 LED 指示灯。AT89S52 复位后,指示灯处于熄灭状态。

2. 定义任务的运行标志

```
uc8    rw_yxbz1;    //1 号任务运行标志
uc8    rw_yxbz2;    //2 号任务运行标志
```

```
uc8    rw_yxbz2;    // 3 号任务运行标志
```

任务没有挂起时,该标志为真,即等于数据 0xff,任务挂起时,该标志为假,即等于数据 0x00。

3. 定义 LED 闪烁计数器

```
uc8    led1_jsq;    //LED1 闪烁次数计数器
uc8    led2_jsq;    //LED2 闪烁次数计数器
uc8    led3_jsq;    //LED3 闪烁次数计数器
uc8    led4_jsq;    //LED4 闪烁次数计数器
```

该计数器记录 LED 闪烁的次数,计数器中的数据,是程序进行运算判断所需的数据。

6.4.3 在任务函数中编写任务工作的程序代码

① 根据 1 号任务的工作要求,编写的程序代码如下:

```
void  renwu_1( )
{
  LED1 = 1;
  rw_yxbz1 = 0xff ;
  while(1)
  {
    for(led1_jsq = 0;led1_jsq<10;led1_jsq++)      // LED1 闪烁 5 次
    {
      LED1 = ~LED1;
      ch_rwys_tk(50);
    }
    rw_yxbz1 = 0x00;                              // 清除 1 号任务的运行标志,要挂起
    ch_rwtingzhi( 0 );                            // 1 号任务自行挂起
  }
}
```

程序代码中,采用一个循环结果来控制 LED1 循环闪烁的次数,闪烁次数达到后,退出循环结构,继续执行后面的代码,即清除运行标志,1 号任务使用挂起功能函数 ch_rwtingzhi(0),自行挂起,该函数传入 0 时,就是控制当前运行任务自行挂起。

② 根据 2 号任务的工作要求,编写的程序代码如下:

```
void  renwu_2()
{
  LED2 = 1;
  rw_yxbz2 = 0xff;
  while(1)
  {
    for(led2_jsq = 0;led2_jsq<10;led2_jsq++)
    {
      LED2 = ~LED2;
```

第6章 任务管理与应用函数设计

```
        ch_rwys_100ms(10);
      }
    rw_yxbz2 = 0x00;
    ch_rwtingzhi( 0 );
  }
}
```

③ 根据3号任务的工作要求，编写的程序代码如下：

```
void   renwu_3( )
{
  LED3 = 1;
  rw_yxbz3 = 0xff;
  while(1)
  {
   for(led3_jsq = 0;led3_jsq<10;led3_jsq++)
      {
         LED3 = ~LED3;
         ch_rwys_1s( 2 );
      }
     rw_yxbz3 = 0x00;
     ch_rwtingzhi( 0 );
  }
}
```

④ 根据4号任务的工作要求，编写的程序代码如下：

```
void   renwu_4( )
{
  LED1 = 1;
  while(1)
  {
  LED4 = ~LED4;
  ch_rwys_1s(4);
  if((rw_yxbz1 == 0x00)&&
     (rw_yxbz2 == 0x00)&&
     (rw_yxbz3 == 0x00))
    {
        for(led4_jsq = 0;led4_jsq<4;led4_jsq++)
           {
              LED4 = ~LED4;
              ch_rwys_1s(4);
           }
        rw_yxbz1 = 0xFF;
        ch_rwtctingzhi(1);
        rw_yxbz2 = 0xFF;
        ch_rwtctingzhi(2);
```

```
            rw_yxbz3 = 0xFF;
            ch_rwtctingzhi(3);
        }
    }
}
```

4号任务每次运行时都对1,2,3号任务的运行标志进行检测,如果1,2,3号任务都已经自行挂起时,就调用恢复函数把挂起的任务恢复为就绪任务,那么1,2,3号任务又可以继续运行,相应的LED指示灯又开始闪烁,如此不断循环进行。

采用第5章介绍的方法对实验工程进行编译和调试,在编译通过后,把代码下载到实验板的AT89S52芯片上,下载完毕后,实验板自动开始运行起来,运行的结果由读者自行观察。

DRW-XT-005-SL实验工程MAIN文件中完整的程序代码如下:

```
//----包含程序文件
#include" XT-HDY.H"
#include" XT-PZ.H"
#include" XT.H"
#include" XT-INT.C"
#include" XT-TD.C"
#include" XT-SHIJ.C"
#include" XT-RWGL.C"
//======================
//定义LED端口
sbit    LED1 = P0^1;
sbit    LED2 = P0^2;
sbit    LED3 = P0^3;
sbit    LED4 = P0^4;
//定义任务的运行标志:
uc8    rw_yxbz1;      //1号任务运行标志
uc8    rw_yxbz2;      //2号任务运行标志
uc8    rw_yxbz3;      //3号任务运行标志
//定义LED闪烁计数器:
uc8    led1_jsq;      //LED1闪烁次数计数器
uc8    led2_jsq;      //LED2闪烁次数计数器
uc8    led3_jsq;      //LED3闪烁次数计数器
uc8    led4_jsq;      //LED4闪烁次数计数器
// ====================== //
//函数名:    MAIN();
// ====================== //
void  main()
{
//1:系统初始化
    ch_xt_int();
//2:启动任务
    ch_xt_on();
```

```
}
//-------------------//
//      0号任务        //
//-------------------//
void  renwu_0()
{
  while(1)
   {
   }
}
//-------------------//
//      1号任务        //
//-------------------//
void  renwu_1()
{
  LED1 = 1;
  rw_yxbz1 = 0xff;
   while(1)
   {
    for(led1_jsq = 0;led1_jsq<10;led1_jsq++)
      {
       LED1 = ~LED1;
       ch_rwys_tk(50);
      }
    rw_yxbz1 = 0x00;
    ch_rwtingzhi(0);
   }
}
//-------------------//
//      2号任务        //
//-------------------//
void  renwu_2()
{
  LED2 = 1;
  rw_yxbz2 = 0xff;
   while(1)
   {
    for(led2_jsq = 0;led2_jsq<10;led2_jsq++)
      {
       LED2 = ~LED2;
       ch_rwys_100ms(10);
      }
    rw_yxbz2 = 0x00;
    ch_rwtingzhi(0);
   }
}
```

```c
//--------------------//
//      3号任务        //
//--------------------//
void   renwu_3()
{
  LED3 = 1;
  rw_yxbz3 = 0xff;
  while(1)
  {
   for(led3_jsq = 0;led3_jsq<10;led3_jsq++)
      {
       LED3 = ~LED3;
       ch_rwys_1s(2);
      }
    rw_yxbz3 = 0x00;
    ch_rwtingzhi(0);
  }
}
//--------------------//
//      4号任务        //
//--------------------//
void   renwu_4()
{
  LED1 = 1;
  while(1)
  {
  LED4 = ~LED4;
  ch_rwys_1s(4);

   if((rw_yxbz1 == 0x00)&&
     (rw_yxbz2 == 0x00)&&
     (rw_yxbz3 == 0x00))
     {
       for(led4_jsq = 0;led4_jsq<4;led4_jsq++)
         {
           LED4 = ~LED4;
           ch_rwys_1s(4);
         }
       rw_yxbz1 = 0xFF;
       ch_rwtctingzhi(1);
       rw_yxbz2 = 0xFF;
       ch_rwtctingzhi(2);
       rw_yxbz3 = 0xFF;
       ch_rwtctingzhi(3);
     }
  }
}
```

总　结

本章详细介绍构建 RW/CZXT-1.0 小型嵌入式操作系统第六步的设计方法及设计过程，主要体现如下：

① 详细讲解任务具有的各种状态及其特点。

② 详细讲解任务各种状态相互转换的过程。

③ 建立了任务管理的应用 API 功能函数，并且详解这些应用函数的内部工作流程、函数程序代码的工作原理、函数的使用方法。

④ 通过一个实验例子，使用任务管理功能的 API 应用函数来设计和开发实验应用工程。

第 7 章

嵌入式操作系统的实验应用

本章重点：
- 组织各个功能程序文件。
- 综合运用系统提供的功能进行实验应用。
- 时间管理功能及相应的时间延时函数。
- 任务管理功能及相应的应用函数。

在前几章中，已经建立了 RW/CZXT-1.0 嵌入式操作系统内核的基本功能及相应的功能组件，系统已经可以在实际工程中使用。本章的实验应用工程，就是基于 RW/CZXT-1.0 嵌入式操作系统进行开发的。

1. 实验目的

① 综合运用 RW/CZXT-1.0 嵌入式操作系统提供的功能进行实际工程设计。
② 测试 RW/CZXT-1.0 嵌入式操作系统的应用性能。
- 系统配置：经过配置使系统运行后，各个参数是否起作用，是否出现错误。
- 系统运行可靠性：时间管理是否可靠，任务管理是否可靠。任务的各种控制操作能否正常进行（如延时、挂起等），任务的调度是否准确可靠。
- 功能组件的运行性能：各个功能组件在工作过程中能否准确进行相关的控制操作，有没有出现错误操作或者操作功能存在缺陷而无法完成应有的操作。

2. 实验项目

① 每一个任务的程序代码，都要使用时间延时功能函数和任务控制功能函数。
② 为每个任务配置一个 LED 指示灯，以便知道任务的运行情况。
③ 多个任务协调运行，用全局变量作为同步协调机制。
④ 任务按设定的工作时序运行。

3. 实验步骤

① 组织系统中已经建立的各个功能程序文件，以形成操作系统文件。

② 根据应用需要,对操作系统的工作参数进行配置。
③ 设计任务工作,编写任务函数程序代码。
④ 调试运行。
⑤ 实验总结。

在 DRW-XT-005 实例工程的基础上建立实验工程 DRW-XT-006-7,实验应用的程序代码都在实验工程 DRW-XT-006-7 的 MAIN 文件上进行编写。

7.1 组织程序文件

在前面各个章节中,已经建立的程序文件如下:
① 系统宏定义文件。
② 系统配置文件。
③ 系统头文件。
④ 系统初始化文件。
⑤ 系统调度文件。
⑥ 系统时间管理控制文件。
⑦ 系统任务管理控制文件。

采用操作系统来开发实际的应用工程,应该把这些程序文件组织起来,形成一个操作系统文件,并把这个操作系统文件加入到实际工程中,也即把操作系统文件嵌入到实际应用工程中。嵌入的步骤如下:
① 把各个程序文件采用包含的形式组织到一个总文件中,形成嵌入式操作系统文件。
② 把这个总文件包含到应用工程文件中。
③ 把各个程序文件复制到实际应用工程文件中。

在 DRW-XT-006-7 工程中,建立一个新文件,命名为 RW-CZXT-1.0,采用 #include "文件名"的形式把各个程序文件包含在 RW-CZXT-1.0 文件中。DRW-XT-006-7 工程的 MAIN 文件的开头,采用语句#include" RW-CZXT-1.0 "把 RW-CZXT-1.0 文件加入到工程中。

RW-CZXT-1.0 文件中包含如下的程序文件:

```
//===================
//-- 系统宏定义文件
#include" XT-HDY.H"
//-- 系统配置文件
#include" XT-PZ.H"
//-- 系统头文件
#include" XT.H"
//-- 系统初始化文件
#include" XT-INT.C"
```

```
//-- 系统调度文件
#include" XT-TD.C"
//-- 系统时间管理文件
#include" XT-SHIJ.C"
//-- 系统任务管理文件
#include" XT-RWGL.C"
//===================
```

包含文件的时候,需要注意包含顺序,主要注意以下两点:
① 变量的定义语句,必须在变量被使用之前。
② 函数的实体原型最好在函数调用语句之前。
采用这种方法的好处在于无需在文件中进行过多的变量或函数声明。

7.2 系统关键参数配置

操作系统默认的运行参数,并不是对所有的应用工程都适合的,那么应该根据实际工程的需要,对系统的关键参数进行配置。
配置的目的如下:
① 根据实际工程的需要使用操作系统的相关功能。
② 让操作系统更高效稳定地为实际工程服务。
③ 在配置时裁减系统功能,使操作系统占用最少的资源。
配置操作就是对系统配置文件中的各个参数项进行设置,需要进行配置的关键参数有5项。

7.2.1 任务的总数量

为应用工程配置5个任务,任务号分别为:0,1,2,3,4。其配置形式如下:

```
#define  ch_rwzs        5
```

7.2.2 任务栈长度

在 DRW/CZXT-1.0 基础系统中,任务的任务栈是采用私有栈的形式,即每个任务直接对应一个独立的堆栈区间,任务切换的堆栈操作在该区间上进行。其配置操作,就是配置一个二维数组中一维数组的长度,其配置形式如下:

```
#define  ch_rwzhan_cd   20
```

在本工程中,为任务栈配置20字节。目前,应用任务的断点数据将占用11~17字节,所以在应用工程中,不允许设计有中断嵌套功能。

7.2.3 系统时钟粒度

时钟粒度配置,实际就是给系统定时器设置一个初值,控制定时器的定时时间。

```
#define    ch_tick_th0              (65536 - 10000)/256
#define    ch_tick_tl0              (65536 - 10000)%256
```

该配置数据是基于 CPU 采用 12MHz 晶振确定的,定时时间为 10ms。

7.2.4 时间片长度

时间片长度配置,根据应用需要,可以配置为 20~50 ms。其配置形式如下:

```
#define    ch_sjzs                  3
```

在本工程中,该项配置为 3,即控制任务的最长运行时间为 30 ms。

7.2.5 延时基数

延时基数配置,该基数是供延时应用函数进行时间数据转换时使用,它必须与操作系统的时钟粒度严格相等,即为 10 ms,其配置形式如下:

```
#define    ch_ticks                 10
```

在本应用工程中,配置这些项目已经可以使操作系统具备运行功能。在配置文件中,还有很多参数项需要进行配置,但是目前这些配置项所对应的功能还没有建立,所以暂不进行数据配置,即使配置数据,也是处于无效状态。

7.3 设计任务及其程序代码

实验要进行的实际工作,是由各个任务分担完成的。在本实验中,需要 4 个任务来执行相应的工作,任务要完成分配的工作,是靠任务函数中的程序代码来实现的。实验中,系统的空闲任务不执行任何工作。为便于理解,实验的控制对象还是采用 LED 指示灯。

7.3.1 确定任务的工作

1. 1 号任务

- 检测 K1 按键,对按键按下的次数进行计数。
- K1 按键按下时,点亮 LED1 指示灯。
- K1 按键按下次数等于 5 次时,挂起 2 号任务,清除 K1 按键计数器。
- 检测 K2 按键,按键按下 1 次时,改变 LED3 指示灯按 0.5 s 循环闪烁;按键按下 2 次时,LED3 指示灯恢复为 2 s 循环闪烁,K2 按键计数器复位。
- 检测 K3 按键,K3 按下时,恢复 2 号任务。
- 1 号任务以 50ms 的频率运行。

2. 2 号任务

任务没有被挂起或解挂后,驱动 LED2 指示灯按 1 s 的频率循环闪烁,任务被挂起后,

LED2 处于亮或灭的一种状态,取决于 2 号任务被挂起之前 LED2 所处的状态。

3. 3 号任务

- 任务开始运行时,先控制 LED3 指示灯按 2 s 频率循环闪烁。
- 在 K2 按键按键按下 1 次时,LED3 指示灯按 0.5 s 频率循环闪烁。
- 在 K2 按键按键按下 2 次时,LED3 指示灯按 2 s 频率循环闪烁。

4. 4 号任务

- 控制 LED4 指示灯先按 1 s 的频率闪烁 10 次。
- 接着控制 LED4 指示灯按 3 s 的频率闪烁 10 次。
- 再次控制 LED4 指示灯按 5 s 的频率闪烁 10 次,再从头开始。

7.3.2 定义任务运行所需的相关变量

1. 定义按键的输入端口

```
sbit    k1 = P1^4;
sbit    k2 = P1^5;
sbit    k3 = P1^6;
```

2. 定义按键对应的标志

```
uc8    k1_bz;
uc8    k2_bz;
uc8    k3_bz;
```

3. 定义按键计数器

```
uc8    k1_jsq;
uc8    k2_jsq;
```

4. 定义 LED 端口

```
sbit    led1 = P0^1;
sbit    led2 = P0^2;
sbit    led3 = P0^3;
sbit    led4 = P0^4;
```

硬件(按键、指示灯)的接口按 ME300B 实验板上的资源进行定义。

7.3.3 任务函数的工作流程

① 1 号任务函数的程序工作流程如图 7.1 所示。
② 2 号任务函数的程序工作流程如图 7.2 所示。
③ 3 号任务函数的程序工作流程如图 7.3 所示。
④ 4 号任务函数的程序工作流程如图 7.4 所示。

第7章 嵌入式操作系统的实验应用

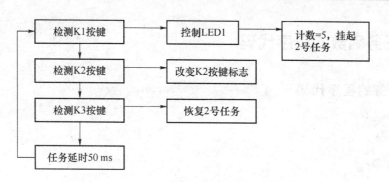

图 7.1 1号任务函数的程序工作流程

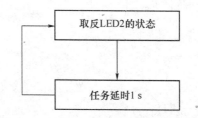

图 7.2 2号任务函数的程序工作流程

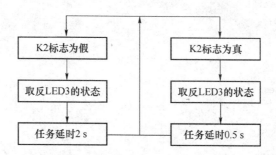

图 7.3 3号任务函数的程序工作流程

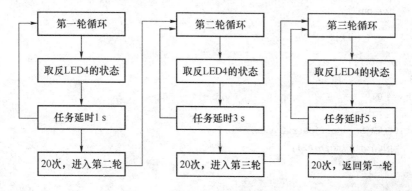

图 7.4 4号任务函数的程序工作流程

7.3.4 任务函数的程序代码

1. 1号任务的程序代码

```
void   renwu_1()
{   led1 = 1;
   k1_jsq = 0;
   k1_bz = off;
   while(1)
   {
//--k1
      if(k1 == 0)
      {
         if(k1_bz == off)
          { k1_jsq ++ ;
            led1 = 0;}
         if((k1_jsq == 5)&&(k1_bz = off))
           { ch_rwtingzhi(2);
             rw2_yxbz = off;
             k1_jsq = 0;}
         k1_bz = on;
      }
      else
      { k1_bz = off; led1 = 1;}
//--k2
      if(k2 == 0)
      {
         if(k2_bz == off)
          { k2_jsq ++ ;}
         k2_bz = on;
      }
      else
      { k2_bz = off;}
//--k3
      if(k3 == 0)
       {
         if((k3_bz == off)&&(rw2_yxbz == off))
          { ch_rwtctingzhi(2);
            rw2_yxbz = on;
            }
         k3_bz = on;
       }
      else
       { k3_bz = off;}
//--
      if(k2_jsq == 1){rw3_yxbz = on ;}
```

```
      if(k2_jsq == 2){rw3_yxbz = off; k2_jsq = 0;}
//--
    ch_rwys_tk(5);
  }
}
```

任务首次运行时,将先初始化指示灯、按键标志、按键计数器之后顺序检查各个按键的状态,根据按键的状态进行相应的操作,最后控制任务进行 50 ms 延时。

2. 2 号任务的程序代码

```
void renwu_2()
{  led2 = 1;
   rw2_yxbz = on;
   while(1)
   {
     led2 = ~led2;
     ch_rwys_100ms(10);
   }
}
```

任务的程序代码极其简单,只是取反 LED2 指示灯后控制 2 号任务进行 1 s 延时。

3. 3 号任务的程序代码

```
void renwu_3()
{  led3 = 1;
   rw3_yxbz = off;
   while(1)
   {
     if(rw3_yxbz == on)
      { led3 = ~led3;
        ch_rwys_1s(2) ;}
     else
      { led3 = ~led3;
        ch_rwys_tk(50);}
   }
}
```

任务运行时,根据全局变量 rw3_yxbz 的状态控制指示灯的工作频率,即控制任务按不同的时间进行延时。rw3_yxbz 的状态等于 on 时,LED3 按 2 s 的时间进行闪烁,rw3_yxbz 的状态不等于 on 时,LED3 按 0.5 s 的时间进行闪烁。

4. 4 号任务的程序代码

```
void renwu_4()
{  led4 = 1;
   while(1)
   {
     for(xh_jsq = 0;xh_jsq<20;xh_jsq++)
```

```
            { led4 = ~led4;
              ch_rwys_1s(1);}
        for(xh_jsq = 0;xh_jsq<20;xh_jsq++)
            { led4 = ~led4;
              ch_rwys_1s(3);}
        for(xh_jsq = 0;xh_jsq<20;xh_jsq++)
            { led4 = ~led4;
              ch_rwys_1s(5);}
    }
}
```

任务运行时,CPU 顺序执行 3 个循环结构,控制任务按不同的时间进行延时。当 CPU 执行第一个循环结构时,LED4 是按 1 s 的时间进行闪烁。当 CPU 执行第二个循环结构时,LED4 是按 3 s 的时间进行闪烁。当 CPU 执行第三个循环结构时,LED4 是按 5 s 的时间进行闪烁。

7.4 在实验板上运行测试

实验工程要在实验板上运行之前,需先对工程进行编译和调试,主要是检查任务函数的程序代码在编写过程中,是否有出现语法错误,语句是否出现逻辑错误等。

① 实验工程编译通过时,将显示如下信息。

```
Build target 'Target 1'
compiling MAIN.C...
assembling MAIN.src...
linking...
Program Size: data = 160.0 xdata = 0 code = 1907
creating hex file from "DRW-XT-006-7"...
"DRW-XT-006-7" - 0 Error(s),0 Warning(s).
```

采用前面章节介绍的方法把实验工程的代码下载到实验板的 AT89S52 芯片上,下载完毕后,程序在实验板中自动运行起来。

② 程序运行测试:

K1 按键功能测试:

- 当 K1 按下时,LED1 指示灯应该点亮,当 K1 松开时,LED1 指示灯应该熄灭。
- 当 K1 在第五次按下时,LED2 应停止闪烁,变成某个稳定状态。

K2 按键功能测试:

- 当 K2 第一次按下时,LED3 指示灯的闪烁频率加快。
- 当 K2 第二次按下时,LED3 指示灯的闪烁频率变慢。
- 继续多次按下 K2 按键时,LED3 的闪烁频率会出现快慢变化。

K3 按键功能测试:

- 在 LED2 变成稳定状态后,按下 K3 按键时,LED2 会开始按原来的频率进行闪烁。
- 继续按下 K3 按键时将无控制效果。

如果上述的控制功能都正常，各个 LED 指示灯的运行状态也符合要求的话，则表示实验工程的开发设计已经成功。

总　结

通过本章的实验，介绍嵌入式操作系统在应用时需要完成的工作步骤及其应用方法，主要归纳如下：

① 在应用之前，需要组织各个程序文件，以形成一个系统文件。
② 根据应用要求，配置操作系统的关键运行参数。
③ 确定任务要执行的工作，即为任务分配工作。
④ 设计任务函数的工作流程及其程序代码。
⑤ 对工程进行编译，并把程序代码下载到实验板上运行测试。

第2篇　内核功能扩展

第2篇 肉核的能力考

第 8 章
扩展任务管理功能

本章重点：
扩展 RW/CZXT-1.0 嵌入式操作系统任务管理功能：
- 任务栈和运行栈设计。
- 实现动态创建应用任务。
- 重新设计调度器的任务切换功能。
- 实现系统内核能够管理实时任务。

在第 6 章中，已经为 RW/CZXT-1.0 小型嵌入式操作系统实现了基本的任务管理功能，为了增强操作系统内核的功能，在本章中将对 RW/CZXT-1.0 小型嵌入式操作系统的任务管理功能进行扩展。扩展的功能有：

① 实现系统能够创建更多的任务和管理多种类型的任务。由于 AT89Sxx 单片机芯片的内部 RAM 数据存储器的数量极其有限，可以创建的任务总数也是有限的。那么要在操作系统上建立更多的应用任务，就必须采取外扩 RAM 数据存储器来作为任务栈。这样的话，需要对前面建立的任务栈及调度器中任务切换结构重新进行设计。

② 增加动态创建应用任务的功能。实现静态创建系统任务、动态创建应用任务的功能。

③ 实现系统内核能够对实时任务进行管理。RW/CZXT-1.0 小型嵌入式操作系统在实际应用的时候，有的时候任务需要具备实时功能，才能完成一些实时性要求较强的工作。那么必须为 RW/CZXT-1.0 嵌入式操作系统建立实时任务管理功能。该功能建立后，RW/CZXT-1.0 操作系统将允许普通任务以时间片运行，实时任务以抢占方式运行。

8.1 任务类型

RW/CZXT-1.0 小型嵌入式操作系统任务管理功能扩展后，既允许任务以时间片运行，也允许任务以实时抢占方式运行。以时间片运行的普通任务，在某些时候，任务又具备优先运行资格。总体归纳起来，系统中任务的类型如下。

8.1.1 系统空闲任务

系统默认 0 号任务作为空闲任务。

系统空闲任务,一般不执行用户的具体工作,而是执行系统需要的一些工作,如检查系统的某些运行参数、收集某些信息等。操作系统在初始化的时候,会自动创建空闲任务。

8.1.2 首次任务

系统默认1号任务作为首次任务。

首次任务,是系统启动时,第一个被运行的任务。操作系统在初始化的时候,会自动创建首次任务。首次任务要执行的工作由用户进行分配,一般可以执行的工作如下:

① 执行应用工程中的一些初始化工作。
② 可以创建其他应用任务、信号量、邮箱、消息队列、内存分区等。
③ 完成用户安排的其他工作。

8.1.3 普通任务

操作系统中用户创建的任务,刚被创建的时候,都属于普通任务,即以时间片运行的任务,此时任务没有优先运行功能,也不是实时任务。

8.1.4 实时任务

用户创建的任务,刚被创建的时候是不具有实时功能的。在任务运行之后,如果任务需要转换成实时任务,那么,任务可以向系统申请实时令旗,实时令旗申请成功后,该任务就转变成实时任务,当然,任务也可以放弃实时令旗,转变回普通任务。

8.2 片外任务栈设计

RW/CZXT-1.0小型嵌入式操作系统在AT89Sxx系列单片机芯片上运行时,如果应用工程需要较多的应用任务一起运行的话,就必须为AT89Sxx系列单片机芯片扩展外部RAM数据存储器,用这些外部RAM数据存储器来保存任务的断点数据,即把任务栈定义在外部RAM数据存储器中。

在实例工程DRW-XT-005的基础上建立另一个实例工程DRW-XT-007,本章设计的部分功能的程序代码是在实例工程DRW-XT-007中编写。

8.2.1 堆栈指针

AT89S52的堆栈指针SP是一个只有8位的寄存器,可寻址范围是0~255的地址区间。SP只能寻址片内idata区间,无法寻址片外的数据存储器地址区间,所以,如果把任务栈定义在片外RAM存储区时,为了保证操作系统能够正常运行,就必须在AT89Sxx系列单片机芯片的片内RAM存储区中设计一个公共运行栈区,供SP使用,这个栈区就是公共运行栈。

任务要进入运行时,必须把存储在片外任务栈中的断点数据搬入到公共运行栈中,再从公共运行栈中进行出栈,即把片外RAM中的数据复制到片内RAM中。

任务停止运行时,任务的断点数据先进栈到公共运行栈中,再把这些断点数据搬出公共运行栈,保存在任务的任务栈中,即把片内RAM中的数据复制到片外RAM中。

如果实际应用中,系统建立的任务数量少于8个的话,同时又不需要使用操作系统的太多功能时,可以把任务私有栈与公共运行栈都定义在片内的idata区间之中,这样可以节省硬件资源。

8.2.2　任务私有栈与公共运行栈结合的形式

图8.1是任务私有栈与公共运行栈结合的示意图。所谓任务私有栈与公共运行栈结合的形式,实际就是把任务私有栈定义在片外数据存储器中,把公共运行栈定义在片内的数据存储器中。任务运行时,先把任务栈中的断点数据复制到片内的公共运行栈中,之后再把公共运行栈中的断点数据出栈给CPU各个寄存器;任务被中断运行时,其断点数据会先压入公共运行栈区中,之后把公共运行栈中的断点数据复制到任务栈中保存。即任务在运行时,CPU是使用公共运行栈作为堆栈操作区。

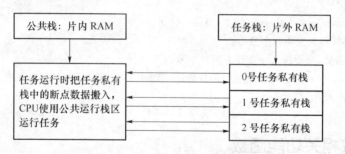

图8.1　任务栈与公共运行栈结合的示意图

采用这种形式,可以为公共运行栈定义足够的长度,让单片机在运行RW/CZXT-1.0小型嵌入式操作系统的同时,可以实现中断嵌套的功能,又可以在RW/CZXT-1.0小型嵌入式操作系统上建立更多的应用任务和其他的功能模块,让操作系统的实用性能进一步得到提高。

任务私有栈定义在片内数据存储器RAM中,其定义方法如下:

uc8　idata　rwzhan[ch_rwzs][ch_rwzhan_cd];

任务私有栈定义在片外数据存储器RAM中,其定义方法如下:

uc8　xdata　rwzhan[ch_rwzs][ch_rwzhan_cd];

上面的两种定义方法,区别在于idata和xdata,是说明数组的存储类型。idata是把数组定义在片内可间接访问的数据存储器中,即片内数据存储区间,片内可间接访问的数据存储器区是256 B。xdata是把数组定义在片外的数据存储区中,片外RAM的数量是可以达到64 KB。

公共运行栈只能够定义在片内数据存储区中,其定义方法如下:

uc8　idata　yxzhan[yx_ggzhan_zs];

在系统的头文件中,定义了一个一维数组来作为公共运行栈,yx_ggzhan_cd是用来配置公共运行栈的长度,即一维数组的元素个数,如把 yx_ggzhan_cd 配置为 50,则一维数组由 50 个 RAM 字节单元组成。

8.3 动态创建应用任务

在不需要太多应用任务的时候,用静态的方法来创建任务,是一种可行的办法。但是,当操作系统在实际应用中需要创建更多应用任务时,静态法就变得无能为力了,而且增加了程序编写的难度,同时,会涉及修改系统文件,增加了应用难度。

RW/CZXT-1.0 小型嵌入式操作系统,用户可以配置任务的总数量(包含系统任务和应用任务),一旦配置了任务的总数量,系统就会自动为每一个任务建立需要的资源:任务栈,任务控制块等。在任务还没有被正式创建的时候,这些资源是空闲资源,任务一旦创建,系统会把对应的任务栈,任务控制块分配给新创建的任务。

在本小节中,为 RW/CZXT-1.0 小型嵌入式操作系统实现动态创建应用任务的功能,该功能由一个专用函数来实现。

函数形式如下:

void ch_xjrenwu(uc8 rwhao,void (* rwdz)())

函数使用时,必须传入重要两个数据:

① rwhao:形式参数,是要传入新建任务的任务号。

② void (* rwdz)():形式参数,是一个函数指针,用来要传入新建任务的任务函数入口地址,一般使用任务函数的函数名传入。

8.3.1 修改相关功能函数

要实现动态创建任务的功能,需对原来设计的两个功能函数进行修改,这两个功能函数是:任务控制块初始化函数,静态创建任务的功能函数。

1. 任务控制块初始化函数

为了便于进行识别,把函数名修改为 void xt_rwkint(uc8 renwuhao),修改后函数使用的时候,需要传入一个数据,该数据是指定要进行初始化的任务控制块号,也即是新建任务的任务号。

函数原来的功能:循环初始化所有的任务控制块。

修改后函数要实现的功能如下:

① 只初始化指定的任务控制块。

② 函数内部增加条件编译控制。

● 配置任务私有栈形式时,rwsp 取得任务栈的栈顶地址。

● 配置任务栈与公共栈结合形式时,rwsp 保存堆栈操作的字节数量。

修改后,void xt_rwkint(uc8 renwuhao)函数的程序代码:

```
void xt_rwkint(uc8 renwuhao)
{
```

第 8 章　扩展任务管理功能

```
#if   ch_rwtd_xs == 0
    ch_rwk[renwuhao].rwsp = rwzhan[renwuhao];   // RWSP 取得栈区的首地址
    ch_rwk[renwuhao].rwsp + = 10;               // RWSP 取得栈顶的地址
#endif
#if   ch_rwtd_xs == 1
    ch_rwk[renwuhao].rwsp + = 11;               // RWSP 取得进出栈的字节数量
#endif
    ch_rwk[renwuhao].rwzt = ch_yunxing;         //状态寄存器
    ch_rwk[renwuhao].rwztchucun = 0;            //状态储存器
    ch_rwk[renwuhao].rwys = 0;                  //延时器
    ch_rwk[renwuhao].rwlx = ch_ssrw_off;        // 普通任务
}
```

堆栈操作中涉及的寄存器的数量,会随系统功能扩展而出现增加的情况,实际数量以编译器的堆栈操作为准。

2. 静态创建任务函数

为了便于进行识别,把函数名修改为 void ch_xjxtrw(void)。

函数原来的功能:静态创建了 5 个任务。

修改后函数要实现的功能:静态创建 2 个系统任务。

① 0 号空闲任务。

② 1 号首次任务。

函数内部操作:

① 保存任务函数的入口地址。

② 初始化指定的任务控制块。

③ 任务进行就绪登记。

修改该函数,实际就是删除原来静态创建 2,3,4 号任务的程序代码,修改后函数在系统初始化时被调用,自动创建 2 个系统任务。

修改后,void　　ch_xjxtrw(void)函数的程序代码:

```
void   ch_xjxtrw(void)
{
//1 :
//-- 0 号任务函数的入口地址存入任务栈区中
    rwzhan[0][1] = (ui16)renwu_0 ;
    rwzhan[0][2] = (ui16)renwu_0 >> 8;
//-- 1 号任务函数的入口地址存入任务栈区中
    rwzhan[1][1] = (ui16)renwu_1 ;
    rwzhan[1][2] = (ui16)renwu_1 >> 8;
//2 :
//-- 0 号任务控制块初始化
    xt_rwkint(0);
//-- 1 号任务控制块初始化
    xt_rwkint(1);
```

```
//3:
//     首次任务就绪登记
    ch_yxb[0]=1;
}
```

8.3.2　实现动态创建任务

由一个专用的功能函数来实现动态创建应用任务的功能,函数的名称为 void　ch_xjrenwu(uc8　rwhao,void(﹡　rwdz)())。

1. 函数的工作原理

① 为新建任务分配任务栈,把新建任务的任务函数入口地址保存在对应的任务栈中。
② 为新建任务分配任务控制块,并初始化该任务控制块。
③ 把新建任务的任务号登记在普通运行队列中。

2. 函数的程序代码

```
void　ch_xjrenwu(uc8　rwhao,void(﹡　rwdz)())
{
//----函数执行条件
  if(ch_xtglk.ch_zdzs!=0)
  { return ;}
  if((rwhao<2)||(rwhao>(rwzons-1)))
  { return ;}
  EA=ch_zd_off;
//----保存任务函数的入口地址
  rwzhan[rwhao][1]=(ui16)rwdz&0xff;
  rwzhan[rwhao][2]=(ui16)rwdz>>8;
//----初始化新建任务的任务块
  xt_rwkint(rwhao);
//----任务在运行队列中登记
  ch_yxbdengji(rwhao);
  EA=ch_zd_on;
}
```

函数的程序代码是比较简单的,与静态创建任务函数的程序代码有点类似,不同之处在于:任务的登记由运行队列登记函数完成自动登记。函数如果执行成功,任务也就成功创建。

3. 函数的使用方法

在操作系统上采用动态创建任务函数来创建应用任务,可以在系统首次任务的任务函数中,调用该函数来实现,代码如下:

```
ch_xjrenwu(2,renwu_2);
```

ch_xjrenwu(2,renwu_2)函数被执行后,系统就成功创建一个新任务,新任务的任务号为2,新任务的任务函数名称为 renwu_2()。当然,任务函数的名称也可以使用其他名称,这由

设计者确定,任务函数可以采用下面的形式:

```
void   renwu_2( )
    {
    While(1)
       {  }
       }
```

在创建新任务之前,应该先声明新任务的任务函数,否则,编译器会出现错误警告,声明形式如下:

```
void   renwu_2( );
```

8.4 调度器任务切换操作

在前面第4章设计的调度器,其任务切换操作方法是比较简单的。系统运行时,堆栈操作(进栈,出栈)是直接在任务栈上进行。任务运行时,SP 堆栈指针是直接指向运行任务的任务栈,所以,任务的任务栈也是系统的运行栈。

采用任务私有栈与公共运行栈结合形式的任务切换操作,会显得比较复杂,同时也会增加调度器的调度耗时,在一定程度上降低了调度器的工作效率。任务切换操作形式如图8.2所示。但采用这种任务切换操作形式,可以非常方便的在 AT89Sxx 系列单片机上,通过扩展外部数据存储器来实现功能更加强大的操作系统。目前,有些单片机芯片内部已经扩展有一定数量的数据存储器,如 STC 系列。

采用任务私有栈与公共运行栈结合形式的任务切换操作,必须对第4章设计的调度器进行修改,主要修改任务切换结构的程序代码。

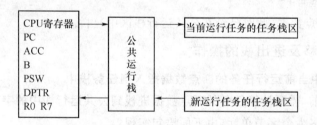

图 8.2 任务私有栈与公共运行栈结合形式的任务切换操作示意图

8.4.1 任务级调度器任务切换操作

1. 任务级调度器的任务切换操作

任务级调度器中实现任务切换操作的程序工作流程如图8.3所示。

2. 任务切换工作原理分析

① 首先是把当前运行任务的断点数据进栈(CPU 相关寄存器中的数据保存到公共运行

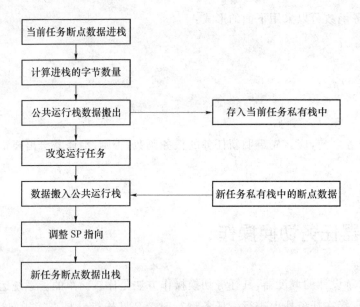

图 8.3　任务级调度器中任务切换操作的程序工作流程

栈中)到公共栈中,进栈完成后,计算进栈的字节数量,并把这个数量保存在当前任务的控制块中。

② 当前运行任务的断点数据(此时在公共运行栈区中)搬入当前任务的任务栈区中。

③ 改变运行任务的任务号。

④ 把新任务的任务栈中的数据搬入到公共运行栈区中,以便可以出栈给 CPU 的各个寄存器,恢复新任务的运行环境。

⑤ 调整堆栈指针,使其指向公共运行栈的栈顶(新任务最后一个断点数据在公共栈区中的那个存储单元的地址)

⑥ 新任务的断点数据(此时已经在公共运行栈区中)出栈。

3. 断点数据搬移及进出栈的操作

(1) 运行栈区中当前运行任务的断点数据搬入到任务栈中

在进行搬移之前,需要计算任务的断点数据进栈到公共运行栈中的字节数量,即断点数据占用了运行栈区中多少个字节单元,由下面语句实现:

yzdz = yxzhan;

ch_rwk[ch_xtglk.yxhao].rwsp = SP − yzdz;

yzdz=yxzhan 语句作用是取得公共运行栈的栈底地址,再用断点数据进栈后的栈顶地址(进栈完成后,就是 SP 堆栈指针中的数据)减去运行栈的栈底地址,就可以得出进栈的字节数量,并把这个数据保存在当前任务控制块的成员 ch_rwk[ch_xtglk.yxhao].rwsp 中,即由 ch_rwk[ch_xtglk.yxhao].rwsp=SP − yzdzzs 语句实现计算和保存。在搬移的过程中,是以这个数据作为标准的。该数据必须非常准确,否则会造成操作系统无法运行。

系统使用了两个位置变量:x 指向任务栈的存储位置,y 指向运行公共栈的存储位置。通过调整这两个位置变量指向的位置,对数据进行搬移(复制)。

任务的断点数据在保存到任务栈时所进行的搬移操作方法,如图 8.4 所示。

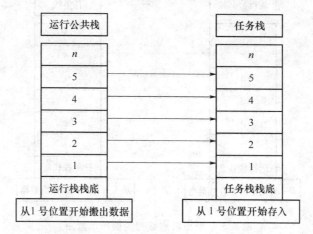

图 8.4 保存断点数据的操作示意图

图 8.4 中的数字是用来示意 x、y 位置变量中的数值,在开始进行搬移时,循环变量取得进栈字节数量这个数据,y 是指向运行栈的 1 号位置,x 是指向任务栈的 1 号位置,把公共运行栈 1 号位置中的数据搬入任务栈 1 号位置中,之后,调整位置变量,继续对数据进行搬移,直到循环变量自减到 0 时,数据搬移工作完成。

公共运行栈的栈底位置没有进栈数据,是堆栈指针 SP 的操作特性决定的。

搬移操作的程序代码如下:

```
x = 0;
y = 0;
for(i = ch_rwk[ch_xtglk.yxhao].rwsp; i>0 ; i-- )
  {
    y ++;
    x ++;
    rwzhan[ch_xtglk.yxhao][x] = yxzhan[y];
  }
```

(2) 新任务的任务栈中的断点数据搬入到公共运行栈中

这个操作与上面的操作是相反的,即把新任务的任务栈中的断点数据搬入到公共运行栈中,再从公共运行栈区上进行出栈操作。

任务的断点数据从任务栈中取出时所进行的搬移操作方法,如图 8.5 所示。

图 8.5 中的数字是用来示意 x,y 位置变量中的数值,在开始进行搬移时,循环变量取得保存在新任务的任务控制块中的(原来进栈)字节数量这个数据,y 是指向运行栈的 1 号位置,x 是指向任务栈的 1 号位置,把新任务任务栈 1 号位置中的数据搬入到公共运行栈 1 号位置中,之后,调整位置变量,继续对数据进行搬移,直到循环变量自减到 0 时,数据搬移工作完成。

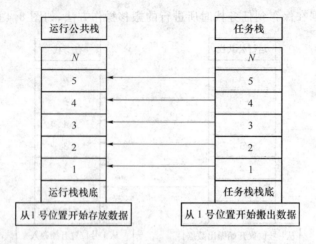

图 8.5　取出断点数据的操作示意图

搬移操作的程序代码如下：

```
x = 0;
y = 0;
for(i = ch_rwk[ch_xtglk.yxhao].rwsp; i>0 ; i--)
    {
    y ++ ;
    x ++ ;
    yxzhan[ y ] = rwzhan[ch_xtglk.yxhao][ x ] ;
    }
```

(3) 新任务的断点数据从公共运行栈区上进行出栈

在出栈之前，必须调整 SP 的指向，指向新任务的断点数据在公共运行栈区中的栈顶位置，即新任务最后一个搬入公共运行栈区的断点数据所在的位置，堆栈指针必须指向这个位置之后再进行出栈操作，否则会出现数据出栈错误，系统崩溃。

由 SP=yxzhan ＋ ch_rwk[ch_xtglk.yxhao].rwsp 语句实现这个调整工作，SP 先取得运行栈的首地址，再加上原来进栈的字节数量，实现 SP 指向新任务的断点数据搬入公共运行栈区后的栈顶地址。调整后，开始进行出栈操作。

4. 任务级调度器任务切换结构的程序代码

```
if(ch_xtglk.yxhao! = ch_xtglk.xyxhao)
    {
__asm    PUSH    ACC
__asm    PUSH    B
__asm    PUSH    PSW
__asm    PUSH    AR0
__asm    PUSH    AR1
__asm    PUSH    AR4
__asm    PUSH    AR5
__asm    PUSH    AR6
__asm    PUSH    AR7
```

```
        yzdz = yxzhan;
        ch_rwk[ch_xtglk.yxhao].rwsp = SP - yzdz;
//-----
        x = 0;
        y = 0;
        for(i = ch_rwk[ch_xtglk.yxhao].rwsp; i>0 ; i--)
          {
            y ++;
            x ++;
            rwzhan[ch_xtglk.yxhao][x] = yxzhan[y];
          }
//-----
        ch_xtglk.yxhao = ch_xtglk.xyxhao;
        ch_xtglk.xyxhao = 0;
//-----
        x = 0;
        y = 0;
        for(i = ch_rwk[ch_xtglk.yxhao].rwsp; i>0 ; i--)
          {
            y ++;
            x ++;
            yxzhan[ y ] = rwzhan[ch_xtglk.yxhao][x] ;
          }
        SP = yxzhan + ch_rwk[ch_xtglk.yxhao].rwsp ;

__asm   POP   AR7
__asm   POP   AR6
__asm   POP   AR5
__asm   POP   AR4
__asm   POP   AR1
__asm   POP   AR0
__asm   POP   PSW
__asm   POP   B
__asm   POP   ACC
}
```

5. 任务切换操作形式配置

RW/CZXT-1.0嵌入式操作系统支持两种任务切换操作形式,在配置控制下,对任务进行切换。

在系统的配置文件中,设计一个配置项 ch_rwtd_xs,通过对 ch_rwtd_xs 进行配置,可以选择这两种操作形式中的一种,配置形式如下:

```
#define   ch_rwtd_xs   0     选择任务私有栈形式;
#define   ch_rwtd_xs   1     选择任务私有栈与公共运行栈结合形式;
```

在应用中,可以根据应用需要和目标系统要求进行灵活配置。采用任务私有栈与公共运行栈结合形式时,进栈及出栈的断点数据会比直接采用任务私有栈形式多一些。

配置为任务私有栈与公共运行栈结合的形式时,系统会自动建立一个公共运行栈:yxzhan [ch_ggzhan_cd]。

8.4.2 中断级调度器任务切换操作

1. 中断级调度器任务切换

中断级调度器中实现任务切换操作的程序工作流程如图 8.6 所示。

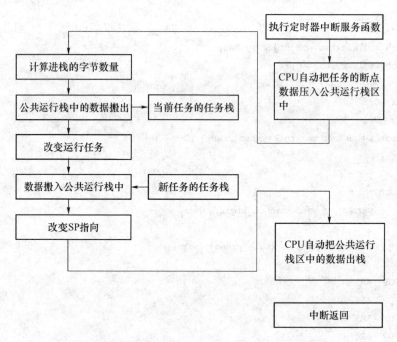

图 8.6　中断级调度器中任务切换操作的程序工作流程

CPU 响应系统定时器中断请求后,进入定时器中断服务程序,会自动地把任务的断点数据全部压入栈区中,即 KEIL C51 编译器自动进行处理。在退出中断服务函数之前,会自动把栈区中的断点数据出栈后中断返回。

任务级调度器中需要人为参与进栈、出栈的操作,在中断级任务调度器中是不需要的,这就是两个调度器主要的区别。在任务级调度器中除 PC 寄存器外的各个寄存器所产生的断点数据都需要人为进行进栈、出栈操作,在中断级任务调度器中,所有寄存器产生的断点数据是不需要人为进行进栈、出栈操作。

中断级任务调度器中任务的切换操作与任务级调度器中任务的切换操作是相同的。

2. 中断级任务调度器中任务切换操作的程序代码

```
if(ch_xtglk.yxhao!=ch_xtglk.xyxhao)
    {
        yzdz = yxzhan;
```

```
            ch_rwk[ch_xtglk.yxhao].rwsp = SP - yzdz;
//-----
            x = 0;
            y = 0;
            for(i = ch_rwk[ch_xtglk.yxhao].rwsp; i>0 ; i--)
              {
                 y ++;
                 x ++;
                 rwzhan[ch_xtglk.yxhao][x] = yxzhan[y];
              }
//-----
            ch_xtglk.yxhao = ch_xtglk.xyxhao;       //切换任务
            ch_xtglk.xyxhao = 0;
//-----
            x = 0;
            y = 0;
            for(i = ch_rwk[ch_xtglk.yxhao].rwsp; i>0 ; i--)
              {
                 y ++;
                 x ++;
                 yxzhan[ y ] = rwzhan[ch_xtglk.yxhao][x] ;
              }
            SP = yxzhan + ch_rwk[ch_xtglk.yxhao].rwsp ;
           }
```

8.4.3　启动函数中任务调度操作

在操作系统的启动函数中，需要调度首次任务进入运行，那么，函数中任务的调度操作方法也应该与调度器相同，任务调度的操作形式也必须由配置项 ch_rwtd_xs 控制，修改后启动函数的代码如下：

```
  void    ch_xt_on(void)
  {
#if    ch_rwtd_xs == 1
  uc8    x;
  uc8    y;
  uc8    i;
#endif

   EA = ch_zd_off;
   ch_xtglk.ch_xtyx = ch_on;                //运行标志为真
   ch_xtglk.ch_xtzt = ch_yxms;              //系统进入运行模式
   ch__time_on ();                          //定时器启动
   if(ch_xtglk.xyxhao == 0)
```

```
  { if(ch_sjyx == ch_sj_on)
      { ch_xtglk.xyxhao = ch_sj_rwhao();}    //从优先队列中取得任务
    else
      { ch_xtglk.xyxhao = ch_rwhao(); }      //从普通队列中取得任务
  }
  ch_xtglk.ch_rwsjzs = ch_sjzs;              //为运行任务配置一个时间片
//---------------------------
  ch_xtglk.yxhao = ch_xtglk.xyxhao;
  ch_xtglk.xyxhao = 0;

# if   ch_rwtd_xs == 0

  SP = ch_rwk[ch_xtglk.yxhao].rwsp;

  __asm    POP    AR7
  __asm    POP    AR6
  __asm    POP    AR5
  __asm    POP    AR4
  __asm    POP    AR1
  __asm    POP    AR0
  __asm    POP    PSW
  __asm    POP    DPL
  __asm    POP    DPH
  __asm    POP    B
  __asm    POP    ACC

# endif
//---------------------------
# if   ch_rwtd_xs == 1

        x = 0;
        y = 0;
        for(i = ch_rwk[ch_xtglk.yxhao].rwsp; i>0 ; i--)
          {
            y ++;
            x ++;
            yxzhan[ y ] = rwzhan[ch_xtglk.yxhao][x];
          }
        SP = yxzhan + ch_rwk[ch_xtglk.yxhao].rwsp;


        __asm   POP   AR7
        __asm   POP   AR6
        __asm   POP   AR5
        __asm   POP   AR4
```

```
    __asm    POP    AR1
    __asm    POP    AR0
    __asm    POP    PSW
    __asm    POP    DPL
    __asm    POP    DPH
    __asm    POP    B
    __asm    POP    ACC
#endif
  EA = ch_zd_on;
}
```

8.5 实时任务管理

为提高操作系统的实时性能,实现任务能够应付实时性要求较强的工作,实现系统中实时任务与普通任务能够协调运行的功能,那么,必须为系统建立实时任务管理功能。

实现了实时任务管理功能后,会增加任务的断点数据的数量,在编译工程系统的时候,需要根据定时器中断服务函数进出栈所用到的寄存器,相应修改任务级调度器中人为进出栈用到的寄存器,使两个调度器中进出栈的断点数据保持一致。

建立实时任务管理功能的步骤如下:
① 定义实时任务需要的变量:实时任务就绪登记表及其相关的操作数数组。
② 设计实时令旗。
③ 设计实时任务就绪表的操作函数。
④ 设计实时任务调度策略。
⑤ 设计实时任务的配置功能。

这些步骤在多个文件中进行设计,具体分配如下:
① 第1个步骤在系统的头文件中实现。
② 第2个步骤在系统任务管理文件中实现。
③ 第3和第4个步骤在系统调度文件中实现。
④ 第5个步骤在系统配置文件中实现配置,在上述3个文件中设计条件编译功能。

在实例工程DRW-XT-007的基础上建立另一个实例工程DRW-XT-008,本节设计的功能在实例工程DRW-XT-008中实现。建立实时任务的管理功能,将增加大量的程序代码,同时,需要修改前面已经建立的多个函数中的程序代码,同时为新增的程序代码设计条件编译控制。

8.5.1 实时令旗设计

在RW/CZXT-1.0小型操作系统中,设计一个实时令旗,如果普通任务需要转换成实时任务,那么,普通任务通过申请实时令旗的方法转变成实时任务,实时任务的实时工作完成后,可以通过放弃实时令旗的方法转变成普通任务。系统中的0、1号任务不能申请实时令旗,也即不能够转换为实时任务。

在设计实时令旗之前,需先做好两方面工作:

① 在宏定义文件中,为任务定义两个类型标志:

- 普通任务标志:# define　ch_ssrw_off　　0x00
- 实时任务标志:# define　ch_ssrw_on　　　0xff

② 为任务的任务控制块建立一个新成员:任务类型寄存器,该寄存器的定义如下:

uc8　　rwlx;

该寄存器的作用:存放任务的类型标志。

- 任务为普通任务时:ch_rwk[任务号].rwlx=ch_ssrw_off。
- 任务为实时任务时:ch_rwk[任务号].rwlx=ch_ssrw_on。

1. 申请实时令旗

普通任务申请实时令旗后,任务就变成实时任务。建立一个申请实时令旗的功能函数,函数名为 void　ch_rwssyx_on(void)。

函数实现的功能:

① 改变当前运行任务的任务类型寄存器中的标志值,使任务的类型转换成实时任务类型。

② 把任务登记在实时任务就绪表中。

函数的程序代码:

```
void    ch_rwssyx_on(void)
{
if((ch_xtglk.ch_zdzs!=0)||
    (ch_xtglk.yxhao<2)||(ch_xtglk.yxhao>9))
  {return;}
EA = ch_zd_off;
if(ch_rwk[ch_xtglk.yxhao].rwlx == ch_ssrw_off )
   {
     ch_rwk[ch_xtglk.yxhao].rwlx = ch_ssrw_on ;   //变更为实时任务
     ch_jxbdengji(ch_xtglk.yxhao);                //在实时就绪表中登记
   }
EA = ch_zd_on;
}
```

函数运行的时候,检查执行条件:

① 函数不允许在中断服务中执行。

② 必须是 1 号任务以上 10 号任务以下的任务才可以申请实时令旗,变为实时任务。

③ 任务的类型为普通任务。

函数的工作原理:

① 把申请实时令旗的当前运行任务改变为实时任务,即改变任务的类型。

ch_rwk[ch_xtglk.yxhao].rwlx = ch_ssrw_on ;

② 把任务登记在实时任务就绪表中。

ch_jxbdengji(ch_xtglk.yxhao);

2. 放弃实时令旗

实时任务放弃实时令旗后,任务就变成普通任务。建立一个放弃实时令旗的功能函数,函数名为 void   ch_rwssyx_off(void)。

函数实现的功能如下:

① 把当前运行的实时任务转换成普通任务。

② 清除实时任务的就绪登记,任务自身登记在优先运行队列中。

③ 进行任务调度,让其他实时任务运行。

函数的程序代码如下:

```
void   ch_rwssyx_off(void)
{
  if(ch_xtglk.ch_zdzs!= 0)
    {return;}
  EA = ch_zd_off;
  if(ch_rwk[ch_xtglk.yxhao].rwlx == ch_ssrw_on)
   {
      ch_rwk[ch_xtglk.yxhao].rwlx = ch_ssrw_off ;      //变更为普通任务
      ch_jxbqingchu(ch_xtglk.yxhao);                   //在实时就绪表中清除
      ch_sj_yxbdengji(ch_xtglk.yxhao);
      if(ch_xtglk.ch_rwsjzs>0)
        { ch_xtglk.ch_rwsjzs = 0;}
      ch_rwtd();
    }
  EA = ch_zd_on;
}
```

函数执行时,会检查当前运行任务的类型,如果任务是实时任务,函数将继续执行,改变任务的类型,完成各任务的清除登记工作后,进行任务调度,以便系统可以调度其他优先级的实时任务进入运行。

8.5.2 就绪登记表

实时任务的就绪登记方式与普通任务的就绪登记方式不同,两者的区别如下:

① 运行队列是采用字节来登记任务的任务号,登记的时候,不需要确定对应位置。

② 实时任务就绪表是采用位来登记任务,登记的时候,必须确定登记位位号与任务号对应。

③ 普通任务一旦进入运行,系统会自动清除任务的就绪登记(在运行队列的调整中完成)。实时任务进入运行后,任务还是登记在实时任务就绪表中,只有任务自己放弃运行时,才清除就绪登记。

1. 定义实时任务就绪登记表及其相关操作数

(1) 定义实时任务就绪登记表

系统中，为实时任务设计一个就绪登记表，就绪表的名称为 ch_jxb，就绪表定义如下：

uc8   ch_jxb；

就绪登记表实际是一个有 8 个位的字节变量，一个位对应一个实时任务，如果实时任务处于就绪运行状态，则将就绪表中对应的位设置为 1，如果任务退出就绪运行状态，则将对应的位清零，就绪表最多可以登记 8 个实时任务。

(2) 定义就绪表操作数组

就绪表是按位进行操作的，为便于对就绪表进行操作，给就绪表的每一个位定义一个操作数，在系统头文件中，定于一个数组来作为就绪表的操作数组，代码如下：

uc8   const   code   ch_czb[8] = { 0x01,0x02,0x04,0x08,0x10,0x20,0x40,0x80 };

该数组中有 8 个十六进制操作数，各个操作数对应的二进制码如下：

数组元素号	十六进制	二进制码	作用
0	0x01	00000001	设置就绪表 0 号位
1	0x02	00000010	设置就绪表 1 号位
2	0x04	00000100	设置就绪表 2 号位
3	0x08	00001000	设置就绪表 3 号位
4	0x10	00010000	设置就绪表 4 号位
5	0x20	00100000	设置就绪表 5 号位
6	0x40	01000000	设置就绪表 6 号位
7	0x80	10000000	设置就绪表 7 号位

就绪表操作原理在后面的就绪表登记、删除操作中进行描述。

(3) 定义任务位号表

就绪表的各个位的位号对应着实时任务的任务号，系统中，同样定义一个常量数组，该数组中的常量数据，就是最高优先级别的实时任务在就绪登记表中登记位的位号，代码如下：

uc8   const   code   ch_rwb[16]={0,0,1,0,2,0,1,0,3,0,1,0,2,0,1,0}；

任务位号表的设计依据是：实时任务的任务号，决定了该任务的优先级别，任务号越小的实时任务，其优先级别就越高，在就绪表中的登记位的位号就越小。那么，就绪表中，越小的位被置为 1，该位对应的实时任务的优先级别就越高。不管就绪表中的数据变成怎样，都可以从任务位号表中得到最高优先级别任务的登记位的位号，通过换算后得到最高优先级别的实时任务的任务号。

位号表的作用在于：可以快速地、有限时地从实时任务就绪表中取出对应的实时任务。

任务位号表中的数据设计：

- 数组的长度是 16 字节，刚好对应于 4 位二进制数的数值范围，即 0 ～ 15，4 位二进制数的数值对应数组的元素号（下标号），用该数值（就绪表的低 4 位或者高 4 位）从任务位号表中找出就绪登记位的位号。
- 数组中的数据就是：这个 4 位二进制数中，从 0 位开始算起第一个数据为 1 的位号。

第8章 扩展任务管理功能

二进制对应的数值	4位二进制码	任务位号表元素中的数据	说明
0	0 0 0 0	ch_rwb[0] = 0	没有就绪登记,为0
1	0 0 0 1	ch_rwb[1] = 0	第一个为1的是0号位
2	0 0 1 0	ch_rwb[2] = 1	第一个为1的是1号位
3	0 0 1 1	ch_rwb[3] = 0	第一个为1的是0号位
4	0 1 0 0	ch_rwb[4] = 2	第一个为1的是2号位
5	0 1 0 1	ch_rwb[5] = 0	第一个为1的是0号位
6	0 1 1 0	ch_rwb[6] = 1	第一个为1的是1号位
7	0 1 1 1	ch_rwb[7] = 0	第一个为1的是0号位
8	1 0 0 0	ch_rwb[8] = 3	第一个为1的是3号位
9	1 0 0 1	ch_rwb[9] = 0	第一个为1的是0号位
10	1 0 1 0	ch_rwb[10] = 1	第一个为1的是1号位
11	1 0 1 1	ch_rwb[11] = 0	第一个为1的是0号位
12	1 1 0 0	ch_rwb[12] = 2	第一个为1的是2号位
13	1 1 0 1	ch_rwb[13] = 0	第一个为1的是0号位
14	1 1 1 0	ch_rwb[14] = 1	第一个为1的是1号位
15	1 1 1 1	ch_rwb[15] = 0	第一个为1的是0号位

假如就绪表中,0号位是2号实时任务的就绪登记位,并且2号任务已经就绪登记,那么 ch_jsb=0 0 0 0 0 0 0 1。如何从任务位号表中快速找出2号任务的就绪登记位的位号呢?其原理是这样:用就绪表的低4位数据作为任务位号表数组的元素号,取出该元素中保存的常量数据。就绪表的低4位数据是0 0 0 1,对应的10进制数据为1,即取出任务位号表数组 ch_rwb[1]元素中的数据,该数据是0,即代表2号任务是登记在就绪表的0号位上。

2. 就绪表各个登记位与实时任务的对应关系

RW/CZXT-1.0 小型嵌入式操作系统中,0、1号任务是作为系统任务使用,不能作为实时任务使用。系统规定:从2号任务开始到9号任务这8个任务可以转换为实时任务,大于9号的任务只能作为普通任务。

实时就绪表中各个位与这8个任务的对应关系如下:

就绪表0号位: 是2号实时任务的就绪登记位
就绪表1号位: 是3号实时任务的就绪登记位
就绪表2号位: 是4号实时任务的就绪登记位
就绪表3号位: 是5号实时任务的就绪登记位
就绪表4号位: 是6号实时任务的就绪登记位
就绪表5号位: 是7号实时任务的就绪登记位
就绪表6号位: 是8号实时任务的就绪登记位
就绪表7号位: 是9号实时任务的就绪登记位

从对应关系中可以看出,位号数据与任务号存在一个差数2,但这并不影响实时任务管理功能的设计和实现。

3. 实时任务就绪登记操作

实时任务就绪后,必须在就绪表中的对应位上进行登记,即用就绪表操作数把该位设置为

1，实时任务就绪登记操作由一个专用的功能函数来实现。

函数的名称：

void　ch_jxbdengji(uc8　rwhao)

函数使用时，必须传入实时任务的任务号。

函数实现的功能：

把实时任务登记在就绪表中，即把就绪表中对应实时任务的那个位设置为1。

函数的程序代码：

```
void   ch_jxbdengji(uc8   rwhao)
{
  if((rwhao>1)&&(rwhao<10))
   { ch_jxb| = ch_czb[rwhao-2];
     ch_rwk[rwhao].rwzt = ch_yunxing;
    }
}
```

就绪登记的操作原理：函数内部把传入的任务号数据先减去差数2，再从就绪表操作数组中 ch_czb[rwhao-2] 找到对应的操作数，把这个操作数与就绪表进行或运算，实现把对应的位设置为1。

如传入的实时任务的任务号为3，从对应关系知道就绪表的1号位就是3号任务的就绪登记位，函数会先把3减去差数2得到数据1（指向就绪表的1号位，把该数据作为操作数组的元素号），从操作数组的 ch_czb[1] 元素中取出操作数，ch_czb[1] 中的操作数为0x02，之后就绪表 ch_jxb 与操作数 0x02 进行相或运算，通过相或运算之后，就完成了登记操作。如未登记之前，就绪表 ch_jxb=0，相或后 ch_jxb=0x02，2进制代码为：00000010，完成3号实时任务的就绪登记。

4. 实时任务就绪清除

实时任务就绪登记后，直到运行阶段，其就绪登记位中的数据会一直保持，在实时任务要退出运行的时候，必须清除原来的就绪登记，即把就绪表中对应的位清零。实时任务就绪清除操作由一个专用的功能函数来实现。

该函数的名称如下：

void　ch_jxbqingchu(uc8　rwhao)

函数使用的时候，必须传入实时任务的任务号。

函数实现的功能：把实时任务从就绪表中清除，即把就绪表中对应实时任务的那个位置清零。

函数的程序代码：

```
void   ch_jxbqingchu(uc8   rwhao)
{
  if((rwhao>1)&&(rwhao<10))
   { ch_jxb &= ~ch_czb[rwhao-2];}
}
```

清除就绪登记的操作原理：函数内部把传入的任务号数据先减去差数 2，再从操作数组中找到对应的操作数，并把这个操作数取反后与就绪表进行相与运算，实现把对应的位清零。

如传入的实时任务的任务号为 3，从对应关系知道就绪表的 1 号位就是 3 号任务的就绪登记位，函数会先把 3 减去差数 2 得到数据 1（指向就绪表的 1 号位，把该数据作为操作数组的元素号），再从操作数组的 ch_czb[1] 元素中取出操作数，ch_czb[1] 中的操作数为 0x02，先取反该操作数（0x02 取反后的二进制码为：11111101，即 0xfd），之后就绪表 ch_jxb 与操作数 0xfd 进行相与运算，通过相与运算之后，就完成了清除操作。如未清除之前，就绪表 ch_jxb=0x02，二进制码为：00000010，相与后 ch_jxb=0x00，二进制代码为：00000000，代表 3 号实时任务的就绪运行状态已经从就绪表中清除。该操作不会影响其他实时任务的就绪登记位。

8.5.3　实时任务调度策略

RW/CZXT-1.0 小型嵌入式操作系统中，普通任务的调度算法是：采用"基于优先和普通结合"的时间片轮转调度算法，对于实时任务来说，该调度算法是不适合的。系统中，实时任务是具有优先级别的，系统为了让最高级的实时任务及时得到运行，对于实时任务采用的调度算法是：高优先级别抢占调度。

高优先级别抢占调度算法的特点如下：

① 实时性高，系统时间响应快速，可优先保证高优先级别实时任务的时间要求。

② 系统中，如果当前运行的任务是实时任务，那么该任务就是所有就绪的实时任务中优先级别最高的任务。

③ 如果就绪表中就绪的实时任务，有优先级别比当前运行任务的优先级别更高，那么，系统将剥夺当前运行任务的运行权，并调度更高优先级别的实时任务进入运行，实现了抢占调度，对于任务来说，也即高优先级任务剥夺了低优先级任务的运行权。

系统中，每一个实时任务都具有一个唯一的优先级号，任务的任务号就是该实时任务的优先级号，任务号越小的实时任务，其优先级别就越高，任务的优先级号是静态分配并且不可以改变的。

系统中，每次任务级调度的时候或者每一次进入定时器中断服务的时候，都是高级实时任务的抢占剥夺时机。

系统建立一个专用的功能函数，用该函数从就绪表中取出最高优先级别的实时任务，该函数是实现高优先级别抢占（非调度）的功能函数。

函数名称为：void　ch_ss_rwhao(void)

1. 函数的内部工作流程

图 8.7 所示是 ch_ss_rwhao(void) 函数的程序工作流程。

2. 函数的程序代码

```
uc8    ch_ss_rwhao( )
{
```

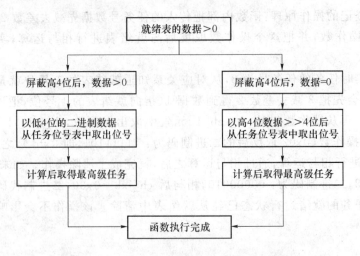

图 8.7 ch_ss_rwhao(void)函数的程序工作流程

```
uc8    shuju;
uc8    rwhao;
shuju = ch_jxb;
if((shuju & 0x0f)!= 0)
   { rwhao = ch_rwb[shuju & 0x0f] + 2;}
else
   {
     shuju = ch_jxb;
     rwhao = ch_rwb[shuju>>4] + 6;
   }
return(rwhao);
}
```

3. 函数工作原理详解

调度器调用该函数的时候,会先检查就绪表,只有就绪表 ch_jxb > 0 时才会调用该函数。

① 函数内部定义一个局部变量 shuju,用该变量来取得就绪表中的数据,因为,函数中不宜直接对就绪表进行逻辑操作,以免破坏就绪表中的数据。

② shuju 取出就绪表中的数据后,先屏蔽高 4 位的数据,再检查低 4 位二进制数据。

- 如果低 4 位的数值大于 0,则表示有高优先级别的实时任务就绪登记,之后用该低 4 位数值从任务位号表对应元素中取出位号(最高优先级别的实时任务就绪登记位的位号)数值,该位号数值加上差数 2 后就得到最高优先级别的实时任务的任务号(优先级号),把该任务号存入局部变量 rwhao 中。

- 如果低 4 位的数值等于 0,则说明低 4 位没有就绪任务登记,shuju 重新取出就绪表中的数据(因为屏蔽高 4 位的操作,已经破坏了 shuju 中的数据),之后右移 4 位,即把就绪表的高 4 位数据移到低 4 位中,再用这个数据从任务位号表对应元素中取出位号数值,把该位号数值加上差数 2 和加上位移数据 4 之后就得到最高优先级别的实时任务的任务号(优先级号),把该任务号存入局部变量 rwhao 中。

③ 返回实时任务的任务号。

4. 综合调度算法工作原理

系统中,如果实时任务和普通任务同时存在的时候,那么就采用下面的方法对任务进行调度,构成操作系统的综合调度算法。

① 系统中,有实时任务就绪时,采用高优先级抢占调度法让最高优先级的实时任务进入运行。对于实时任务,调度器不会为任务分配时间片,同时,实时任务运行期间,保持时间片寄存器等于 0。

② 如果没有实时任务就绪,而优先运行队列中有就绪的普通任务,则让处于队头的就绪任务进入运行。

③ 如果优先运行队列中没有就绪任务,而普通运行队列中有就绪的普通任务,则让处于队头的就绪任务进入运行。

④ 如果普通运行队列中没有就绪任务,则调度系统 0 号空闲任务进入运行。

综合调度的程序代码如下:

```
if(ch_xtglk.xyxhao == 0)
  {
    if(ch_jxb!= 0)
      { ch_xtglk.xyxhao = ch_ss_rwhao();}        //取得高级实时任务
    else
    {
      if(ch_sjyx == ch_sj_on)
        { ch_xtglk.xyxhao = ch_sj_rwhao();}      //取得优先任务号
      else
        { ch_xtglk.xyxhao = ch_rwhao(); }        //取得普通运行号
    }
  }
```

这部分的程序代码,只有在系统实时任务功能配置为 1 时才会被编译器编译,程序代码嵌入于调度器中。

8.5.4 为系统功能函数设计实时任务管理功能

在操作系统构建过程中,为各个功能函数实现实时任务管理控制功能,也是实现操作系统实时任务管理功能的一个重要的设计部分。

为实现实时任务功能的可配置性,为增加的这部分功能的程序代码加入条件编译控制。在系统配置文件中,把 ch_rwssyx_en (实时任务管理使能)配置为 1 时,这部分程序代码会被编译器编译,即操作系统实时任务管理功能有效,系统可以管理实时任务,也可以管理普通任务。

要实现实时任务管理控制功能的功能函数如下。

1. 修改调度器

在调度器中实现实时任务管理功能,主要涉及调度策略执行结构和任务时间片分配。任务级调度器和中断级调度器都必须修改。

(1) 修改要点

① 在调度策略执行结构的程序代码中加入实时任务调度算法的功能函数,即采用综合调度操作的程序代码。

② 分配时间片之前,检查任务的类型,是普通任务,就为普通任务分配时间片,如果是实时任务,将不分配运行时间片。

③ 加入条件编译控制。

- 当实时任务功能 ch_rwssyx_en 配置为 0 时,编译器将编译原来的程序代码。
- 当实时任务功能 ch_rwssyx_en 配置为 1 时,编译器将编译新增加的程序代码。

(2) 修改后的程序代码

调度策略执行结构的程序代码如下:

```
#if   ch_rwssyx_en == 0     //实时任务功能无效
  if(ch_xtglk.xyxhao == 0)
   { if(ch_xtglk.ch_sjyx == ch_sj_on)
      { ch_xtglk.xyxhao = ch_sj_rwhao();}     //从优先队列中取得任务号
     else
      { ch_xtglk.xyxhao = ch_rwhao(); }       //从普通队列中取得任务号
   }
#endif
#if   ch_rwssyx_en == 1                       //实时任务功能有效
  if(ch_xtglk.xyxhao == 0)
  {
    if(ch_jxb!= 0 )
      { ch_xtglk.xyxhao = ch_ss_rwhao();}     //取得实时高级任务号
    else
    {
      if(ch_xtglk.ch_sjyx == ch_sj_on)
        { ch_xtglk.xyxhao = ch_sj_rwhao();}   //取得优先任务号
      else
        { ch_xtglk.xyxhao = ch_rwhao(); }     //取得普通运行号
    }
  }
#endif
```

时间片数据分配的程序代码如下:

```
if(ch_rwk[ch_xtglk.xyxhao].rwlx == ch_ssrw_off)
  {ch_xtglk.ch_rwsjzs = ch_sjzs; }            //重置时间片
```

2. 修改定时器中断服务函数

在定时器中断服务函数中实现实时任务管理功能,主要涉及的结构是任务运行时间片管理操作结构,在该结构中加入实时任务就绪表检查功能。假设当前运行任务是一个普通任务,如果此时有实时任务就绪,那么此时必须先剥夺当前运行任务的运行权。

第 8 章 扩展任务管理功能

(1) 修改要点

① 在任务运行时间片管理操作结构中加入实时任务就绪表检查操作。

② 加入条件编译控制。

- 当实时任务功能 ch_rwssyx_en 配置为 0 时,编译器将编译原来的程序代码。
- 当实时任务功能 ch_rwssyx_en 配置为 1 时,编译器将编译新增加的程序代码。

(2) 修改后的程序代码

```
#if  ch_rwssyx_en == 0
  if((ch_xtglk.ch_rwsjzs > 0)&&(ch_xtglk.ch_tdsuo == 0))
   { ch_xtglk.ch_rwsjzs --;                    //时间片减 1
     if(ch_xtglk.ch_rwsjzs == 0)
      {
        if(ch_xtglk.yxhao != 0)
         {ch_yxbdengji(ch_xtglk.yxhao);}       //时间片用完,重新在运行队列中登记
      }
   }
#endif
#if  ch_rwssyx_en == 1
  if((ch_jxb!= 0)&&(ch_xtglk.ch_tdsuo == 0))   //有实时任务就绪
   { ch_xtglk.ch_rwsjzs = 0;                   //剥夺普通任务的时间片
     if(ch_rwk[ch_xtglk.yxhao].rwlx == ch_ssrw_off)  //原来运行的是普通任务
      {ch_sj_yxbdengji(ch_xtglk.yxhao);}
   }
  else
   {
     if((ch_xtglk.ch_rwsjzs > 0)&&(ch_xtglk.ch_tdsuo == 0))
      { ch_xtglk.ch_rwsjzs --;                 //时间片减 1
        if(ch_xtglk.ch_rwsjzs == 0)
         {
           if(ch_xtglk.yxhao != 0)
            {ch_yxbdengji(ch_xtglk.yxhao);}    //时间片用完,重新在运行队列中登记
         }
      }
   }
#endif
```

3. 修改延时时间管理函数:void ch_rwyschaxun(void)

在该函数中实现实时任务管理功能,主要涉及的是延时时间已经完成的任务的登记操作。如果完成延时等待的任务是一个实时任务,必须把任务登记在就绪表中。

(1) 修改要点

① 检查延时时间已经完成的任务的类型。

- 是实时任务,把任务登记在就绪表中。
- 是普通任务,把任务登记在普通运行队列中。

② 加入条件编译控制。

- 当实时任务功能 ch_rwssyx_en 配置为 0 时,编译器将编译原来的程序代码。
- 当实时任务功能 ch_rwssyx_en 配置为 1 时,编译器将编译新增加的程序代码。

(2) 修改后函数的程序代码

```c
void ch_rwyschaxun(void)
{
  uc8   i;

  for(i = 2;i<ch_rwzs;i++)
   {
     if((ch_rwk[i].rwys > 0)&&(ch_rwk[i].rwzt != ch_tingzhi))
      {
          ch_rwk[i].rwys - = 1;
          if((ch_rwk[i].rwys == 0)
            &&(ch_rwk[i].rwzt == ch_yanshi))
           {
# if   ch_rwssyx_en == 0
            ch_yxbdengji(i);              //运行队列登记
# endif
# if   ch_rwssyx_en == 1
             if(ch_rwk[i].rwlx == ch_ssrw_on)
              { ch_jxbdengji( i ); }      //就绪表登记
             else
              { ch_yxbdengji( i ); }      //运行队列登记
# endif
           }
       }
    }
}
```

4. 修改函数:void   ch_rwys_tk(ui16   yszs)

在该函数中实现实时任务管理功能,主要是检查调用该函数的当前运行任务的任务类型。

(1) 修改要点

① 增加任务类型检查功能。如果要进行延时等待的任务是实时任务,必须把任务从就绪表中清除。(普通任务无需进行就绪清除,因为调度器从运行队列中取出就绪任务后,会即时清除该任务的就绪登记)

② 加入条件编译控制。当实时任务功能 ch_rwssyx_en 配置为 1 时,编译器将编译新增加的程序代码。

(2) 修改后函数完整的程序代码

```c
void ch_rwys_tk(ui16  yszs)
{
  EA = ch_zd_off;
  if(yszs >0)     //YSZS 不可为 0,
```

第8章 扩展任务管理功能

```
    {
#if ch_rwssyx_en == 1
    if(ch_rwk[ch_xtglk.yxhao].rwlx == ch_ssrw_on)
       { ch_jxbqingchu(ch_xtglk.yxhao);}
#endif
    if(ch_xtglk.ch_rwsjzs>0)                    //清零时间片
       { ch_xtglk.ch_rwsjzs = 0;}
    ch_rwk[ch_xtglk.yxhao].rwzt = ch_yanshi;    //状态 = 延时
    ch_rwk[ch_xtglk.yxhao].rwys = yszs;         //延时器赋予数值
    ch_rwtd();                                  //任务调度
    }
  EA = ch_zd_on;
}
```

5. 修改函数：void ch_rwys_off(uc8 rwhao)

在该函数中实现实时任务管理功能，主要涉及的是被恢复任务的就绪登记操作。

(1) 修改要点

① 检查被恢复任务的任务类型。
- 是实时任务，把任务登记在就绪表中，并进行任务调度。
- 是普通任务，把任务登记在普通运行队列中。

② 加入条件编译控制。
- 当实时任务功能 ch_rwssyx_en 配置为 0 时，编译器将编译原来的程序代码。
- 当实时任务功能 ch_rwssyx_en 配置为 1 时，编译器将编译新增加的程序代码。

(2) 修改后函数完整的程序代码

```
void  ch_rwys_off( uc8  rwhao )
{
  EA = ch_zd_off;
  if( 0<rwhao<ch_rwzs )
    {
    if( ch_rwk[rwhao].rwzt == ch_yanshi )
       {
       ch_rwk[rwhao].rwzt = ch_yunxing;
       ch_rwk[rwhao].rwys = 0;
       if(ch_rwk[rwhao].rwlx == ch_ssrw_off)
          { ch_sj_yxbdengji( rwhao );}
#if ch_rwssyx_en == 1
       if(ch_rwk[rwhao].rwlx == ch_ssrw_on)
          { ch_jxbdengji( rwhao );              //就绪表登记；
          if(ch_rwk[ch_xtglk.yxhao].rwlx == ch_ssrw_off)
             { ch_sj_yxbdengji( ch_xtglk.yxhao );}
          ch_xtglk.ch_rwsjzs = 0;
          ch_rwtd( );
          }
```

```
         #endif
             }
         }
    EA = ch_zd_on;
}
```

6. 修改函数：void　ch_rwtingzhi(uc8　rwhao)

在该函数中实现实时任务管理功能，主要涉及的是两个操作：挂起其他任务和挂起当前运行任务。

(1) 修改要点

① 检查被挂起任务的任务类型。
● 是实时任务，把任务从实时就绪表中清除。
② 加入条件编译控制。
● 当实时任务功能 ch_rwssyx_en 配置为 1 时，编译器将编译新增加的程序代码。

(2) 修改后程序代码

```
void ch_rwtingzhi(uc8　rwhao)
{
if(ch_xtglk.ch_zdzs!=0)
   {return;}
if(rwhao>(ch_rwzs-1))
   {return;}
EA = ch_zd_off;
if((ch_rwk[rwhao].rwzt!=ch_tingzhi)
    &&(rwhao!=0)&&(rwhao!=ch_xtglk.yxhao))      //挂起其他任务
   {
    if(ch_rwk[rwhao].rwzt == ch_yunxing)        //任务已登记但未被运行
      {
#if    ch_rwssyx_en == 0
        if(ch_sj_yxbqingchu(rwhao) == 0x00)
          { ch_yxbqingchu( rwhao ); }           //清除运行队列中的登记
#endif
#if    ch_rwssyx_en == 1
        if(ch_rwk[rwhao].rwlx == ch_ssrw_on)
          { ch_jxbqingchu( rwhao );}
        else
          { if(ch_sj_yxbqingchu(rwhao) == 0x00)
             { ch_yxbqingchu( rwhao ); }        //清除运行队列中的登记
          }
#endif
      }
    ch_rwk[rwhao].rwztchucun = ch_rwk[rwhao].rwzt;   //保存停止前的状态
    ch_rwk[rwhao].rwzt = ch_tingzhi;
    EA = ch_zd_on;
    return;
```

```
        }
    if((rwhao == 0)&&(ch_xtglk.yxhao!= 0))              //挂起当前运行的任务
      {
        ch_rwk[ch_xtglk.yxhao].rwztchucun =
        ch_rwk[ch_xtglk.yxhao].rwzt;                     //保存当前状态
        ch_rwk[ch_xtglk.yxhao].rwzt = ch_tingzhi;        //改变状态为停止
#if ch_rwssyx_en == 1
        if(ch_rwk[ch_xtglk.yxhao].rwlx == ch_ssrw_on)
        { ch_jxbqingchu(ch_xtglk.yxhao);}
#endif
        if(ch_xtglk.ch_rwsjzs>0)
        { ch_xtglk.ch_rwsjzs = 0;}                       //时间片清零
        ch_rwtd();                                        //进行任务调度
      }
    EA = ch_zd_on ;
}
```

7. 修改函数:void   ch_rwtctingzhi(uc8   rwhao)

在该函数中实现实时任务管理功能,主要涉及的是被恢复的任务的就绪登记操作。

(1) 修改要点

① 检查被恢复的任务的任务类型。
● 是实时任务,把任务登记在就绪表中,并进行任务调度。
● 是普通任务,把任务登记在普通运行队列中。

② 加入条件编译控制。当实时任务功能 ch_rwssyx_en 配置为 1 时,编译器将编译新增加的程序代码。

(2) 修改后的程序代码

```
void   ch_rwtctingzhi( uc8   rwhao)
{
    if(ch_xtglk.ch_zdzs!= 0)
    {return;}
    if((rwhao == 0)||(rwhao>(ch_rwzs - 1)))
    {return;}
    EA = ch_zd_off;
    if(ch_rwk[rwhao].rwzt == ch_tingzhi)
      {
        ch_rwk[rwhao].rwzt = ch_rwk[rwhao].rwztchucun;   //取得停止前保存的状态
        ch_rwk[rwhao].rwztchucun = 0;
        if(ch_rwk[rwhao].rwzt == ch_yunxing)
          {
#if ch_rwssyx_en == 0
            ch_sj_yxbdengji( rwhao );
#endif
#if ch_rwssyx_en == 1
```

```
        if(ch_rwk[rwhao].rwlx == ch_ssrw_on)
          { ch_jxbdengji( rwhao );                    //就绪表登记
            if(ch_rwk[ch_xtglk.yxhao].rwlx == ch_ssrw_off)
              { ch_sj_yxbdengji( ch_xtglk.yxhao );}
            ch_xtglk.ch_rwsjzs = 0;
            ch_rwtd( );     //有实时任务就绪,进行任务调度
          }
        else
          { ch_sj_yxbdengji( rwhao ); }                //运行队列登记
#endif
        }
    EA = ch_zd_on;
}
```

8. 修改函数:void　ch_rwzhongduan_on(void)

在该函数中实现实时任务管理功能,主要涉及的是增加任务类型检查功能。

① 修改要点:
- 检查要进行等待的任务的任务类型:是实时任务,把任务从实时就绪表中清除。
- 加入条件编译控制。当实时任务功能 ch_rwssyx_en 配置为 1 时,编译器将编译新增加的程序代码。

② 修改后函数完整程序代码如下:

```
void  ch_rwzhongduan_on(void)
{
    EA = ch_zd_off;
    if(ch_xtglk.ch_zdzs == 0)
      {
#if  ch_rwssyx_en == 1
        if(ch_rwk[ch_xtglk.yxhao].rwlx == ch_ssrw_on)
          { ch_jxbqingchu(ch_xtglk.yxhao);}
#endif
        ch_rwk[ch_xtglk.yxhao].rwzt = ch_dengdai_zd;   //改变状态
        if(ch_xtglk.ch_rwsjzs>0)
         { ch_xtglk.ch_rwsjzs = 0;}                     //时间片清零
        ch_rwtd( );                                     //进行任务调度
      }
    EA = ch_zd_on;
}
```

9. 修改函数:void　ch_rwzhongduan_off(uc8　rwhao)

在该函数中实现实时任务管理功能,主要涉及的是被恢复的任务的就绪登记操作。

① 修改要点:

- 检查被恢复的任务的任务类型。
- 是实时任务,把任务登记在就绪表中;此时不能进行任务调度,因为函数的运行环境是处于中断环境中,中断嵌套计数器不为 0。
- 是普通任务,把任务登记在普通运行队列中。
- 加入条件编译控制。
- 当实时任务功能 ch_rwssyx_en 配置为 1 时,编译器将编译新增加的程序代码。

② 修改后的程序代码如下:

```c
void  ch_rwzhongduan_off( uc8  rwhao)
{
  if((rwhao<1)||(rwhao > (ch_rwzs - 1)))          //限制任务号
   { return;}
   EA = ch_zd_off;
   if(ch_xtglk.ch_zdzs>0)                          //只能在中断中
   {
      if(ch_rwk[rwhao].rwzt == ch_dengdai_zd)     //任务是等待中断
       {
# if   ch_rwssyx_en == 0
         ch_sj_yxbdengji( rwhao );
# endif
# if   ch_rwssyx_en == 1
         if(ch_rwk[rwhao].rwlx == ch_ssrw_on)
          { ch_jxbdengji( rwhao );}                //就绪表登记
         else
          { ch_sj_yxbdengji( rwhao ); }            //运行队列登记
# endif
       }
    }
    EA = ch_zd_on;
}
```

8.6 应用实验

实验项目:

① 用动态创建任务函数创建 3 个应用任务,系统任务总数量配置为 5。

② 系统采用任务栈和公共运行栈结合的形式,把 ch_rwtd_xs 配置为 1。

③ 使能系统实时任务管理功能,把 ch_rwssyx_en 配置为 1;2 个应用任务转换成实时任务。

④ 实时任务和普通任务同时在操作系统上运行。

在实例工程 DRW-XT-008 的基础上建立一个实验工程 DRW-XT-008-SL,应用任务的程序代码在工程的 MAIN 文件中编写。

8.6.1 任务工作分配

① 0 号空闲任务：不执行具体工作。
② 1 号启动任务：创建 3 个应用任务后，1 号任务自行挂起。
③ 2 号任务：
- 任务申请实时令旗，转换为实时任务。
- 检测 k1 按键：按下时，恢复 3 号任务为就绪运行状态。
- 任务自行延时 100 ms。

④ 3 号任务：
- 任务申请实时令旗，转换为实时任务。
- 改变 led3 的状态后任务自行挂起。

⑤ 4 号任务：
- 改变 led4 的状态后任务自行延时 2 s。

8.6.2 动态创建应用任务

创建应用任务之前，应先声明任务函数，形式如下：

```
void  renwu_2( )   ;   // 2 号任务
void  renwu_3( )   ;   // 3 号任务
void  renwu_4( )   ;   // 4 号任务
```

任务函数的名称也可以使用其他名称，在于应用者的设计。

在 1 号启动任务的任务函数中，采用动态创建任务函数来创建应用任务，1 号任务函数的程序代码如下：

```
void  renwu_1()
{
   while(1)
   {
      ch_xjrenwu(2,renwu_2);   //创建 2 号应用任务
      ch_xjrenwu(3,renwu_3);   //创建 3 号应用任务
      ch_xjrenwu(4,renwu_4);   //创建 4 号应用任务
      ch_rwtingzhi(0);         //1 号任务自行挂起
   }
}
```

8.6.3 实验工程完整的程序代码

```
//----包含操作系统文件
#include"RW-CZXT-1.0"
#define    on      0xff
```

第8章 扩展任务管理功能

```c
#define    off    0x00
//----声明任务函数
void   renwu_2();
void   renwu_3();
void   renwu_4();
//---------------
sbit   led2 = P0^2;
sbit   led3 = P0^3;
sbit   led4 = P0^4;
sbit   k1 = P1^4;
uc8    k1_bz;
void   main()
{
//1：系统初始化
   ch_xt_int();
//2：启动系统
   ch_xt_on();
}
void   renwu_1()
{
   while(1)
   {
     ch_xjrenwu( 2,renwu_2 );
     ch_xjrenwu( 3,renwu_3 );
     ch_xjrenwu( 4,renwu_4 );
     ch_rwtingzhi( 0 );
   }
}
void   renwu_2()
{
   led2 = 1;
   k1_bz = off;
   ch_rwssyx_on( );              // 任务申请实时令旗
   while(1)
   {
   if(k1 == 0)
     {
       if(k1_bz == off)
         {
           k1_bz = on;
           ch_rwtctingzhi( 3 );
         }
     }
     else
       { k1_bz = off;}
```

```
      ch_rwys_tk( 10 );
    }
}
void   renwu_3()
{   led3 = 1;
    ch_rwssyx_on( );              //任务申请实时令旗
    while(1)
    {
      led3 = ~led3;
      ch_rwtingzhi( 0 );
    }
}
void   renwu_4()
{   led4 = 1;
    while(1)
    {
      led4 = ~led4;
      ch_rwys_1s( 2 );
    }
}
```

总　　结

在本章中为 RW/CZXT－1.0 小型嵌入式操作系统扩展任务管理功能,已大大提高系统的实用性能,设计和实现的过程主要涉及的要点如下:

① 重新为系统设计堆栈操作方法:任务栈与公共运行栈结合的操作方法,根据此法重新设计调度器中的任务切换操作功能。

② 设计和实现动态创建任务的功能,建立了功能函数。

③ 重点实现实时任务管理功能:

● 设计实时令旗。

● 设计实时任务就绪表及其相关操作:就绪登记,删除就绪登记。

● 为实时任务实现高优先级抢占调度算法。

● 为系统中的功能函数增加了实时任务管理功能。

④ 通过一个应用实验,使用任务管理功能模块来设计简单的应用例子。

第 9 章
信号量设计

本章重点:
构建 RW/CZXT-1.0 小型嵌入式操作系统的第七步:建立信号量功能模块。
- 理解任务的同步和通信机制。
- 设计和建立信号量的数据结构。
- 设计和建立信号量的内部函数和应用函数。
- 设计和建立互斥信号量(互斥锁)。

操作系统是一个多任务共同运行的软件系统,任务之间的相互作用会产生一些不确定或者相互破坏的因素:任务与任务出现冲突、任务的工作过程被破坏、共享资源的重要数据被破坏、设备出现误操作等。为避免出现这些情况,必须在操作系统上建立任务之间相互的协调机制:任务之间的同步和通信机制。

1. 任务同步

任务同步的形式主要有两种:资源互斥和运行活动同步。

(1) 资源互斥

任务并发性竞争共享资源,当共享资源已经被任务占用时,其他任务就不能使用该资源,只有占用该资源的任务释放资源后,其他要使用该资源的任务才能得到该资源。

如 2 号任务正在使用打印机这个共享资源,3 号任务也要使用打印机资源,在任务同步机制的控制下,如果 2 号任务未释放打印机,3 号任务因得不到打印机资源而进入阻塞等待,在 2 号任务释放打印机后,系统会激活 3 号任务并使其获得打印机的使用权。

(2) 运行活动同步

多任务系统中,任务的运行活动并不是漫无目的的,会存在任务的运行活动受其他任务的限制(互斥,信号控制),并在限制的条件下合理、有序地运行。

什么时候任务可以运行,什么时候任务要先完成某个工作,什么时候给其他任务发送信息等,如果没有进行同步协调的话,可能就会造成:该完成的工作没有及时完成、要先执行的工作没有先执行、后执行的工作已经先得到执行等混乱的局面。

2. 任务通信

任务通信就是任务之间相互进行信息传递,这个信息一般是一个信号或者数据,用以协调任务的运行活动或进行消息传递,消息传递将伴随事件的通知。

(1) 任务通信的主要作用

① 任务与任务之间相互传递信息。

② 协调任务相互之间的运行活动。

(2) 任务之间同步和通信协调机制的常用方法

① 用全局变量来实现任务之间的同步和通信。

用全局变量来实现任务之间的同步和通信,是简便可行的方法,但是全局变量不是系统提供的事件资源,无法实现内核对任务进行控制,一般是在比较简单的应用工程中使用。

② 用事件资源来实现任务之间的同步和通信。

操作系统的事件资源主要有信号量、消息邮箱、互斥信号量、消息队列等。

在实例工程 DRW－XT－008 的基础上建立一个实例工程 DRW－XT－009,本章设计的程序代码在实例工程 DRW－XT－009 上编写。

9.1 信号量的作用

信号量是任务同步和通信的基本的单事件资源,也是实现任务同步运行而采用的一种基本方法,信号量的性质相等于一个标志。

某个行人要横过马路的时候,按下过马路的控制信号灯,此时横过马路的人行灯变成绿色,汽车的行驶控制信号灯变成红色,过往的汽车在信号灯的示意下停止行驶,让出人行横道。行人通过马路后,恢复过马路的控制信号灯,此时横过马路的人行灯变成红色,汽车的行驶控制信号灯变成绿色,过往的汽车在信号灯的示意下正常行驶,禁止行人通过马路。

从事例中可以得到:

① 把信号灯看做是信号量标志。

② 把行人看做 A 任务,把汽车看做 B 任务;行人使用信号灯占用人行横道后,汽车只能等待。

③ 把马路看做是共享资源,人可以行走,汽车也可以行驶。

9.1.1 作为任务运行的标志

信号量可以作为任务运行的条件标志。当这个条件标志不可用的时候,任务不能继续运行,当这个条件标志可用的时候,任务才可以继续运行,这个标志一般是由任务进行控制的。

在事例中,汽车的行驶受到行人的控制。当行人使用了信号灯后,汽车的驾驶人看到行驶信号灯变成红灯,将停止汽车的行驶,相当于 B 任务运行的条件标志不可用,B 任务停止运行。B 任务的运行由 A 任务控制。

信号量也可以作为任务本身的运行标志,控制其他任务的运行活动。如使用信号量的任务本身的工作没有完成之前,信号量处于不能使用状态,其他以这个信号量作为运行条件的任务就不能够运行。只有使用信号量的任务本身的工作完成后,使信号量处于可以使用的状态时,以信号量作为运行条件的任务就才能够得到运行。

9.1.2 作为共享资源的使用标志

信号量用来作为共享资源的使用标志,代表共享资源的可用状态,实际就是保护共享资源。当共享资源未被任何任务使用时,A 任务申请共享资源的使用标志后,系统会把该标志(信号量计数器)清除,任务可以使用共享资源。B 任务如果也要使用该共享资源,则只能进入等待状态。当使用共享资源的 A 任务释放资源后,系统会恢复共享资源的使用标志,同时激活等待该资源的 B 任务,B 任务进入运行后,可以申请使用该共享资源。

9.1.3 作为资源的数量标志

一般使用十进制信号量来作为资源的数量标志,资源可供多个任务同时使用,只要十进制信号量计数器的数据不为 0,那么申请的任务都不会被阻塞。当十进制信号量计数器的数据等于 0 后,系统将阻塞申请资源的任务。十进制信号量计数器的初始数值等于资源的总数量。

9.2 从简单实例了解信号量

在设计和实现信号量功能模块之前,先来看看两个简单的实例,从实例中,可以理解信号量的特点及其简单的功能。

实例 1 程序代码如下:

```
#include "reg52.h"
sbit    led_1 = P0^1;              //信号标志灯
unsigned   char   xhl_bz;           //信号标志
void   ys(unsigned int sj)          //普通延时函数
{
unsigned    int i;
unsigned    int j;
   for( i = 0;i<sj;i++ )
     {
        for( j = 0;i<10000;j++ )
          { }
     }
}
void    main(void)
{
    xhl_bz = 1;                     //初始化信号标志有效
    led_1 = 0;                      //信号灯亮
    for(;;)
    {
       if(xhl_bz == 1)              //使用信号标志
```

```
        {
            xhl_bz = 0;                    //设置标志无效
            led_1 = 1;                     //信号灯灭
//--- 此处设计实际工作的程序代码 ---//

            ys( 100 );                     //延时
            if(xhl_bz == 0)                //查询信号标志
            {
                xhl_bz = 1;                //释放信号标志,信号有效
                led_1 = 0;                 //信号灯亮
            }
            ys( 100 );                     //延时
        }
    }
}
```

实例中,用一个信号标志 xhl_bz 模拟信号量的作用,用一个信号灯 led_1 模拟信号标志的状态。如果信号标志为 1 时,信号灯亮,表示信号标志可以使用,如果信号标志为 0 时,信号灯灭,表示信号标志不可以使用。

使用信号标志:

① 使用信号标志之前,必须先检查信号标志的状态,如果信号标志等于 1,说明信号标志可以使用,那么此时必须把信号标志设置为 0,使信号标志处于无效状态。如行人要过马路之前,把汽车的信号标志设置为无效状态:行驶信号灯变为红色。

② 成功使用信号标志后,可以进入实际工作的处理程序。如行人过马路的实际行动。

③ 实际工作完成后,需要释放信号标志,把信号标志恢复为有效状态。如行人过马路之后,必须把汽车的信号标志设置为有效状态:行驶信号灯变为绿色。

实例 2 程序代码如下:

```
#include"reg52.h"

#define     ok      1              // 信号量可用信号
#define     no      0              // 信号量不可用信号
#define     xhl_2   0x01           //信号量类型:二进制型
sbit        k1 = P1^4;             // 按键
//-- 简单信号量控制块 --//
struct xinhaoliang
{
unsigned    char    xhl_lx;
unsigned    char    xhl_cz;
unsigned    char    xhl_jsq;
}xhl;
//-- 信号量的操作函数 --//
//==================== //
//--- 创建一个信号量 ---//
void xj_xhl( unsigned char lx,     //信号量类型
```

```c
              unsigned   char   sz      //信号量初值
                             )
{
xhl.xhl_lx = lx;
xhl.xhl_cz = sz;
xhl.xhl_jsq = sz;
}
//--- 申请使用信号量 ---//
unsigned  char  sy_xhl( void )
{
if(xhl.xhl_jsq>0)
   {
     if(xhl.xhl_lx == xhl_2)
      { xhl.xhl_jsq = 0;}
     return( ok );          //返回信号量可用信号
   }
else
   { return( no );}         //返回信号量不可用信号
}
//----- 释放信号量 -----//
void   sf_xhl( void )
{
if(xhl.xhl_jsq == 0)
   {
     if(xhl.xhl_lx == xhl_2)
      { xhl.xhl_jsq = 1;}    //恢复信号量为可用状态
   }
}
//------ main( ) -------//
void      main( void )
{
xj_xhl(xhl_2,1);       //创建一个信号量
P0 = 0xaa;             //初始化 P0 端口
for(;;)
{
   if(sy_xhl() == ok)    //申请使用信号量
    {
      P0 = ~ P0;         //信号量有效,取反 P0 端口
//--- 此处设计实际工作的程序代码 ---//
    }
   else
    { if(k1 == 0)         //检测按键状态
       { for(;k1 == 1;)   //等待按键释放
          {;}
         sf_xhl();}       //释放信号量
```

         }
      }
   }

　　实例 2 中,设计一个极其简单的信号量。建立信号量的数据结构,并实现简单的操作:创建信号量,申请信号量,释放信号量。

　　程序开始运行时,先调用函数 xj_xhl(xhl_2,1)来创建一个信号量。在应用中先申请这个信号量,如果信号量有效 if(sy_xhl()==ok),执行 P0 端口取反操作,并执行实际设计的工作。因为程序是循环运行,当下一次执行 if(sy_xhl()==ok)时,因为信号量没有释放,所以 CPU 将执行 else 结构的代码。该部分代码的作用是:检测 K1 按键的状态,如果按键按下,则等待该按键释放并释放信号量。

9.3　信号量的类型

　　信号量的类型属性一般可以分为二进制型信号量、十进制型信号量、互斥型信号量。RW/CZXT-1.0 小型嵌入式操作系统中,二进制型信号量和十进制型信号量是普通的信号量,互斥信号量是特殊信号量,也称为互斥锁。

9.3.1　二进制型信号量

　　所谓二进制型信号量,信号量的数值只有 0 和 1 这两个数据,一般把二进制型信号量称为独占型信号量。当信号量的数值等于 1 时,表示信号量没有被任务使用,此时信号量处于可用状态;当信号量的数值等于 0 时,表示信号量已经被任务使用,此时信号量处于不可用状态。

　　如汽车行驶信号灯的例子,信号灯的两种状态可以看成是二进制信号量的两个数据,信号灯为红灯时,看成是信号量的数据为 0。

　　二进制型信号量的操作如下:

　　① 当信号量的数值等于 1 时,任务使用信号量后系统会把信号量的数值改变为 0,使信号量处于无效状态。

　　② 任务的工作完成后释放了信号量,系统会把信号量的数值恢复为数据 1,让信号量重新变成可用状态,此时,信号量可以被其他任务使用。

9.3.2　十进制型信号量

　　十进制型信号量,就是信号量的数值是以十进制数进行计数,一般的计数范围在:一个字节的数据范围 0~255,其最明显的特点就是多数值型的信号量,一般把十进制型信号量称为共享型信号量。

　　当信号量的数值大于 0 时,表示信号量可以使用,当信号量的数值等于 0 时,表示信号量不可以使用。一个任务使用信号量时,系统会使信号量的数值减去 1;一个任务释放信号量时,系统会使信号量的数值加 1。任务使用信号量的时候,系统检测到信号量的数值等于 0 的话,就会禁止该信号量,使任务进入阻塞等待状态。

十进制型信号量的操作:
① 信号量被创建的时候,必须设置信号量的初值。
② 当信号量的数值大于 0 时,任务使用信号量后系统会把信号量的数值减去 1;如有其他任务继续使用信号量时,系统会把信号量的数值再减去 1,直到信号量的数值等于 0 为止。
③ 任务的工作完成后释放了信号量,系统会把信号量的数值加 1;如有其他任务继续释放信号量时,系统会把信号量的数值再加 1,直到信号量的数值等于初值为止。

9.3.3 互斥型信号量

所谓互斥型信号量,其的数值只有 0 和 1 这两个数据,一般把互斥型型信号量称为互斥锁。当信号量的数值等于 1 时,表示信号量可以被任务使用,此时信号量处于可用状态;当信号量的数值等于 0 时,表示信号量已经被任务使用,此时信号量处于不可用状态。

RW/CZXT-1.0 小型嵌入式操作系统中,如果更高优先级别的实时任务申请互斥型信号量时,如果信号量的数值等于 0,系统会启动互斥运行方式,让占有互斥信号量的低级实时任务进入运行,使其尽快释放互斥信号量,避免系统产生优先级反转的现象。

系统中,只有实时任务才可以申请互斥信号量。

9.4 信号量的数据结构

信号量是操作系统的一个事件资源,其数据结构采用结构体进行定义,主要用来保存信号量的重要信息:创建标志,信号量数值,信号量的任务等待表和队列。

9.4.1 信号量的宏定义标志及配置

在 RW/CZXT-1.0 小型嵌入式操作系统的宏定义文件中,定义了两个宏标志,作为信号量、邮箱、消息队列等事件资源的创建标志,其定义形式如下:

```
#define    ch_sjsy_on      0xff    //已创建
#define    ch_sjsy_off     0x00    //未创建
```

在 RW/CZXT-1.0 小型嵌入式操作系统的宏定义文件中,定义了 4 个宏标志,作为信号量的类型属性标志,其定义形式如下:

```
#define    xhl_0      0x00    //空类型
#define    xhl_2      0x01    //二进制型信号量 (独占型)
#define    xhl_10     0x02    //十进制型信号量(共享型)
#define    xhl_hc     0x04    //互斥型信号量
```

在 RW/CZXT-1.0 小型嵌入式操作系统的宏定义文件中,定义了 3 个宏标志,作为信号量功能函数的返回数据,其定义形式如下:

```
#define    xhl_ok     0xff    //申请成功或信号量可用
#define    xhl_cs     0xaa    //申请超时
```

```
#define    xhl_no            0x00          //申请失败或信号量不可用
```

在 RW/CZXT-1.0 小型嵌入式操作系统的配置文件中,建立了两个配置项,作为信号量使能配置和信号量数量配置,形式如下:

```
#define    ch_xhl_en         1             //使能信号量
#define    ch_xhl_zs         8             //配置信号量数量
```

如果把 ch_xhl_en 配置为 1,则使能信号量功能为有效状态。

如果把 ch_xhl_zs 配置为 8,则用来配置信号量的数量,即信号量控制块的数量,表示该数组 8 个元素,使用中可以创建 8 个信号量。

9.4.2 定义信号量控制块

1. 定义一个新类型结构体

定义如下:

```
typedef    struct   xinhaoliang
{
//--- 创建标志
  uc8    xhl_bz;
//--- 类型属性
  uc8    xhl_leixing;
//--- 当前数值寄存器
  uc8    xhl_jsq;
//--- 最大数值寄存器
  uc8    xhl_zdz;
//--- 使用任务(互拆锁)
  uc8    xhl_rwcc;
//--- 实时任务等待表
  uc8    xhl_ssrwb;
//--- 任务等待队列
  uc8    xhl_dlbz;
  uc8    xhl_rwdl[ch_rwzs];
}CH_XHL;     // 新类型结构体;
```

2. 使用新类型结构体 CH_XHL 来定义一个结构体数组

```
CH_XHL    xdata    xhl_zu[ch_xhl_zs];      //信号量数组
```

数组的长度由 ch_xhl_zs 参数配置,数组的每一个元素都是一个 CH_XHL 类型的结构体。系统中,每创建一个信号量,就要使用该数组的一个元素来作为信号量的控制块。

3. 结构体中各个成员的作用

(1) 信号量创建标志:xhl_bz

该寄存器是用来保存信号量是否被创建的标志值,如果信号量已经被用户创建,那么 xhl

_zu[号码].xhl_bz=ch_sjsy_on;如果信号量未被用户创建,那么 xhl_zu[号码].xhl_bz=ch_sjsy_off。

(2) 信号量的类型属性:xhl_leixing

该寄存器是用来保存信号量的类型属性的标志值,如信号量是二进制型,那么 xhl_zu[号码].xhl_leixing=xhl_2;如果信号量是 10 进制型,那么 xhl_zu[号码].xhl_leixing=xhl_10。如信号量是互斥型,那么 xhl_zu[号码].xhl_leixing=xhl_hc。

(3) 信号量计数器:xhl_jsq

该寄存器是用来保存信号量的当前数值,是信号量的数值计数器。

(4) 信号量初值(最大值):xhl_zdz

该寄存器是用来保存信号量创建时设置的初值,如信号量是二进制型和互斥型,该信号量的最大值只能为 1;如信号量是十进制型的,该信号量的最大值只能为 255。

(5) 使用互斥信号量的任务寄存器:xhl_rwcc

任务成功申请互斥信号量的时候,任务的任务号会存入该寄存器中。

(6) 实时任务等待表:xhl_ssrwb

该寄存器是实时任务的等待表,当信号量不可用时,如果要进入等待的任务是实时任务,则任务在实时任务等待表中登记。

(7) 任务等待队列:

等待标志:xhl_dlbz

如果队列中有登记等待的任务,那么该标志为 0xff,如果队列中没有登记等待的任务,那么该标志为 0x00。

等待队列:xhl_rwb[ch_rwzs]

任务等待队列,当信号量不可用时,如果要进入等待的任务是普通任务,则任务在队列中登记。

4. 信号量号码与结构体数组元素号码之间的对应关系

假如系统定义了 8 个信号量,则有:

```
0 号信号量:    数组 0 号元素 xhl_zu[0]
1 号信号量:    数组 1 号元素 xhl_zu[1]
2 号信号量:    数组 2 号元素 xhl_zu[2]
3 号信号量:    数组 3 号元素 xhl_zu[3]
4 号信号量:    数组 4 号元素 xhl_zu[4]
5 号信号量:    数组 5 号元素 xhl_zu[5]
6 号信号量:    数组 6 号元素 xhl_zu[6]
7 号信号量:    数组 7 号元素 xhl_zu[7]
```

可以看出,数组的元素号就是信号量的号码,这样的设计,主要是方便于进行理解,方便于进行操作,信号量的号码由信号量创建函数自动取得并返回给用户使用。

9.4.3 初始化控制块

初始化信号量的数据结构,就是对结构体数组 ch_xhl[ch_xhl_zs]中的各个成员进行初始化,注意:初始化操作的过程并不能创建信号量。

在系统的初始化文件中,结构体的初始化代码如下:

```
for(i = 0;i<ch_xhl_zs;i++)
  {
    xhl_zu[i].xhl_leixing = xhl_0;
    xhl_zu[i].xhl_bz = ch_sjsy_off;
    xhl_zu[i].xhl_jsq = 0;
    xhl_zu[i].xhl_zdz = 0;
    xhl_zu[i].xhl_rwcc = 0;
    xhl_zu[i].xhl_ssrwb = 0;
    xhl_zu[i].xhl_dlbz = 0;
    for(j = 0;j<ch_rwzs;j++)
      { xhl_zu[i].xhl_rwdl[j] = 0;}
  }
```

初始化操作后,结构体数组各个元素的状态如下:

① 控制块未被信号量使用。
② 信号量计数器的数据等于0。
③ 等待表和等待队列都为0,没有等待的任务。

9.5 信号量的应用函数设计

信号量的数据结构建立之后,信号量要实现怎样的功能?信号量的功能怎样提供给用户使用呢?实现的途径就是为用户提供信号量的应用API功能函数。

RW/CZXT-1.0小型嵌入式操作系统中,信号量的应用API功能函数如下:

① 创建信号量。使用该函数,可以在系统中创建信号量,信号量如果没有先创建的话,用户任务是不能使用信号量及其应用API函数。

② 阻塞式申请信号量。当信号量不可用的时候,申请的任务会进入阻塞等待状态,可以有两种选择:任务阻塞一定的时间后,如果仍申请不到信号量,则任务在超时的情况下被激活;任务处于无限时阻塞状态,直到信号量可用时把该任务激活。

③ 非阻塞式申请信号量。任务申请信号量后,将信号量计数器中的数据读出,任务不会进入阻塞状态。

④ 释放信号量。申请使用信号量的任务,如果工作完成后,必须使用释放函数释放信号量,即把信号量恢复为可以使用的状态。

⑤ 阻塞式申请互拆信号量。实时任务申请互斥信号量时,当信号量不可用的时候,申请的任务会进入阻塞等待状态,同时,系统会检查阻塞任务与占用互斥信号量任务两者之间的优先级别,如果阻塞任务的优先级别高于占用任务,则系统会启用互斥运行功能,进入互斥运行状态,让占用信号量的任务优先运行。在互斥运行状态中,如果有更高级的实时任务就绪(优先级高于原来阻塞的实时任务),系统会使更高级的实时任务运行,当该更高级的实时任务运行完毕后,系统会再让占用互斥信号量的任务优先运行直至其释放了互斥信号量,解除系统的互斥运行状态。

9.5.1 内部操作函数

在信号量的数据结构中,已经建立了实时任务等待表和普通任务等待队列。等待表、等待队列的相关操作由信号量功能的内部操作函数来完成,主要有3种:
① 任务阻塞等待登记。
② 删除阻塞等待登记。
③ 激活正在等待的任务。

实时任务要进行阻塞等待,则实时任务要登记在信号量的实时任务等待表中。普通任务要进行阻塞等待,则普通任务要登记在信号量的普通任务等待队列中。

对于实时任务,其阻塞等待登记方法与实时任务就绪登记方法相同,系统中定义一个用于对实时任务等待表进行操作的操作数组,该数组如下:

```
uc8   const   code    ch_dd_czb[8] = {  0x01,0x02,0x04,0x08,
                                         0x10,0x20,0x40,0x80   };
```

定义一个等待表任务号提取数组,该数组如下:

```
uc8    const    code    ch_dd_rwb[16] = { 0,0,1,0,2,0,1,0,
                                           3,0,1,0,2,0,1,0  };
```

1. 任务阻塞等待登记

如果任务采用阻塞式申请使用某个信号量,当该信号量无效时,申请信号量的任务就会进入阻塞等待状态。任务阻塞后,系统会检查任务的类型,根据任务的类型把任务登记在该信号量相对应的等待表或等待队列中:实时任务登记在信号量控制块的实时任务等待表中,普通任务登记在信号量控制块的等待队列中。

系统用一个专用的函数来实现把阻塞等待的任务登记在信号量相对应的等待表或等待队列中,函数的程序代码如下:

```
void  xhl_dengdai_dj( uc8 xhl_hao,uc8  rwhao )
{
   uc8   wei;
#if  ch_rwssyx_en == 1
   if( ch_rwk[rwhao].rwlx == ch_ssrw_on)
   {
      xhl_zu[xhl_hao].xhl_ssrwb | = ch_dd_czb[rwhao - 2];
      return;
   }
#endif
   if( ch_rwk[rwhao].rwlx == ch_ssrw_off)
   {
      for(wei = 0;wei<ch_rwzs;wei + + )       //在等待队列中登记
      {
         if(xhl_zu[xhl_hao].xhl_rwdl[wei] == 0)
```

```
            {
                xhl_zu[xhl_hao].xhl_rwdl[wei] = rwhao;
                xhl_zu[xhl_hao].xhl_dlbz = 0xff;
                wei = ch_rwzs;
            }
        }
    }
}
```

函数使用时,必须传入 2 个参数:
① uc8 xhl_hao 传入任务申请的信号量的号码。
② uc8 rwhao 传入申请信号量的任务的任务号。
void xhl_dengdai_dj(uc8 xhl_hao,uc8 rwhao)函数的工作原理:
① 检查任务的类型,如果任务是实时任务,则把要进行等待的任务登记在信号量的实时任务等待表中,其登记操作原理与与实时任务就绪登记操作相同。
② 如果任务不是实时任务,即任务为普通任务,则把任务登记在信号量的任务等待队列中,并设置队列标志为真。其登记操作原理与与普通任务就绪登记操作相同。

2. 删除阻塞等待登记

出现以下两种情况时,系统会把阻塞等待的任务从信号量的等待表或等待队列中删除:
① 当使用信号量的任务释放信号量之后,系统会检查该信号量的等待表或等待队列,如果有任务正在等待该信号量,系统会激活等待的任务,并把该任务从信号量的等待表或等待队列中删除。
② 如果任务在限定的时间内没有申请到信号量,系统会把阻塞等待时间已完成的任务从信号量的等待表或等待队列中删除。

系统用一个专用的函数来实现把阻塞等待的任务从信号量的等待表或等待队列中删除,函数的程序代码如下:

```
void    xhl_dengdai_qc( uc8   xhl_hao,uc8   rwhao )
{
    uc8  xin;
    uc8  jiu;
    uc8  wei;
# if   ch_rwssyx_en == 1
    if( ch_rwk[rwhao].rwlx == ch_ssrw_on)
    {
        xhl_zu[xhl_hao].xhl_ssrwb & = ~ch_dd_czb[rwhao - 2];
        return;
    }
# endif
    if( ch_rwk[rwhao].rwlx == ch_ssrw_off)
    {
//------- 清除登记
        for(wei = 0;wei < ch_rwzs;wei ++ )
```

```
    {if(xhl_zu[xhl_hao].xhl_rwdl[wei] == rwhao)   //查找相应的任务号
      {
        xhl_zu[xhl_hao].xhl_rwdl[wei] = 0;
        wei = ch_rwzs;
      }
    }
//------- 调整等待队列
    for(xin = 0,jiu = 0;jiu<ch_rwzs;jiu++)
    {
      if(xhl_zu[xhl_hao].xhl_rwdl[jiu]!= 0)
      { xhl_zu[xhl_hao].xhl_rwdl[xin] =
        xhl_zu[xhl_hao].xhl_rwdl[jiu];
        xin++;
      }
      if((jiu == ch_rwzs-1)&&(xin<jiu))
      { xhl_zu[xhl_hao].xhl_rwdl[jiu] = 0 ;}
    }
    if(xhl_zu[xhl_hao].xhl_rwdl[0] == 0)
    { xhl_zu[xhl_hao].xhl_dlbz = 0x00;}
  }
}
```

函数使用时,必须传入 2 个参数:

① uc8　xhl_hao　传入信号量的号码。

② uc8　rwhao　传入要清除的任务的任务号。

void　xhl_dengdai_qc(uc8　xhl_hao,uc8　rwhao)函数的工作原理:

① 函数内部定义 3 个变量,主要是在调整普通任务等待队列的时候使用。

② 检查任务的类型,如果任务是实时任务,则把任务从信号量的实时任务等待表中清除,其清除操作原理与与实时任务就绪清除操作相同。

③ 如果任务不是实时任务,即任务为普通任务,则把任务从在信号量的任务等待队列中清除,其清除操作原理与与普通任务就绪清除操作相同。

④ 等待的普通任务从信号量的任务等待队列中清除后,要对信号量的任务等待队列进行调整,调整的操作原理与运行队列的调整操作相同。

⑤ 信号量的任务等待队列调整操作完成后,检查队列的队头位置,如果该位置等于 0,则说明队列中已经没有任务在等待,那么把队列标志清零。

3. 激活正在等待的任务

当使用信号量的任务释放信号量之后,系统会检查该信号量的等待表或等待队列,如果有任务正在等待该信号量,系统会激活等待该信号量的任务,并把已经激活的任务登记在就绪表或优先运行队列中,同时把任务从信号量的等待表或等待队列中删除。

系统用一个专用的函数来实现激活信号量等待表或等待队列中的等待任务,函数的程序代码如下:

```
void　xhl_jihuo_rw(uc8　xhl_hao)
```

```c
{
uc8   xin;
uc8   jiu;
uc8   rwhao;
#if   ch_rwssyx_en == 1
uc8   shuju;
#endif
//---实时任务
#if   ch_rwssyx_en == 1
if( xhl_zu[xhl_hao].xhl_ssrwb != 0 )
  {
    shuju = xhl_zu[xhl_hao].xhl_ssrwb;
    if((shuju & 0x0f)!= 0)
     { rwhao = ch_dd_rwb[shuju&0x0f] + 2;}
    else
     {
       shuju = xhl_zu[xhl_hao].xhl_ssrwb;
       rwhao = ch_dd_rwb[shuju>>4] + 6;
     }
    xhl_dengdai_qc( xhl_hao,rwhao );           //清除登记
    ch_rwk[rwhao].rwys = 0;
    ch_jxbdengji(rwhao);                       //就绪登记
    return ;
  }
#endif
//---普通任务
if( xhl_zu[xhl_hao].xhl_dlbz == 0xff)
  {
    rwhao = xhl_zu[xhl_hao].xhl_rwdl[0];
//---调整队列
    if(xhl_zu[xhl_hao].xhl_rwdl[0] != 0)
      {
        for(jiu = 1,xin = 0;jiu<ch_rwzs;jiu++ )
         {
           xhl_zu[xhl_hao].xhl_rwdl[ jiu-1 ] = 0;
           if(xhl_zu[xhl_hao].xhl_rwdl[jiu] != 0)
             {
               xhl_zu[xhl_hao].xhl_rwdl[xin] =
               xhl_zu[xhl_hao].xhl_rwdl[jiu];   //移动任务的位置
               xin++ ;
             }
           if(jiu == (ch_rwzs - 1))
             { xhl_zu[xhl_hao].xhl_rwdl[jiu] = 0; }
         }
        if(xhl_zu[xhl_hao].xhl_rwdl[0] == 0)
```

```
        { xhl_zu[xhl_hao].xhl_dlbz = 0x00;}
    }
//--- 任务就绪
    ch_rwk[rwhao].rwys = 0;
    ch_sj_yxbdengji(rwhao);
    }
}
```

函数使用时,必须传入 1 个参数:uc8 xhl_hao 传入信号量的号码,函数实现从该信号量等待表或者等待队列中激活正在等待该信号量的任务。

void xhl_jihuo_rw(uc8 xhl_hao)函数的工作原理如下:

① 对信号量的实时任务等待表进行检查,如果该实时任务等待表中的数据不等于 0,则进行如下操作:

● 从实时任务等待表中取出最高级别的实时任务。
● 把该任务从信号量的实时任务等待表中清除。
● 取消任务的阻塞时间。
● 把任务登记在实时任务就绪表中。

② 如果没有实时任务在等待,则检查信号量的普通任务等待队列标志,如果该标志为真,则进行如下操作:

● 从信号量的普通任务等待队列的队头位置取出等待任务。
● 调整信号量的普通任务等待队列。
● 检查队列的队头,如果没有等待任务,则把队列标志设置为假。
● 取消任务的阻塞等待时间。
● 把任务登记在优先运行队列中。

函数调用一次,只能激活一个等待任务。

上面这 3 个功能函数,由系统信号量应用 API 函数自动调用的。

9.5.2 创建信号量

RW/CZXT-1.0 小型嵌入式操作系统中,建立一个专用功能函数来实现创建信号量,未经创建的信号量,是不可用的,函数成功创建信号量后,将返回创建的信号量的号码,如果创建失败,将设置错误信息,并返回空号;

函数代码如下:

```
uc8_xhl    ch_xj_xhl(
                uc8       lx,       //信号量的类型
                uc8       shuju,    //信号量初值
                void     * cwxx    //操作信息
                )
```

函数需要传入 3 个参数,各个参数的作用:

① uc8   lx   传入信号量的类型。

② uc8　　　shuju　　传入信号量的初值，即信号量的最大值。
③ void　　＊cwxx　　是一个指针参数，传入操作信息寄存器的地址。
函数实现的功能如下：
① 为新建的信号量申请一个信号量控制块。
② 设置申请到的信号量控制块，该控制块就是管理这个新建的信号量。
③ 返回成功创建的信号量的号码。
该函数可以创建二进制信号量、十进制信号量、互斥型信号量。

1．函数的内部工作流程

由于采用专用的函数来实现创建信号量这项功能，图 9.1 所示是根据该函数要实现的功能而设计的程序工作流程。

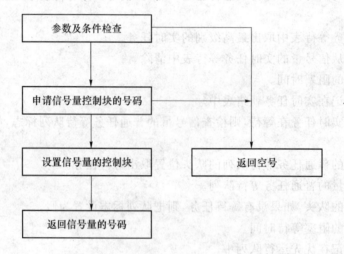

图 9.1　信号量创建函数的程序工作流程

2．函数的程序代码

```
uc8_xhl    ch_xj_xhl(
                uc8        lx,//信号量的类型
                uc8        shuju,//信号量初值
                void     * cwxx  //操作信息
                )
{
  uc8_xhl      i ;                    //循环变量
  uc8_xhl      xhl_hao;               //信号量号码寄存器
//条件检查
   if(cwxx ==(void *)0)
    { return(xhl_kh) ; }
   if(ch_xtglk.ch_zdzs!= 0)
    { return(xhl_kh);}
   EA = ch_zd_off;
//取得信号量号码
      for(i = 0;i<ch_xhl_zs;i++)
```

```
        {
            if(xhl_zu[i].xhl_bz == ch_sjsy_off)
            { xhl_hao = i ;
                i = ch_xhl_zs ; }
            if((i == (ch_xhl_zs - 1))&&(xhl_hao == 0))
            { *(uc8 *)cwxx = xhl_no ;
                EA = ch_zd_on ;
                return(xhl_kh);        }            //没有可创建的信号量
        }
//设置信号量的控制块
        xhl_zu[xhl_hao].xhl_leixing = lx;           // xhl_1 / xhl_2 / xhl_hc
        xhl_zu[xhl_hao].xhl_bz = ch_sjsy_on;        // ch_sjsy_on = 0xff;
        xhl_zu[xhl_hao].xhl_jsq = shuju;
        xhl_zu[xhl_hao].xhl_zdz = shuju;
        if(lx == xhl_hc)
          {
            xhl_zu[xhl_hao].xhl_rwcc = 0;
          }
        xhl_zu[xhl_hao].xhl_ssrwb = 0;
        xhl_zu[xhl_hao].xhl_dlbz = 0x00;
        for(i = 0;i<ch_rwzs;i++)
          { xhl_zu[xhl_hao].xhl_rwdl[i] = 0;}
//返回信号量的号码
        *(uc8 *)cwxx = xhl_ok;
        EA = ch_zd_on;
        return(xhl_hao);
    }
```

3. 函数工作原理详解

函数的功能操作是在临界保护状态中进行的。

① 函数执行之前必须对一些条件进行检查,主要有以下几个方面:

- 是否有指定操作信息存放的寄存器,如果没有,则不能创建信号量,返回空号。因为此时指针 cwxx 是指向 0x0000 的存储地址或其他不确定的地址,如果此地址为系统中其他变量的地址,则函数执行后,会破坏这些地址中的数据,这是系统不允许的。
- 检查系统的中断嵌套计数器,操作系统不允许在中断服务中创建信号量。

② 为新建的信号量申请一个信号量控制块。系统中,创建的信号量,必须有一个唯一的控制块对信号量进行管理。申请控制块,就是取得信号量控制块数组中空闲的数组元素,并取出这个元素号作为新建信号量的号码。代码如下:

```
if(xhl_zu[i].xhl_bz == ch_sjsy_off)
    { xhl_hao = i ;
        i = ch_xhl_zs ; }
```

如果信号量控制块数组中没有空闲的控制块可用,则设置信息 *(uc8 *)cwxx=xhl_

no,信号量创建失败,并返回空号。

③ 为新建信号量申请到控制块后,该控制块就是管理这个新建信号量的控制块,那么要把该控制块设置为已经创建的状态,并把新建信号量的信息保存在控制块中,同时清空该控制块的等待表和等待队列,因为新建的时候,是没有等待任务。

④ 信号量控制块的设置工作完成后,设置信息 *（uc8 *）cwxx=xhl_ok 为创建成功,并返回新创建的信号量的号码。

4. 函数的使用方法

在系统中创建一个信号量的方法:先定义一个信号量号码寄存器和一个信息寄存器,并把创建的信号量的号码保存在信号量号码寄存器中,形式如下:

```
全局变量:
uc8    xhlhao ;                    // 信号量号码寄存器
uc8    err ;                       // 信息寄存器
    在1号任务中创建一个信号量:
void   renwu_1()
{
   while(1)
   {
     ch_xjrenwu( 2,renwu_2 );
     ch_xjrenwu( 3,renwu_3 );
     xhlhao = ch_xj_xhl( xhl_2,1,&err ) ;  //创建一个二进制信号量
     ch_rwtingzhi( 0 );
   }
}
```

语句 xhlhao=ch_xj_xhl（xhl_2, 1, &err）执行之后,如果成功创建了信号量,则把返回的信号量的号码保存在 xhlhao 中,如创建的是 0 号信号量,则 xhlhao 中的数据等于 0。

9.5.3 阻塞申请信号量

阻塞式申请信号量,如果信号量计数器的数据大于 0,那么申请的任务不会进入阻塞等待。如果信号量计数器的数据等于 0,那么申请的任务就会进入阻塞等待,并把阻塞等待任务登记在信号量的等待表或等待队列中。

任务的阻塞等待形式有两种:

① 无限时阻塞等待。

② 有限时阻塞等待。

系统中建立一个专用的功能函数来实现阻塞申请信号量的功能。

函数代码如下:

```
uc8_xhl   ch_zssy_xhl(
                uc8   xhl_hao,    //信号量号码
                ui16  yszs        //阻塞的时间
                                 )
```

第 9 章 信号量设计

函数参数说明：

① uc8　xhl_hao　　传入信号量的号码。

② ui16　yszs　　传入任务要阻塞等待的时间，为 0 时，任务进入无限时阻塞。

函数实现的功能：

① 如果申请的信号量可用，则返回申请成功标志：xhl_ok，如果是十进制信号量，则返回信号量计数器中的当前数据。

② 如果信号量不可用，则把申请信号量的任务登记在信号量的等待表或等待队列中，并进行任务调度。

③ 如果任务被超时激活，则清除任务的阻塞等待登记，即任务不再等待该信号量，并返回申请超时标志。如果任务在阻塞时间内因信号量有效而被激活，则任务重新申请信号量，并返回信号量申请成功标志。

该函数不能申请互斥信号量，即指定的信号量不能是互斥信号量，如果把互斥信号量的号码传入给该函数，则会导致操作失败。

该函数是一个可以重入的函数。当一个任务使用该函数后被阻塞，系统中，有另外的运行任务可能会再使用该函数申请信号量，为保证相关数据的安全性，必须把该函数设计成可重入函数。

1. 函数的内部工作流程

由于采用专用的函数来实现阻塞式申请信号量这项功能，图 9.2 所示是根据该函数要实现的功能而设计的程序工作流程。

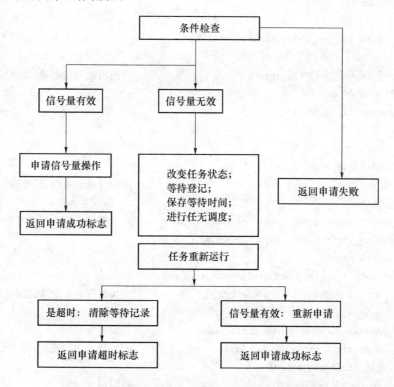

图 9.2　阻塞式申请信号量的功能函数的程序流程

2. 函数的程序代码

```
uc8_xhl   ch_zssy_xhl(
                          uc8    xhl_hao,              //信号量号码
                          ui16   yszs                  //阻塞的时间
                                    ) reentrant
{
  uc8_xhl    xhl_shuju;
  if(ch_xtglk.ch_zdzs!= 0)
    {return(xhl_no);}
  if(xhl_zu[xhl_hao].xhl_bz!= ch_sjsy_on)              //信号量未被创建
    {return(xhl_no);}
  if(xhl_zu[xhl_hao].xhl_leixing == xhl_hc)            //是互拆信号量
    {return(xhl_no);}
  EA = ch_zd_off;
//--- 成功申请到信号量
  if(xhl_zu[xhl_hao].xhl_jsq > 0)                      //信号量可以使用
    {
      if(xhl_zu[xhl_hao].xhl_leixing == xhl_10)
        {xhl_shuju = xhl_zu[xhl_hao].xhl_jsq;
         xhl_zu[xhl_hao].xhl_jsq -- ;                  //使用共享信号量
         EA = ch_zd_on;
         return(xhl_shuju);
        }
      if(xhl_zu[xhl_hao].xhl_leixing == xhl_2)
        {
         xhl_zu[xhl_hao].xhl_jsq = 0 ;                 //使用独占信号量,(0/1)
         EA = ch_zd_on;
         return(xhl_ok);
        }
    }
//--- 进入阻塞等待
  if(xhl_zu[xhl_hao].xhl_jsq == 0)                     //信号量不可用,任务进入等待
    {
      ch_rwk[ch_xtglk.yxhao].rwzt = ch_dengdai_xhl;    //任务状态为等待信号量
      ch_rwk[ch_xtglk.yxhao].rwcs = ch_dengdai_cs_off;
# if   ch_rwssyx_en == 1
      if(ch_rwk[ch_xtglk.yxhao].rwlx == ch_ssrw_on)
         { ch_jxbqingchu( ch_xtglk.yxhao ); }          //实时任务需清除就绪登记
# endif
      xhl_dengdai_dj( xhl_hao,ch_xtglk.yxhao );        //等待登记
      ch_rwk[ch_xtglk.yxhao].rwys = yszs;              //等待的时间设定,为0时无限等待
      if(ch_xtglk.ch_rwsjzs>0)
        { ch_xtglk.ch_rwsjzs = 0;}                     //时间片清零
      ch_rwtd();                                       //进行任务调度
```

```
        }
//---等待超时
    EA = ch_zd_off;
    if(ch_rwk[ch_xtglk.yxhao].rwcs == ch_dengdai_cs_on)      //申请超时
      {
        ch_rwk[ch_xtglk.yxhao].rwcs = ch_dengdai_cs_off;     //清除超时标志
        xhl_dengdai_qc( xhl_hao,ch_xtglk.yxhao );            //清除等待
        EA = ch_zd_on;
        return(xhl_cs);                                      //返回超时,任务继续运行
      }
//---等待成功,申请信号量
    if(xhl_zu[xhl_hao].xhl_jsq > 0)                          //信号量可以使用
      {
        if(xhl_zu[xhl_hao].xhl_leixing == xhl_10)
         {xhl_shuju = xhl_zu[xhl_hao].xhl_jsq;
          xhl_zu[xhl_hao].xhl_jsq -- ;                       //使用共享信号量
          EA = ch_zd_on;
          return(xhl_shuju);
         }
        if(xhl_zu[xhl_hao].xhl_leixing == xhl_2)
         {
          xhl_zu[xhl_hao].xhl_jsq = 0 ;
          EA = ch_zd_on;                                     //使用独占信号量,(0/1)
          return(xhl_ok);
         }
      }
    else
     { EA = ch_zd_on;
       return(xhl_no);
     }
  }
```

3. 函数工作原理详解

函数的相关操作都是在临界保护状态中进行的。

(1) 检查执行条件

① 不能在中断服务程序中申请信号量。
② 如果申请的信号量未创建,则申请失败。
③ 本函数不能申请互斥型信号量。

(2) 检查信号量的计数器

① 如果数据大于 0,则重新设置信号量计数器,返回申请成功标志。
- 如果该信号量为十进制信号量,则使计数器的数据减去 1。

```
    if(xhl_zu[xhl_hao].xhl_leixing == xhl_10)
       {xhl_shuju = xhl_zu[xhl_hao].xhl_jsq;
```

```
        xhl_zu[xhl_hao].xhl_jsq -- ;           //计数器减去1
        EA = ch_zd_on;
        return(xhl_shuju);
    }
```

● 如果该信号量为二进制信号量,则使计数器的数据等于0。

```
    if(xhl_zu[xhl_hao].xhl_leixing == xhl_2)
    {
        xhl_zu[xhl_hao].xhl_jsq = 0 ;          //计数器等于0
        EA = ch_zd_on;
        return(xhl_ok);
    }
```

② 如果信号量计数器中的数据等于0,表明该信号量正被其他任务占用,则控制申请信号量的任务进入阻塞等待状态,其操作如下:
● 该变任务的状态为等待信号量状态,并把任务的等待超时标志设置为假。

```
    ch_rwk[ch_xtglk.yxhao].rwzt = ch_dengdai_xhl;
    ch_rwk[ch_xtglk.yxhao].rwcs = ch_dengdai_cs_off;
```

● 如果申请的任务是实时任务,则清除任务的就绪登记。

```
    #if   ch_rwssyx_en==1
      if(ch_rwk[ch_xtglk.yxhao].rwlx == ch_ssrw_on)
        {ch_jxbqingchu(ch_xtglk.yxhao );   }  //实时任务需清除就绪登记
    #endif
```

● 把任务登记在信号量的等待表或队列中,任务由信号量进行管理。

```
    xhl_dengdai_dj( xhl_hao,ch_xtglk.yxhao );
```

调用信号量功能的内部操作函数:阻塞等待登记函数。
● 保存任务要阻塞等待的时间。

```
    ch_rwk[ch_xtglk.yxhao].rwys = yszs;
```

如果该时间数据等于0,则表示任务进入无限时阻塞等待信号量。
● 清除时间片后,进行任务调度,当前任务开始进入阻塞等待状态。

(3) 阻塞的任务被激活,进入运行时的操作

① 任务被超时激活,即任务在时间延时管理函数中被激活,任务运行后,清除超时标志,并清除任务在信号量中的等待记录,并返回申请超时标志。

```
    if(ch_rwk[ch_xtglk.yxhao].rwcs == ch_dengdai_cs_on)       //申请超时
    {
        ch_rwk[ch_xtglk.yxhao].rwcs = ch_dengdai_cs_off;      //清除超时标志
        xhl_dengdai_qc( xhl_hao,ch_xtglk.yxhao );             //清除等待
        EA = ch_zd_on;
        return(xhl_cs); //返回超时,任务继续运行
    }
```

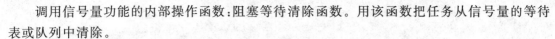

调用信号量功能的内部操作函数:阻塞等待清除函数。用该函数把任务从信号量的等待表或队列中清除。

② 任务在信号量有效时被激活,任务运行后,重新申请信号量,对信号量计数器进行设置之后,返回申请成功标志。如果信号量无效,那么将返回申请失败标志。

4. 函数的使用方法

假如 2 号任务采用阻塞式申请信号量,在信号量有效时,对 CPU 的 P0 端口进行操作,程序代码如下:

```
uc8   xhl_shuju;
void   renwu_2()
{
   while(1)
   {
     xhl_shuju = ch_zssy_xhl( xhlhao,100 );
     if(xhl_shuju == xhl_ok)
      {
        P0 = P0 & 0XF0;
      }
     ch_rwys_tk(100);
   }
}
```

xhl_shuju 寄存器保存申请信号量后的结果,如果 xhl_shuju=xhl_ok,则说明成功申请到信号量,可以对 P0 端口进行操作,如果 xhl_shuju=xhl_no 则不能对 P0 端口进行操作。

9.5.4　非阻塞申请信号量

非阻塞式申请信号量,不管信号量处于何种状态,申请信号量的任务不会进入阻塞等待状态。只是:如果信号量有效,任务可以执行指定的工作,如果信号量无效,任务不执行指定的工作。系统中建立一个专用的功能函数来实现非阻塞申请信号量的功能。

函数代码如下:

uc8_xhl   ch_sy_xhl(uc8   xhl_hao)

函数只需传入信号量的号码。

函数实现的功能:

① 读出信号量计数器中的数据。

② 检查该数据:如果该数据大于 0,则重新设置信号量计数器,返回信号量有效标志,否则,返回信号量无效标志。

函数可以申请十进制型信号量,二进制型信号量,互斥型信号量(必须是实时任务)。

1. 函数的程序代码

uc8_xhl   ch_sy_xhl(uc8   xhl_hao)
{

```
    uc8    xhl_shuju;

    if(ch_xtglk.ch_zdzs!=0)
       {return(xhl_no);}
    if(xhl_zu[xhl_hao].xhl_bz!=ch_sjsy_on)
       {return(xhl_no);}
    EA = ch_zd_off;
    xhl_shuju = xhl_zu[xhl_hao].xhl_jsq;
    if(xhl_shuju > 0)                      //信号量可用，
    {
        if(xhl_zu[xhl_hao].xhl_leixing == xhl_10)
         { xhl_zu[xhl_hao].xhl_jsq -- ;
           EA = ch_zd_on;
           return(xhl_shuju);
         }      //使用十进制信号量，
        if(xhl_zu[xhl_hao].xhl_leixing == xhl_2)
         { xhl_zu[xhl_hao].xhl_jsq = 0 ;
           EA = ch_zd_on;
           return(xhl_ok);
         }      //使用二进制信号量,(0/1)
        if(xhl_zu[xhl_hao].xhl_leixing == xhl_hc)
         { if(ch_rwk[ch_xtglk.yxhao].rwlx == ch_ssrw_on)
           { xhl_zu[xhl_hao].xhl_jsq = 0 ;
             xhl_zu[xhl_hao].xhl_rwcc = ch_xtglk.yxhao;
             EA = ch_zd_on;
             return(xhl_ok);
           }   //使用互斥信号量,(0/1)
          else
           { EA = ch_zd_on;
             return(xhl_no);
           }
         }
    }
    else
    {
        EA = ch_zd_on;
        return(xhl_no);            // xhl_shuju = 0,信号量不可用
    }
}
```

2. 函数工作原理详解

函数的相关操作都是在临界保护状态中进行的。

(1) 检查执行条件

① 不能在中断服务程序中申请信号量。

② 如果申请的信号量未创建，则申请失败。

（2）用局部变量 xhl_shuju 取得信号量计数器的数据，并检查该数据

① 数据大于 0，则重新设置信号量计数器。
- 十进制信号量，则使计数器的数据减去 1，并返回 xhl_ok。
- 二进制信号量，则使计数器的数据等于 0，并返回 xhl_ok。
- 互斥信号量，则使计数器的数据等于 0，并记录申请互斥信号量的任务后返回 xhl_ok。必须是实时任务才能够申请互斥信号量，如果不是实时任务，则返回 xhl_no。

② 数据等于 0，则返回信号量无效标志：xhl_no。

3. 函数的使用方法

假如 2 号任务采用非阻塞式申请信号量，在信号量有效时，对 CPU 的 P0 端口进行操作，那么其形式如下：

```
uc8   xhl_shuju;
void  renwu_2()
{
    while(1)
    {
        xhl_shuju = ch_sy_xhl( xhlhao );
        if(xhl_shuju == xhl_ok)
        {
            P0 = P0 & 0XF0;
        }
        ch_rwys_tk(100);
    }
}
```

xhl_shuju 寄存器保存申请信号量后的结果，如果 xhl_shuju = xhl_ok，则说明成功申请到信号量，可以对 P0 端口进行操作，否则不能对 P0 端口进行操作。

9.5.5　释放信号量

一个任务申请了信号量，在任务的工作完成之后，任务必须释放原来申请的信号量，使信号量重新处于有效状态。申请信号量和释放信号量，是成对出现的。系统中建立一个专用的功能函数来实现释放信号量的功能。

函数如下：

uc8_xhl   ch_sf_xhl(uc8   xhl_hao)

函数只需传入一个参数：信号量的号码。
函数要实现的功能：
① 恢复信号量计数器的数据。
② 检查信号量的等待表和等待队列，如果有任务在等待信号量，则按设计的方法激活其中一个等待任务。

1. 函数的内部工作流程

由于采用专用的函数来实现释放信号量这项功能,图 9.3 所示是根据该函数要实现的功能而设计的程序工作流程。

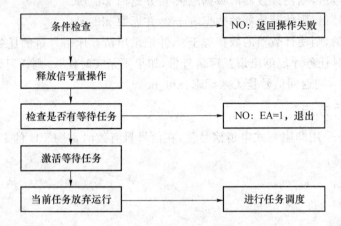

图 9.3　释放信号量的功能函数的程序流程

2. 函数的程序代码

```
uc8_xhl   ch_sf_xhl( uc8   xhl_hao )
{
  if(ch_xtglk.ch_zdzs!=0)
    {return(xhl_no);}
  if(xhl_zu[xhl_hao].xhl_bz!=ch_sjsy_on)
    {return(xhl_no);}
  EA = ch_zd_off;
//---- 先释放信号量：
    if(xhl_zu[xhl_hao].xhl_leixing == xhl_10)
      {
         if(xhl_zu[xhl_hao].xhl_jsq < xhl_zu[xhl_hao].xhl_zdz)
           { xhl_zu[xhl_hao].xhl_jsq ++ ; }         //释放共享信号量
      }
    if(xhl_zu[xhl_hao].xhl_leixing == xhl_2)
      {
         if(xhl_zu[xhl_hao].xhl_jsq!=1)
           { xhl_zu[xhl_hao].xhl_jsq = 1 ; }        //释放独占信号量,(0/1)
      }
  #if   hc_xhl_en > 0
    if(xhl_zu[xhl_hao].xhl_leixing == xhl_hc)
      {
         if(xhl_zu[xhl_hao].xhl_jsq == 0)
           { xhl_zu[xhl_hao].xhl_jsq = 1 ; }        //释放互拆信号量,(0/1)
         xhl_zu[xhl_hao].xhl_rwcc = 0;
         if(ch_xtglk.ch_xtzt == ch_hcms)           //解除互拆
           { ch_xtglk.hc_gjrw = 0;
```

```
                ch_xtglk.hc_renwu = 0;
                ch_xtglk.ch_xtzt = ch_yxms;
            }
        }
#endif
//----激活等待的任务:
if(( xhl_zu[xhl_hao].xhl_ssrwb != 0 )||
    ( xhl_zu[xhl_hao].xhl_dlbz == 0xff))
    {
    xhl_jihuo_rw( xhl_hao );                    //激活等待任务
    if(ch_rwk[ch_xtglk.yxhao].rwlx == ch_ssrw_off)
     { ch_sj_yxbdengji(ch_xtglk.yxhao);}        //当前任务放弃运行
    ch_xtglk.ch_rwsjzs = 0;                     //时间片清零
    ch_rwtd();                                  //进行任务调度
    }
    EA = ch_zd_on;
}
```

3. 函数工作原理详解

函数的相关操作都是在临界保护状态中进行的。

(1) 检查执行条件

① 不能在中断服务程序中释放信号量。

② 如果释放的信号量未创建,则返回操作失败。

(2) 恢复信号量计数器的数据

① 十进制信号量,则使计数器的数据加 1。

② 二进制信号量,则使计数器的数据等于 1。

③ 互斥信号量,则使计数器的数据等于 1,如果操作系统已经处于互斥运行模式,则解除该模式,恢复操作系统为运行模式。

(3) 检查等待表和等待队列

如果有等待信号量的任务,则 xhl_ssrwb 不等于 0,或者队列标志等于 0xff,那么将进行如下操作:

① 调用信号量功能的内部操作函数,从信号量的等待表或等待队列中激活一个等待任务。

xhl_jihuo_rw(xhl_hao);

② 当前任务是普通任务,把任务登记在优先运行队列中,当前任务放弃运行。

if(ch_rwk[ch_xtglk.yxhao].rwlx == ch_ssrw_off)
{ ch_sj_yxbdengji(ch_xtglk.yxhao);}

③ 清除时间片,进行一次任务调度。

4. 函数的使用方法

假如 2 号任务采用非阻塞式申请信号量,在信号量有效时,对 CPU 的 P0 端口进行操作,操作完成后,释放信号量,其形式如下:

```
  uc8    xhl_shuju;
  void   renwu_2()
  {
     while(1)
     {
       xhl_shuju = ch_sy_xhl( xhlhao );
       if(xhl_shuju == xhl_ok)
       {
          P0 = P0 & 0XF0;
          ch_sf_xhl( xhlhao );
       }
       ch_rwys_tk(100);
     }
  }
```

xhl_shuju 寄存器保存申请信号量之后的结果,如果 xhl_shuju=xhl_ok,则说明成功申请到信号量,可以对 P0 端口进行操作,操作后调用 ch_sf_xhl(xhlhao)释放信号量,如果信号量无效,则不能对 P0 端口进行操作,也无须释放信号量。xhlhao 必须指定同一个信号量。

9.5.6 阻塞申请互斥信号量

1. 建立互斥信号量功能

互斥信号量,其实质就是互斥锁。在 RW/CZXT-1.0 小型嵌入式操作系统中,通过特殊的方法把互斥锁功能揉合到信号量功能模块中。互斥信号量主要是用来避免系统中出现优先级反转的情况。

(1) 首先来了解优先级反转的情形是怎样出现的

低级任务 A 成功申请使用信号量后,任务 A 使用系统的共享资源或进行其他的工作,此时,实时任务 B、C 就绪(B 任务的优先级小于 C 任务的优先级),系统会剥夺 A 任务的运行权,让 C 任务占用 CPU 得到运行,A 任务被抢占后停止运行,当然也暂时无法释放使用的信号量。

任务 C 运行后,因某种需要也要申请 A 任务占用的信号量(采用阻塞式申请),但因 A 任务未释放使用的信号量,C 任务将进入阻塞等待,系统会进行任务调度,B 任务会进入运行。因 B 任务无须申请该信号量而顺利运行完毕,系统再次进行任务调度,A 任务会重新进入运行,在 A 任务释放信号量的过程中会激活 C 任务,C 任务此时可以成功申请信号量,得到运行。

因此可以看出,因为信号量被低级的任务占用,虽然 C 任务抢占到运行权,但因信号量无效而无法正常运行,使得 B 任务优先得到正常运行,B 任务运行后,A 任务又得到运行并释放了信号量,才激活 C 任务,使 C 任务进入运行,即 B 任务优先于 C 任务运行完成,这种情形就是优先级反转现象。

(2) 解决解决优先级反转的方法

① 可以通过提升 A 任务的优先级,让 A 任务的优先级等于 C 任务的优先级,使 A 任务优先运行,尽快使 A 任务释放信号量。

② RW/CZXT-1.0 小型嵌入式操作系统采用的方法:使系统进入互斥运行状态模式,实

现 A 任务得到优先运行。系统进入互斥运行状态模式的方法：高优先级的实时任务阻塞申请互斥信号量时，如果该信号量处于无效状态（被低优先级的实时任务占用），那么就会激活操作系统进入互斥运行模式。

在系统管理器中设计两个新成员：

```
#if  hc_xhl_en > 0
uc8  hc_gjrw;  //使系统启用互斥运行的高优先级任务寄存器，记录着已经进入阻塞状态的高优先级
               //实时任务
uc8  hc_renwu; // 记录互斥时要运行的低优先级任务寄存器，即记录着当前占用互斥信号量的任务
#endif
```

如果出现互斥的时候，hc_gjrw 用来记录阻塞等待的高优先级实时任务，hc_renwu 用来记录占用信号量的低级任务，系统会使 hc_renwu 中的任务（互斥任务）优先运行，直至低级任务释放信号量并清除这两个寄存器中的数据和解除互斥运行，系统恢复正常运行。

同时在调度器中，会对这两个寄存器进行检测：在操作系统已经进入互斥运行状态模式时，如果系统中有更高级的实时任务就绪，该任务的优先级别大于 hc_gjrw 寄存器中任务的优先级别，那么该任务可以运行，否则，系统只能运行 hc_renwu 中的任务。

```
#if  hc_xhl_en == 1
if( ch_xtglk.ch_xtzt == ch_hcms)
  {if((ch_xtglk.hc_gjrw!=0)&&(ch_xtglk.hc_renwu!=0))
    { if(ch_rwk[ch_xtglk.xyxhao].rwlx == ch_ssrw_on)      //非实时
      { if(ch_xtglk.xyxhao > ch_xtglk.hc_gjrw)             //级别低
        {ch_xtglk.xyxhao = ch_xtglk.hc_renwu;}             //互斥任务运行
      }
      else
      { ch_xtglk.xyxhao = ch_xtglk.hc_renwu;}              //剥夺 0 号任务
    }
  }
#endif
```

互斥的运行原理：信号量的控制块会记录使用互斥信号量的任务，如果出现互斥情形时，系统会把要阻塞的高级任务存入 hc_gjrw 寄存器中，把占用信号量的低级任务存入 hc_renwu 寄存器中。之后系统会使 hc_renwu 寄存器中的任务优先运行，此时系统处于互斥运行状态。

在操作系统进入互斥运行状态模式时，系统可以允许更高优先级别的实时任务运行（级别高于 hc_gjrw 寄存器中的任务），不允许比 hc_gjrw 寄存器中任务优先级别更低的任务进入运行，在没有更高优先级任务就绪时，系统将运行 hc_renwu 中的任务直至该任务释放信号量并清除这两个寄存器中的数据（互斥运行解除）。

操作系统进入互斥运行状态模式的条件：

① 阻塞的实时任务的优先级别高于信号量占用任务的优先级别。

① 信号量占用任务的当前状态为就绪运行状态（被高优先级任务剥夺了运行权）。

2．阻塞式申请互斥信号量

系统中建立一个专用的功能函数来实现阻塞申请互斥信号量的功能。

函数代码如下：

uc8_xhl ch_zssy_hcxhl(uc8 xhl_hao,   //互斥信号量的号码
                         ui16 yszs   //阻塞等待的时间
) reentrant

函数参数说明如下：

① uc8 xhl_hao   传入互斥信号量的号码。
② ui16 yszs   传入任务要阻塞等待的时间长度。

函数实现的功能：

① 如果申请的信号量可用，则返回申请成功标志：xhl_ok。

② 如果信号量不可用，则把申请信号量的任务登记在信号量的等待表或等待队列中，同时检查申请任务的类型，并判断是否产生互斥，如是，进行相应操作。

③ 如果任务被阻塞等待超时激活，则清除任务的等待登记，即任务不再等待该信号量，并返回申请超时标志。如果任务在阻塞时被信号量本身激活，则任务重新申请信号量，并返回信号量申请成功标志。

该函数只能申请互斥信号量，是一个可重入函数。

(1) 函数的内部工作流程

由于采用专用的函数来实现阻塞式申请互斥信号量这项功能，图 9.4 所示是根据该函数要实现的功能而设计的程序工作流程。

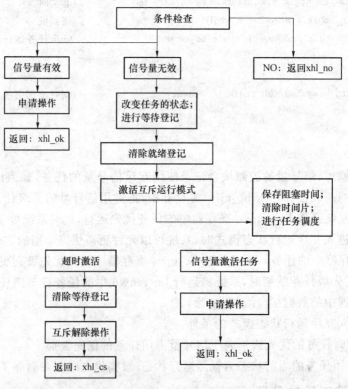

图 9.4 阻塞申请互斥信号量的功能函数的程序流程

第 9 章 信号量设计

(2) 函数的程序代码

```
uc8_xhl   ch_zssy_hcxhl( uc8 xhl_hao,ui16 yszs )reentrant
{
uc8   shuju;
uc8   rwhao;

  if(ch_xtglk.ch_zdzs!= 0)
    {return(xhl_no);}
  if(xhl_zu[xhl_hao].xhl_bz!= ch_sjsy_on)          //信号量未被创建
    {return(xhl_no);}
  if(xhl_zu[xhl_hao].xhl_leixing!= xhl_hc )        //不是互斥信号量
    {return(xhl_no);}
  if(ch_rwk[ch_xtglk.yxhao].rwlx!= ch_ssrw_on)     //不是实时任务
    {return(xhl_no);}
  EA = ch_zd_off;
//--- 成功申请到信号量
  if(xhl_zu[xhl_hao].xhl_jsq > 0)                  //信号量可以使用
    {
      xhl_zu[xhl_hao].xhl_jsq = 0 ;
      xhl_zu[xhl_hao].xhl_rwcc = ch_xtglk.yxhao;
      EA = ch_zd_on;
      return(xhl_ok);                              //使用互斥信号量,(0/1)
    }
  else                                             //进入阻塞
    {
      ch_rwk[ch_xtglk.yxhao].rwzt = ch_dengdai_xhl; //任务状态为等待信号量
      ch_rwk[ch_xtglk.yxhao].rwcs = ch_dengdai_cs_off;
      xhl_dengdai_dj( xhl_hao,ch_xtglk.yxhao );    //等待登记
      ch_jxbqingchu( ch_xtglk.yxhao );             //实时任务需清除就绪登记
//------- 系统互斥运行激活
      if( ch_xtglk.yxhao < xhl_zu[xhl_hao].xhl_rwcc)  //级别高于占用任务
        { if(ch_xtglk.ch_xtzt == ch_hcms)
            { if(ch_xtglk.yxhao < ch_xtglk.hc_gjrw)  //优先级比较
                { ch_xtglk.hc_gjrw = ch_xtglk.yxhao; }  //更新互斥高级任务
            }
          else
            { if(ch_rwk[xhl_zu[xhl_hao].xhl_rwcc].rwzt == ch_yunxing)
                { ch_xtglk.hc_gjrw = ch_xtglk.yxhao;
                  ch_xtglk.hc_renwu = xhl_zu[xhl_hao].xhl_rwcc;
                  ch_xtglk.xyxhao = ch_xtglk.hc_renwu;
                  ch_xtglk.ch_xtzt = ch_hcms;
                }
            }
        }
    }
//-------
```

```
            ch_rwk[ch_xtglk.yxhao].rwys = yszs;
            ch_xtglk.ch_rwsjzs = 0;  //时间片清零
            ch_rwtd();                                          //进行任务调度
        }
//--- 等待超时
        EA = ch_zd_off;
        if(ch_rwk[ch_xtglk.yxhao].rwcs == ch_dengdai_cs_on)    //申请超时
        {
            ch_rwk[ch_xtglk.yxhao].rwcs = ch_dengdai_cs_off;   //清除超时标志
            xhl_dengdai_qc( xhl_hao,ch_xtglk.yxhao );          //清除等待
            if(ch_xtglk.yxhao == ch_xtglk.hc_gjrw)             //是当前任务启用互斥
            {  if(xhl_zu[xhl_hao].xhl_ssrwb == 0)
                {  ch_xtglk.hc_gjrw = 0;                       //解除互斥
                   ch_xtglk.hc_renwu = 0;
                   ch_xtglk.ch_xtzt = ch_yxms;
                }
                else
                {
//---------------- 取出等待表中的高级任务
                    shuju = xhl_zu[xhl_hao].xhl_ssrwb;
                    if((shuju & 0x0f)!= 0)
                    { rwhao = ch_dd_rwb[shuju&0x0f] + 2;}
                    else
                    {
                        shuju = xhl_zu[xhl_hao].xhl_ssrwb;
                        rwhao = ch_dd_rwb[shuju>>4] + 6;
                    }
//---------------- 优先级比较
                    if( rwhao<ch_xtglk.hc_renwu)               //优先级高
                    { ch_xtglk.hc_gjrw = rwhao; }              //继续互斥,更新 hc_gjrw
                    else
                    { ch_xtglk.hc_gjrw = 0;                    //解除互斥
                      ch_xtglk.hc_renwu = 0;
                      ch_xtglk.ch_xtzt = ch_yxms;
                    }
                }
            }

        EA = ch_zd_on;
        return(xhl_cs);                                        //返回超时,任务继续运行
        }
//--- 等待成功,重新申请互斥信号量
        if(xhl_zu[xhl_hao].xhl_jsq > 0)    //信号量可以使用
        {
            xhl_zu[xhl_hao].xhl_jsq = 0 ;
```

第9章 信号量设计

```
        xhl_zu[xhl_hao].xhl_rwcc = ch_xtglk.yxhao;
        EA = ch_zd_on;
        return(xhl_ok);   //使用互斥信号量,(0/1)
      }
}
```

(3) 函数工作原理详解

函数的相关操作都是在临界保护状态中进行的。

① 检查执行条件：
- 不能在中断服务程序中申请信号量。
- 如果申请的信号量未创建,则申请失败。
- 本函数只能申请互斥型信号量。
- 申请信号量的任务必须是实时任务。

② 检查信号量计数器。

数据大于 0,设置互斥信号量计数器数据为 0,并把申请任务保存在 xhl_zu[xhl_hao].xhl_rwcc 成员中。

数据等于 0,控制申请互斥信号量的任务进入阻塞等待,将进行如下操作：
- 改变任务的状态为等待信号量状态。
- 把任务登记在信号量的等待表或等待队列中。
- 清除实时任务的就绪登记。
- 检查当前阻塞任务的优先级别,如果级别低于信号量的占用任务,则直接阻塞。否则,检查系统当前的运行状态：

如果已经是互斥运行状态模式,则进行任务优先级比较。

```
        if(ch_xtglk.yxhao < ch_xtglk.hc_gjrw)    //优先级比较
        { ch_xtglk.hc_gjrw = ch_xtglk.yxhao; }   //更新互斥高级任务
```

当前要阻塞的实时任务如果优先级低于 ch_xtglk.hc_gjrw 变量中任务的优先级,则不更新 ch_xtglk.hc_gjrw 变量中记录的任务；如果优先级更高的话,则更新 ch_xtglk.hc_gjrw 变量中记录的任务,把当前要阻塞的实时任务存入 hc_gjrw,实现高级任务更新。

如果不是互斥运行状态模式,且信号量占用任务的当前状态为就绪运行状态,则激活互斥运行模式,操作如下：

⊙ 把当前要进入阻塞的任务存入 ch_xtglk.hc_gjrw 中。

⊙ 把占用互斥信号量的任务存入 ch_xtglk.hc_renwu 中,让该任务成为互斥运行的对象。

⊙ 首次激活互斥模式时,把 ch_xtglk.hc_renwu 中的任务存入 ch_xtglk.xyzhao 中,使调度器直接调度互斥任务进入运行。

⊙ 修改系统当前状态为互斥运行状态模式。

- 保存阻塞时间后,清除时间片,进行任务调度。

③ 阻塞的任务被超时激活。

任务运行后,清除超时标志和清除等待登记。

当前运行的任务如果是互斥模式的制造任务,则进行如下操作：

● 信号量的实时任务等待表中没有等待任务,将解除互斥运行。

```
if(xhl_zu[xhl_hao].xhl_ssrwb == 0)
  { ch_xtglk.hc_gjrw = 0;              //解除互斥
    ch_xtglk.hc_renwu = 0;
    ch_xtglk.ch_xtzt = ch_yxms;
  }
```

● 信号量的实时任务等待表中有等待任务,则取出等待表中优先级最高的任务。

```
shuju = xhl_zu[xhl_hao].xhl_ssrwb;
if((shuju & 0x0f)! = 0)
  { rwhao = ch_dd_rwb[shuju&0x0f] + 2;}
else
  {
    shuju = xhl_zu[xhl_hao].xhl_ssrwb;
    rwhao = ch_dd_rwb[shuju>>4] + 6;
  }
```

● 检查取出任务的优先级别。

其优先级高于 ch_xtglk.hc_renwu 中的任务,则更新 ch_xtglk.hc_gjrw 中的任务,如果优先级低,则解除操作系统的互斥运行模式。其实,只要信号量的实时任务等待表中有任务,那么该任务的优先级别肯定高于 ch_xtglk.hc_renwu 中的任务,如果级别低的话,该任务根本不可能得到运行(由实时任务的调度策略决定)。

但是,有一种情况会出现级别低于信号量占用任务的任务进入运行(系统未进入互斥),即信号量占用任务在未释放信号量的情况下进入延时等待或者挂起后,低优先级的就绪的实时任务得到运行机会而进入运行,该低级运行任务又阻塞申请这个信号量时被无限时阻塞。在本函数中会对这些情况进行限制。

在应用中,应禁止占用互斥信号量的任务在未释放信号量的情况下进入延时等待或者挂起。

```
if( rwhao<ch_xtglk.hc_renwu)          //优先级高
  { ch_xtglk.hc_gjrw = rwhao; }        //继续互斥,更新 hc_gjrw
else
  { ch_xtglk.hc_gjrw = 0;              //解除互斥
    ch_xtglk.hc_renwu = 0;
    ch_xtglk.ch_xtzt = ch_yxms;
  }
```

返回申请超时标志:xhl_cs。

④ 任务被信号量激活,那么任务重新申请信号量,并返回申请成功标志:xhl_ok。

9.6 应用实验

本应用实验的程序代码编写在 DRW-XT-09 实例工程的 MAIN 文件中。实验以原理简单、知识容易掌握、重点理解信号量功能的应用方法等要求进行设计。

9.6.1 实验的项目

① 在应用实验中创建 4 个应用任务和 2 个信号量：一个二进制信号量，一个十进制信号量。

② 实验功能：任务使用操作系统信号量功能的 API 函数。

实验中设计了一个时间换算函数，可以把 sj_jsq 中的秒数据换算成分钟数据或小时数据，该函数是一个共享资源，由二进制信号量控制。即任务要使用该函数之前，必须申请控制该函数的信号量，在信号量有效时，任务才可以该时间换算函数。

另外，实验中的十进制信号量用来管理一个数据存储区，信号量的数值代表存储区中可以写入数据的位置，即存储单元的可用数量。任务往存储区写入数据之前，必须先申请十进制信号量，只有在信号量不为 0（有可用存储区）的时候，任务才可以把数据写入存储区中，数据写入由 k1 按键控制。任务从存储区中读出数据后，必须释放信号量，数据读出由 k2 按键控制。如果存储区中有数据，led 指示灯点亮。

9.6.2 应用任务的工作分配

1. 操作系统的 1 号任务（首次任务）执行的工作

① 创建 4 个应用任务。
② 创建 2 个信号量。

2. 2 号任务执行的工作

2 号任务在首次运行时，使用实时令旗把自身转换为实时任务。任务进行秒数据计数。

3. 3 号任务执行的工作

① 任务采用非阻塞式申请（xhl_haoma_1）二进制信号量。
② 当信号量有效时，任务调用时间换算函数，对秒数据转换后得到分钟数据。
③ 时间转换完成后，任务释放二进制信号量。

4. 4 号任务执行的工作

① 任务采用阻塞式申请（xhl_haoma_1）二进制信号量，信号量无效时，任务进入阻塞等待。
② 当信号量有效时，任务调用时间换算函数，对秒数据转换后得到小时数据。
③ 时间转换完成后，任务释放二进制信号量。

5. 5 号任务执行的工作

① k1 按键按时，非阻塞申请十进制信号量，在信号量数值大于 0 时，把分钟寄存器中的数据写入存储区中。
② k2 按键按时，如果存储区中有数据，那么，从存储区中读出一个数据给 CPU 的 P1 端口，同时释放十进制信号量。

③ 存储区中,如果数据的数量不为 0,则点亮 led 指示灯。

9.6.3 本实验的程序代码

```c
#define     hs_m    10              //执行分钟换算
#define     hs_h    20              //执行小时换算
//--
sbit        k1 = P3^2;
sbit        k2 = P3^3;
sbit        led = P3^4;
//--
uc8         k1_bz;
uc8         k2_bz;
uc8         xhl_i;
uc8_xhl     xhl_shuju_i;            // 信号量数据寄存器
uc8_xhl     xhl_haoma_1;            // 信号量号码
uc8_xhl     xhl_haoma_2;
uc8         cz_1;                   // 操作信息
uc8         cz_2;
uc8         cunchu[10];             // 资源数量
//--
uc8         sj_m;                   // 分钟-寄存器
uc8         sj_h;                   // 小时-寄存器
ui16        sj_jsq;                 // 秒计数器
//---声明任务函数---//
void    renwu_2();
void    renwu_3();
void    renwu_4();
void    renwu_5();
//--- 时间换算函数 ---//
uc8 sj_hs(ui16  shu,uc8  hs_lx)
{
    uc8   fen,shi,shuju;
    ui16  hs_shu;
//-- h
    shi = shu/3600;
    hs_shu = shu % 3600;
//-- m
    fen = hs_shu/60;
    switch( hs_lx )
    {
        case  10:
        shuju = fen;
        break;
        case  20:
        shuju = shi;
```

```
        break;
        }
return(shuju);
}


// === MAIN( ) === //
void    main(void)
{
//1:系统初始化
   ch_xt_int();
//2:启动任务
   ch_xt_on();
}

//1:
// --- renwu_1 --- //
void    renwu_1(  )
{
sj_jsq = 0;
sj_m = 0;
sj_h = 0;
while(1)
{
   ch_xjrenwu( 2,renwu_2 );
   ch_xjrenwu( 3,renwu_3 );
   ch_xjrenwu( 4,renwu_4 );
   ch_xjrenwu( 5,renwu_5 );
   xhl_haoma_1 = ch_xj_xhl( xhl_2,  1,&cz_1 );
   xhl_haoma_2 = ch_xj_xhl( xhl_10,10,&cz_2 );
   ch_rwtingzhi( 0 );
   }
}


//2:
// --- renwu_2 --- //
void    renwu_2(  )
{ ch_rwssyx_on();
   while(1)
   {
   sj_jsq++;
   ch_rwys_tk(100);
   }
}

//3:
// --- renwu_3 --- //
void    renwu_3(  )
```

```
{
  while(1)
  {
    if(ch_sy_xhl(xhl_haoma_1) == xhl_ok)
      {
        sj_m = sj_hs( sj_jsq,hs_m );
        ch_sf_xhl(xhl_haoma_1);
      }
    ch_rwys_tk(100);
  }
}


//4:
// --- renwu_4 --- //
void   renwu_4(  )
{ch_rwssyx_on();
while(1)
  {
    if(ch_zssy_xhl(xhl_haoma_1,0) == xhl_ok)
      {
        sj_h = sj_hs( sj_jsq,hs_h );
        ch_sf_xhl(xhl_haoma_1);
      }
    ch_rwys_1s(10);
  }
}


//5:
// --- renwu_5 --- //
void   renwu_5(  )
{xhl_i = 0;
while(1)
{
//
  if(k1 == 0)
  { if(k1_bz == 0)
    { k1_bz = 0xff;
      xhl_shuju_i = ch_sy_xhl(xhl_haoma_2);
      if(xhl_shuju_i != xhl_no)
        {
          cunchu[xhl_i] = sj_m;
          xhl_i ++ ;
        }
    }
  }
  else
  { k1_bz = 0;}
```

```
       //
          if(k2 == 0)
          { if(k2_bz == 0)
             { k2_bz = 0xff;
                if(xhl_i>0)
                {
                   xhl_i -- ;
                   P1 = cunchu[xhl_i];
                   ch_sf_xhl(xhl_haoma_2);
                }
             }
          }
          else
           { k2_bz = 0;}
       //
          if(xhl_i>0)
           { led = 0;}
          else
           { led = 1;}
          ch_rwys_tk(20);
       }
    }
```

总　结

本章节内容主要是构建 RW/CZXT-1.0 小型嵌入式操作系统的信号量功能模块,涉及的知识比较多,主要如下:

① 简要描述操作系统中任务运行的协调机制:任务的同步和通信。
② 对信号量的作用进行说明,并设计了两个简单的实例,加深对信号量的理解。
③ 对 RW/CZXT-1.0 小型嵌入式操作系统中信号量的类型进行讲解。
④ 建立信号量的数据结构:宏变量、信号量控制块,并详细说明数据结构中的功能作用。
⑤ 构建信号量的功能函数。
  ● 内部操作函数:阻塞等待登记;阻塞等待删除;激活阻塞等待的任务;
  ● 应用 API 函数:新建一个信号量;非阻塞申请信号量;阻塞申请信号量;释放信号量;阻塞申请互斥信号量。

在信号量的应用 API 函数设计中,涉及解决实时任务运行过程中因资源竞争而出现优先级反转的情况,所以应重点、认真理解阻塞式申请互斥信号量应用函数的设计思路和设计方法。在该函数中,除了阻塞申请任务之外,还实现防止优先级反转功能,体现较高的实时任务管理功能,该设计方法与其他嵌入式操作系统有很大的区别。

⑥ 通过一个应用实验,简单说明 RW/CZXT-1.0 小型嵌入式操作系统中信号量功能的使用方法,实现把信号量功能应用于实验项目中。

第 10 章

邮箱设计

本章重点：
构建 RW/CZXT-1.0 小型嵌入式操作系统的第八步：建立消息邮箱功能模块。
- 建立消息邮箱的数据结构。
- 建立消息邮箱的应用 API 函数。

消息邮箱是 RW/CZXT-1.0 小型嵌入式操作系统的事件资源，是任务同步和通信的重要机制之一，其主要作用如下：

① 任务与任务之间相互传递数据。任务可以通过邮箱向其他任务传递消息，或者任务自身接收其他任务传递的消息。任务使用邮箱可以传递一条消息，邮箱是一个单消息传递的事件资源。

② 协调任务相互之间的同步活动。任务可以通过邮箱控制其他任务的运行活动，或者任务自身的运行活动由其他任务通过邮箱来控制。

首先，需要了解消息邮箱的一些基本概念。

1. 消　息

消息，是邮箱要保存的数据，即任务发给邮箱的数据，该数据一般是一个指针数据。消息是缓冲存储区的地址，该地址数据一般由一个指针变量来取得。消息不是缓冲存储区存储的数据，保存在缓冲存储区中的数据不能当作消息发送给邮箱。

变量，数组，结构体等全局变量都可以作为消息缓冲存储区，所以缓冲存储区可以是不同类型的对象。

2. 消息传递

任务把消息传入邮箱：

任务运行中产生的数据先存入缓冲存储区中，再用指针取得该缓冲存储区的地址之后，把指针变量中的数据（地址）传给邮箱。

任务从邮箱中取出消息：

任务把邮箱中的消息读出后，保存在一个指针变量中，再通过该指针对缓冲存储区中的数据进行处理（读出、运算、修改、存入等）。

图 10.1 所示是两个任务之间进行消息传递的模式。消息传递，实际就是传递指针变量中

的数据(地址)，也就是缓冲存储区的地址，任务可以通过该消息指针对缓冲存储区中的数据进行处理。

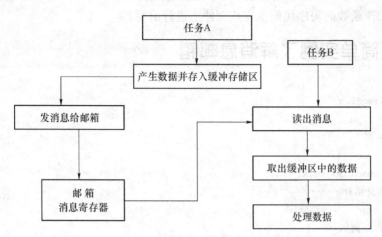

图 10.1　任务之间进行消息传递的模式

3．邮　箱

邮箱，可以看作是消息寄存器，邮箱存储的就是消息，该消息就是缓冲存储区的地址，所以，邮箱并不是存储缓冲存储区中保存的数据。

4．指针类型转换

由于数据缓冲存储区可以存在着多种数据类型，所以邮箱的消息寄存器必须是一个空类型的指针变量，空类型的指针可以指向不同数据类型的对象，所以不管缓冲存储区是何种数据类型，邮箱都可以存入其首地址。

指针传递过程的类型转换：

① 非空类型的指针数据传入邮箱。定义一个与消息缓冲存储区的数据类型相同的指针，使该指针指向消息缓冲存储区后，把指针发送给邮箱，那么，传入的指针是非空类型的指针，该指针数据进入邮箱后变成空类型指针数据。

② 读出空类型的指针数据。从邮箱中读出的消息是一个空类型的指针数据，该空类型指针也是指向缓冲存储区，但是该指针的数据类型与缓冲存储区的数据类型是不一样(不对应)的，通过该指针是无法准确对消息缓冲存储区进行操作。为了能够准确对缓冲存储区进行操作，必须把该空类型指针进行类型转换或者把空类型指针数据存入一个与缓冲存储区数据类型相同的指针变量中。

其中，消息队列和内存管理同样存在指针类型转换的情况，必须认真理解。指针使用中一个重要的原则就是：指针的数据类型必需与其指向对象的数据类型相同，如一个是 ui16 数据类型的变量，通过一个指针对该变量进行操作(取数据，存数据)，那么该指针的数据类型也必须是 ui16。有关指针应用的详细知识，请参考其他一些 C 语言应用书籍。

建立工程文件：

在 DRW－XT－009 工程实例的基础上，建立另外一个工程实例 DRW－XT－010，并为 DRW－XT－010 实例工程新建一个源程序文件：XT－XXYX.C。该文件为操作系统的邮箱功能文件，把该文件保存在 DRW-XT-010 实例工程中。同时，在 RW-CZXT-1.0 文件中采用 include "XT-XXYX.C"语句把邮箱功能文件加入到工程中，以便一起进行编译。系统邮箱功能的 API 函数的程序代码就在该文件上进行编写。

10.1 从简单实例了解消息邮箱

```
#include"reg52.h"
sbit    k1 = P1^4;
sbit    k2 = P1^5;
unsigned   char    i;
unsigned   char    k1_bz,k2_bz;
//----消息指针----//
unsigned   char    * xiaoxi;
//---数据存储区---//
unsigned   char    xiaoxi_buf_1[10];
unsigned   char    xiaoxi_buf_2[10];
///---- 邮箱 ----///
void                * youxiang;
//----消息传入----//
void    xiaoxi_in( void * in )
{
   youxiang = in;
}
//----消息读出----//
void  *   xiaoxi_out( void )       //是一个指针函数
{
void * xiaoxi_sj;
if(youxiang!=(void *)0)
   { xiaoxi_sj = youxiang;
     youxiang = (void *)0;
     return(xiaoxi_sj);
   }
else
   { return((void *)0);}
}


//----MAIN 函数----//
void    main( void )
{
i = 0;
k1_bz = 0;
k2_bz = 0;
for(;;)
   {
```

// ------------ 传入消息 ------------ //
```
    if( k1 == 0)
     { if(k1_bz == 0x00)
       { k1_bz = 0xff;
          if(i<9)
          {i++;
           xiaoxi_buf_1[i] = i; }
          else
          {i = 0;}
          xiaoxi_in( xiaoxi_buf_1 );
       }
     }
     else
     { k1_bz = 0x00;}
```
// ------------ 读出消息 ------------ //
```
    if( k2 == 0)
     { if(k2_bz == 0x00)
       { k2_bz = 0xff;
          xiaoxi = xiaoxi_out( );
          if(xiaoxi != (void *)0)
          {xiaoxi_buf_2[i] = *(xiaoxi + i);}
       }
     }
     else
     { k2_bz = 0x00;}
    }
}
```

　　在实例中，用一个指针变量 youxiang 来作为邮箱，用两个数组来作为缓冲存储区。同时，建立两个函数：

　　① 一个为消息传入邮箱中的函数 void　xiaoxi_in(　void * in)。

　　② 一个为从邮箱中读出消息的函数 void　*　xiaoxi_out(void)。

　　用指针变量 xiaoxi 作为消息指针。

　　在主程序中，实现两个功能：

　　① 检测按键 k1 的状态，按键按下时，改变变量 i 中的数据，并把 i 中的数据保存在缓冲存储区 xiaoxi_buf_1[i]中，同时，给邮箱发送消息（数组 xiaoxi_buf_1 的首地址）。

　　② 检测按键 k2 的状态，按键按下时，从邮箱中读出消息，并把该消息赋给消息指针 xiaoxi。如果邮箱中有消息被读出，该消息就是数组 xiaoxi_buf_1 的首地址，那么，通过消息指针从 i 指向的位置中取出数据，把该数据存入数组 xiaoxi_buf_2 中下标号对应于 i 的位置中。假如 i 等于 2 的话，有 xiaoxi_buf_2[2]＝*(xiaoxi＋2)，实际等于下式：xiaoxi_buf_2[2]＝xiaoxi_buf_1[2]。

　　从该实例中可以得出：

　　① 邮箱是用来保存消息，消息就是一个地址数据。

② 邮箱实际上就是一个指针变量。
③ 消息是经过邮箱来进行传递的。
④ 邮箱一次只能传递一个消息。

10.2　邮箱的数据结构

每一个邮箱,都具有一个唯一的数据结构,该数据结构就是邮箱管理控制块。RW/CZXT-1.0 操作系统中,采用类型结构体来定义邮箱的控制块,控制块中包含有邮箱创建标志、消息寄存器、等待任务表和等待队列等。

这些数据结构的作用是:作为邮箱应用 API 函数内部功能操作的对象。

10.2.1　有关邮箱的宏定义标志

1. 空号和空消息标志

```
#define    yx_kong       (void *)0
#define    yx_kh         0xff
```

yx_kong:表示邮箱中没有消息,邮箱为空邮箱。

yx_kh:在创建邮箱的时候,如果创建失败,将返回此空号标志。

2. 消息发送方式

```
#define    yx_jc         0x0f
#define    yx_qz         0xf0
```

yx_jc:采用检查的方式把消息发给邮箱。如果邮箱中有消息,则不把消息发给邮箱,如果邮箱中没有消息,则把消息发给邮箱。

yx_qz:采用强制的方式把消息发给邮箱。不管邮箱中有没有消息,都把消息发给邮箱。

3. 操作信息标志

```
#define    yx_no         0x0e
#define    yx_cs         0xe0
#define    yx_ok         0xee
```

yx_no:创建邮箱,发送,读取操作失败标志。

yx_cs:超时标志;

yx_ok:创建邮箱,发送,读取操作成功标志。

4. 邮箱的参数配置

```
#define    ch_yx_en      1
#define    ch_yx_zs      8
```

ch_yx_en：使能邮箱功能;如配置为 1 :邮箱功能有效,为 0 则无效。

ch_yx_zs：配置邮箱的数量,也即邮箱控制块的数量;如配置为 8 ,则表示可以创建 8 个邮箱。

10.2.2 定义邮箱控制块

1. 定义一个新类型结构体

形式如下：

```
typedef    struct   youxing
{
//--创建标志
  uc8    yx_bz;
//--消息指针
  void   *  yx_xiaoxi;
//--实时任务等待表
  uc8    yx_ssrwb;
//--普通任务等待队列
  uc8    yx_dlbz;
  uc8    yx_rwdl[ch_rwzs];
}CH_YX;
```

2. 用新类型结构体定义一个结构体数组

形式如下：

```
CH_YX   xdata   xxyx_zu[ch_yx_zs];
```

数组的长度由 ch_yx_zs 参数配置，数组的每一个元素都是一个 CH_YX 类型的结构体。系统中，每创建一个邮箱，就要使用该数组的一个元素来作为邮箱的控制块。

3. 结构体中各个成员的作用

（1）邮箱创建标志：yx_bz

如果该控制块已经被邮箱使用，那么该标志 xxyx_zu[号码].yx_bz ＝ ch_sjsy_on；否则 xxyx_zu[号码].yx_bz＝ch_sjsy_off。

（2）消息寄存器：yx_xiaoxi

该成员是一个空类型的指针变量，用来存储任务发来的消息。

（3）实时任务等待表：yx_ssrwb

实时任务等待表，是用来登记要阻塞等待的实时任务。

（4）普通任务等待队列及其标志：

等待标志：yx_dlbz

如果队列中有登记等待的任务，那么该标志为 0xff，如果队列中没有登记等待的任务，那么该标志为 0x00。

等待队列：yx_rwdl[ch_rwzs]

要等待邮箱消息的普通任务，登记在等待队列中。

4. 邮箱号码与邮箱控制块数组元素之间的对应关系

假如系统配置了 8 个邮箱，则其对应关系如下：

```
0 号邮箱：    数组 0 号元素 xxyx_zu[ 0 ]
1 号邮箱：    数组 1 号元素 xxyx_zu[ 1 ]
2 号邮箱：    数组 2 号元素 xxyx_zu[ 2 ]
3 号邮箱：    数组 3 号元素 xxyx_zu[ 3 ]
4 号邮箱：    数组 4 号元素 xxyx_zu[ 4 ]
5 号邮箱：    数组 5 号元素 xxyx_zu[ 5 ]
6 号邮箱：    数组 6 号元素 xxyx_zu[ 6 ]
7 号邮箱：    数组 7 号元素 xxyx_zu[ 7 ]
```

可以看出，数组的元素号就是邮箱的号码，这样的设计，主要是方便于进行理解，方便于进行操作，邮箱的号码由邮箱创建函数自动取得并返回给用户使用。

10.2.3 初始化邮箱控制块

在系统的初始化文件中，对邮箱控制块进行初始化的程序代码如下：

```
for(i = 0;i<ch_yx_zs;i++)
{
  xxyx_zu[i].yx_bz = ch_sjsy_off ;
  xxyx_zu[i].yx_xiaoxi = yx_kong ;
  xxyx_zu[i].yx_ssrwb = 0;
  xxyx_zu[i].yx_dlbz = 0x00;
  for(j = 0;j<ch_rwzs;j++)
    { xxyx_zu[ i ].yx_rwdl[ j ] = 0;}
}
```

初始化后，邮箱的控制块处于如下状态：
① 控制块未被邮箱使用。
② 消息寄存器中的消息为空，即没有任何消息。
③ 等待表和等待队列都为 0，没有等待的任务。

10.3 邮箱的应用函数设计

邮箱的数据结构建立之后，邮箱要实现怎样的功能？这些功能怎样提供给用户使用呢？实现的途径就是为用户提供邮箱的应用 API 功能函数。

RW/CZXT－1.0 小型嵌入式操作系统中，邮箱的应用 API 功能函数如下：

① 创建邮箱。使用该函数，可以在系统中创建邮箱，如果没有先创建的话，用户任务是不能使用邮箱及其应用 API 函数。

② 阻塞式读邮箱。当邮箱中没有消息的时候，申请的任务会进入阻塞等待状态，可以有

两种选择:任务阻塞一定的时间后,如果仍读不到消息,则任务在超时的情况下被激活;任务处于无限时阻塞状态,直到邮箱有消息时才把任务激活。

③ 非阻塞式读邮箱。任务读邮箱的时候,不管邮箱中有没有消息,任务都不会进入阻塞等待状态。

④ 发消息给邮箱。任务产生的数据存入缓冲存储区后,可以把缓冲存储区的地址作为消息发给邮箱,消息发送之后,激活正在等待消息的任务,并进行一次任务调度。

10.3.1 内部操作函数

在邮箱的数据结构中,已经建立了实时任务等待表和普通任务等待队列。等待表、队列的相关操作就是由邮箱功能的内部操作函数来完成,主要有 3 个:

① 任务阻塞等待登记。
② 清除阻塞等待登记。
③ 激活正在等待的任务。

内部操作函数不属于应用 API 功能函数,只能被应用 API 功能函数调用。操作函数执行的时候,对于实时任务,同样使用等待表操作数组和等待表任务号提取数组。

这 3 个操作函数的工作原理与操作方法,与信号量的 3 个内部操作函数相同。

1. 任务阻塞等待登记

如果任务采用阻塞式读某个邮箱,当该邮箱中没有消息时,读邮箱的任务就会进入阻塞等待状态。任务阻塞后,系统会检查任务的类型,根据任务的类型把任务登记在该邮箱相对应的等待表或等待队列中:实时任务登记在邮箱的实时任务等待表中,普通任务登记在邮箱的等待队列中。

系统用一个专用的函数来实现把阻塞等待的任务登记在邮箱的等待表或等待队列中,函数的程序代码如下:

```
void  yx_dengdai_dj( uc8 yx_hao,  //传入邮箱的号码
                    uc8  rwhao   //传入任务的号码
                    )
{
  uc8   wei;
#if   ch_rwssyx_en == 1
  if( ch_rwk[rwhao].rwlx == ch_ssrw_on)
   {
     xxyx_zu[yx_hao].yx_ssrwb |= ch_dd_czb[rwhao - 2];
     return;
   }
#endif
  if( ch_rwk[rwhao].rwlx == ch_ssrw_off)
   {
     for(wei = 0;wei< ch_rwzs;wei++)          //在等待队列中登记,
      {
```

```
        if(xxyx_zu[yx_hao].yx_rwdl[wei] == 0)
          {
            xxyx_zu[yx_hao].yx_rwdl[wei] = rwhao;
            xxyx_zu[yx_hao].yx_dlbz = 0xff;
            wei = ch_rwzs;
          }
        }
      }
    }
```

2. 清除阻塞等待登记

出现以下两种情况时,系统会把阻塞等待的任务从邮箱的等待表或等待队列中删除:

① 当有任务发送消息给邮箱之后,系统会检查该邮箱的等待表或等待队列,如果有任务正在等待该邮箱的消息,系统会激活一个等待任务,并把该任务从邮箱的等待表或等待队列中清除。

② 如果任务在限定的时间内没有读到消息,系统会把阻塞等待时间已完成的任务从邮箱的等待表或等待队列中清除。

系统用一个专用的函数来实现把阻塞等待的任务从邮箱的等待表或等待队列中清除,函数的程序代码如下:

```
void    yx_dengdai_qc(  uc8   yx_hao, //传入邮箱的号码
                        uc8   rwhao   //传入任务的号码
                     )
{
  uc8  xin;
  uc8  jiu;
  uc8  wei;
#if  ch_rwssyx_en == 1
  if( ch_rwk[rwhao].rwlx == ch_ssrw_on)
   {
      xxyx_zu[yx_hao].yx_ssrwb &= ~ch_dd_czb[rwhao-2];
      return;
   }
#endif
  if( ch_rwk[rwhao].rwlx == ch_ssrw_off)
   {
//-------清除登记
      for(wei=0;wei< ch_rwzs;wei++)
       {if(xxyx_zu[yx_hao].yx_rwdl[wei] == rwhao)   //查找相应的任务号
         {
           xxyx_zu[yx_hao].yx_rwdl[wei] = 0;
           wei = ch_rwzs;
         }
       }
```

```
//------调整等待队列
    for(xin = 0,jiu = 0;jiu< ch_rwzs;jiu++)
     {
       if(xxyx_zu[yx_hao].yx_rwdl[jiu]!= 0)
        { xxyx_zu[yx_hao].yx_rwdl[xin] = xxyx_zu[yx_hao].yx_rwdl[jiu];
          xin++;
        }
       if((jiu == ch_rwzs - 1)&&(xin<jiu))
        { xxyx_zu[yx_hao].yx_rwdl[jiu] = 0 ;}
     }
    if(xxyx_zu[yx_hao].yx_rwdl[0] == 0)
     { xxyx_zu[yx_hao].yx_dlbz = 0x00;}
  }
}
```

3. 激活正在等待的任务

当有任务发送消息给邮箱之后,系统会检查该邮箱的等待表或等待队列,如果有任务正在等待消息,系统会激活等待的任务,并把已经激活的任务登记在就绪表或优先运行队列中,同时把任务从邮箱的等待表或等待队列中清除。

系统用一个专用的函数来实现激活邮箱的等待表或等待队列中的等待任务,函数的程序代码如下:

```
void  yx_jihuo_rw( uc8  yx_hao )
{
uc8  xin;
uc8  jiu;
uc8  rwhao;
#if  ch_rwssyx_en == 1
uc8  shuju;
#endif
//---实时任务
#if  ch_rwssyx_en == 1
if( xxyx_zu[yx_hao].yx_ssrwb != 0 )
  {
    shuju = xxyx_zu[yx_hao].yx_ssrwb;
    if((shuju & 0x0f)!= 0)
     { rwhao = ch_dd_rwb[shuju&0x0f] + 2;}
    else
     {
       shuju = xxyx_zu[yx_hao].yx_ssrwb;
       rwhao = ch_dd_rwb[shuju>>4] + 6;
     }
    yx_dengdai_qc( yx_hao, rwhao );
    ch_rwk[rwhao].rwys = 0;
    ch_jxbdengji(rwhao);
```

```
            return ;
        }
    #endif
//---普通任务
    if( xxyx_zu[yx_hao].yx_dlbz == 0xff)
     {
        rwhao = xxyx_zu[yx_hao].yx_rwdl[0]; //取出队头任务
//---调整队列
        if(xxyx_zu[yx_hao].yx_rwdl[0] != 0)
         {
            for(jiu = 1,xin = 0;jiu< ch_rwzs;jiu ++ )
             {
                xxyx_zu[yx_hao].yx_rwdl[ jiu - 1 ] = 0;
                if(xxyx_zu[yx_hao].yx_rwdl[jiu]!= 0)
                 {
                    xxyx_zu[yx_hao].yx_rwdl[xin] = xxyx_zu[yx_hao].yx_rwdl[jiu];
                    xin ++ ;
                 }
                if(jiu == ( ch_rwzs - 1))
                 { xxyx_zu[yx_hao].yx_rwdl[jiu] = 0; }
             }
            if(xxyx_zu[yx_hao].yx_rwdl[0] == 0)
             { xxyx_zu[yx_hao].yx_dlbz = 0x00;}
         }
//---任务就绪
        ch_rwk[rwhao].rwys = 0;
        ch_sj_yxbdengji(rwhao);
     }
 }
```

10.3.2 创建邮箱

RW/CZXT-1.0 小型嵌入式操作系统中,建立一个专用功能函数,用该函数来创建邮箱。未经创建的邮箱,是不可用的,函数成功创建邮箱后,将返回邮箱的号码,如果创建失败,将设置错误信息,并返回空号。

函数为:

```
uc8_yx   ch_xj_xxyx(
                    void   * xiaoxi,      // 消息传入
                    uc8    *  czxx        // 操作标志
                    )
```

函数的参数说明:
① xiaoxi 是一个指针参数,传入一个指针数据。

② czxx　　　是一个指针参数,传入操作信息寄存器的地址。

函数实现的功能:

① 为新建的邮箱申请一个控制块。

② 设置邮箱控制块。

③ 返回新建的邮箱的号码。

1. 函数的内部工作流程

由于采用专用的函数来实现创建邮箱这项功能,图10.2所示是根据该函数要实现的功能而设计的程序工作流程。

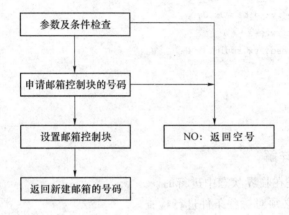

图 10.2　创建邮箱的功能函数的程序工作流程

2. 函数的程序代码

```
uc8_yx    ch_xj_xxyx(
                     void * xiaoxi,              // 消息传入
                     uc8 *  czxx                 // 操作信息
                     )
{
  uc8          i;
  uc8       yx_hao;

  if(czxx == (void *)0)
   {  return(yx_kh); }
  if(ch_xtglk.ch_zdzs!= 0)
    {
     * czxx = yx_no;
       return(yx_kh); }


  EA = ch_zd_off;
  yx_hao = 0;
  for(i = 0;i<ch_yx_zs;i++)                      //自动取得邮箱号码
    {
      if(xxyx_zu[i].yx_bz == ch_sjsy_off)
```

```
    { yx_hao = i ;
      i = ch_yx_zs ; }
  if((i == (ch_yx_zs - 1))&&(yx_hao == 0))
    { * czxx = yx_no ;
      EA = ch_zd_on ;
      return(yx_kh);      }                              //没有可用的邮箱控制块
  }
  xxyx_zu[yx_hao].yx_bz = ch_sjsy_on;
  xxyx_zu[yx_hao].yx_xiaoxi = xiaoxi ;
  xxyx_zu[yx_hao].yx_ssrwb = 0 ;
  xxyx_zu[yx_hao].yx_dlbz = 0x00;
  for(i = 0;i<ch_rwzs;i++)
    { xxyx_zu[yx_hao].yx_rwdl[i] = 0;}
  * czxx = yx_ok ;
  EA = ch_zd_on ;
  return(yx_hao);
}
```

3. 函数工作原理详解

函数的相关操作是在临界状态中进行的。

① 函数执行之前必须对一些条件进行检查。

- 是否有指定操作信息存放的寄存器,如果没有,则不能创建邮箱,返回空号。因为此时指针 czxx 是指向 0x0000 或其他不确定的存储地址,如果此地址为系统中其他变量的地址,则函数执行后,会破坏此地址中的数据,这是系统不允许的。
- 检查中断嵌套计数器,操作系统不允许在中断服务中创建邮箱。

② 为新建的邮箱申请一个控制块。系统中,创建的邮箱,必须有一个唯一的控制块对其进行管理。申请控制块,就是取得邮箱控制块数组中空闲的元素,并取出这个元素的元素号作为新建邮箱的号码。由语句实现。

```
if(xxyx_zu[i].yx_bz == ch_sjsy_off)
  { yx_hao = i ;
    i = ch_yx_zs ; }
```

如果邮箱控制块数组中没有空闲的元素可用,则设置信息 * czxx = yx_no 为邮箱创建失败,并返回空号。

```
if((i == (ch_yx_zs - 1))&&(yx_hao == 0))
  { * czxx = yx_no ;
    EA = ch_zd_on ;
    return(yx_kh)
  }
```

③ 为新建邮箱申请到控制块后,该控制块就是管理这个邮箱的控制块,那么要把该控制块设置为已经创建的状态,并把传入的消息存储在消息寄存器中。同时清空该控制块的等待表和等待队列,因为新建邮箱的时候,是没有等待任务的。

④ 邮箱控制块的设置工作完成后,设置信息 * czxx＝yx_ok 为创建成功,并返回创建邮箱的号码。

4. 函数的使用例子

在系统中创建一个邮箱的方法：
① 先定义一个邮箱号码寄存器和一个操作信息寄存器。
② 并定义一个消息缓冲存储区和一个指向存储区的消息指针。

把创建的邮箱的号码保存在邮箱号码寄存器中,并把消息指针传入邮箱中。当然,创建邮箱的时候,也可以传入空消息。

全局变量：

```
uc8_yx    xxhao;          //邮箱号
uc8_yx    err;            //操作信息寄存器
uc8       shu[5];         //消息缓冲区
uc8_yx    * xx;           //消息指针
创建邮箱的任务：
void   renwu_1()
{   xx = shu;             //取得消息
    while(1)
    {
      ch_xjrenwu( 2 , renwu_2 );
      ch_xjrenwu( 3 , renwu_3 );
//创建一个邮箱
      xxhao = ch_xj_xxyx( xx , &err );
//任务自行挂起
      ch_rwtingzhi( 0 );
    }
}
```

邮箱创建后,邮箱中的消息就是缓冲区(数组 shu[5])的首地址,邮箱的号码保存在 xxhao 邮箱号码寄存器中。

10.3.3　发消息给邮箱

RW/CZXT－1.0 小型嵌入式操作系统中,建立一个专用功能函数来实现把消息发送到邮箱中,该函数具有清空邮箱的功能。

函数如下：

```
void   ch_fs_xxyx(
            uc8     yx_hao,      // 邮箱号
            uc8     dj_fs ,      // 发送方式
            void    * xiaoxi     // 消息
                  ) reentrant
```

函数的参数说明如下：
① yx_hao   传入邮箱的号码，指定邮箱。
② dj_fs   传入发送方式，实现按指定方式把消息发给邮箱。
③ xiaoxi   是一个空类型指针，用来传入一个指针数据，即传入消息。
函数实现的功能：
① 如果传入空消息，则清空邮箱。
② 按指定方式把消息送入邮箱中。
③ 检查是否有等待任务，如果有，激活等待任务后，进行任务调度。
函数的工作环境：任务工作环境，中断服务环境。
系统允许在任务函数中使用该函数发送消息给邮箱，也允许在中断服务函数中使用该函数发送消息给邮箱。该函数是一个可重入函数。

1. 函数的内部工作流程

由于采用专用的函数来实现发消息给邮箱这项功能，图 10.3 所示是根据该函数要实现的功能而设计的程序工作流程。

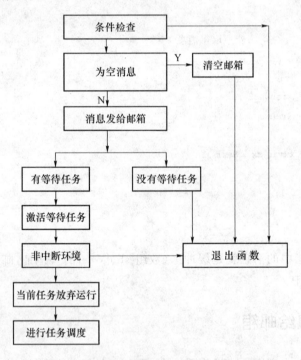

图 10.3 发消息给邮箱的功能函数的程序流程

2. 函数的程序代码

```
void  ch_dengji_xxyx(
           uc8    yx_hao,      // 邮箱号
           uc8    dj_fs,       // 登记方式
           void * xiaoxi       // 消息
                )  reentrant
```

```
{
   if(xxyx_zu[yx_hao].yx_bz!= ch_sjsy_on)
     {return;}
   EA = ch_zd_off;
   if(xiaoxi == yx_kong)              //清空邮箱消息
     { xxyx_zu[yx_hao].yx_xiaoxi = yx_kong;
       EA = ch_zd_on;
       return;
     }
//--------------------                //有消息传入
   if(dj_fs == yx_jc)                 //检查后登记
     {
       if(xxyx_zu[yx_hao].yx_xiaoxi == yx_kong)
         { xxyx_zu[yx_hao].yx_xiaoxi = xiaoxi;}
       else
         { EA = ch_zd_on;return;}
     }

   if(dj_fs == yx_qz) //强制性登记
     { xxyx_zu[yx_hao].yx_xiaoxi = xiaoxi;}

   if((xxyx_zu[yx_hao].yx_ssrwb!= 0)||
       (xxyx_zu[yx_hao].yx_dlbz == 0xff))
     {
       yx_jihuo_rw( yx_hao );                   //激活等待任务,清除等待登记
       if(ch_xtglk.ch_zdzs == 0)                //非中断环境
         {
           if(ch_rwk[ch_xtglk.yxhao].rwlx == ch_ssrw_off)
             {ch_sj_yxbdengji(ch_xtglk.yxhao);} //当前任务放弃运行
           ch_xtglk.ch_rwsjzs = 0;              //时间片清零
           ch_rwtd();                           //进行任务调度
         }
     }
   EA = ch_zd_on;
}
```

3. 函数工作原理详解

函数的相关操作是在临界状态中进行。
① 函数执行之前必须对条件进行检查,主要有:指定的邮箱未创建,函数停止操作。
② 检查传入的消息。
空消息:则执行清空邮箱操作后退出函数。
有消息:按照指定的方式,把消息存入邮箱中。
- 检查后再存入消息,如果邮箱中有消息,则不存入消息,如果邮箱没有消息,则把消息存入邮箱中。

● 强制存入消息,不管邮箱中有没有消息,都把消息存入邮箱中。
③ 检查邮箱控制块的等待表和等待队列。
没有等待任务,则直接退出函数。
有等待任务,则进行如下操作:
● 激活等待的任务。调用内部操作函数 yx_jihuo_rw(yx_hao) 把等待消息的任务激活。
● 如果当前是中断服务环境,则退出函数,否则继续执行如下操作:
当前任务放弃运行,如果当前任务是普通任务,则把任务登记在优先运行队列中。如果是实时任务,其就绪登记状态继续保持(无须再登记)。
清除时间片后进行任务调度:因为激活的任务有可能是高级实时任务,为保证系统的实时性,此时必须进行任务调度。

4. 函数的使用方法

使用上例中的邮箱进行说明。
全局变量:

```
uc8_yx    xxhao;        //邮箱号
uc8_yx    err;          //操作信息寄存器
uc8       shu[5];       //消息缓冲区
uc8_yx    * xx;         //消息指针
```
给邮箱发送消息的任务:
```
void   renwu_2()
{
   while(1)
   {
     ch_fs_xxyx( xxhao, yx_qz, xx );
     ch_rwys_tk( 100 );
   }
}
```

ch_fs_xxyx(xxhao, yx_qz, &err)函数执行时,实现强制性把消息送入 xxhao 指定的邮箱中。

10.3.4 阻塞式读邮箱

任务采用阻塞式读邮箱时,如果邮箱中没有消息,那么任务将进入阻塞等待状态。阻塞等待可以限定等待的时间,也可以是无限时等待。如果邮箱中有消息,那么任务读出消息后继续运行。RW/CZXT-1.0 小型嵌入式操作系统中,建立一个专用功能函数来实现任务阻塞式读邮箱消息的功能。

函数如下:

```
void  *  ch_zsdu_xxyx(
                uc8    yx_hao,    // 邮箱号码
```

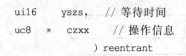

第 10 章 邮箱设计

```
                   ui16    yszs,      // 等待时间
                   uc8  *  czxx       // 操作信息
                                 ) reentrant
```

该函数是一个指针函数,函数成功执行后,将返回一个指向缓冲存储区的指针,即缓冲存储区的首地址是保存在该返回指针中。函数返回的指针是一个空类型指针,必须把返回的指针数据存入另外一个数据类型与缓冲存储区数据类型相同的指针中,否则在使用的时候需要进行指针类型强制转换,这样才能保证可以准确对缓冲存储区进行操作。

函数的参数说明:
① yx_hao:用来传入邮箱的号码。
② yszs:用来传入任务要阻塞等待的时间,如果为 0,则表示是无限等待。
③ czxx:是一个 uc8 类型指针,用来传入操作信息寄存器的地址。

函数实现的功能:
① 检查邮箱中是否有消息。
● 有消息,读出邮箱消息。
● 无消息,使读邮箱的任务进入阻塞等待。
② 任务重新运行后,检查任务的激活方式。
● 任务被超时激活,则清除原来的等待登记,任务不再等待邮箱的消息。
● 任务被邮箱激活,再次检查邮箱中是否有消息,如果有消息,读出消息,如果无消息,返回空消息,本次读邮箱失败。

函数的工作环境:任务工作环境。

系统允许任务使用该函数读邮箱中的消息,不允许在中断服务函数(不是一个任务)中使用该函数读邮箱中的消息。

1. 函数内部工作流程

由于采用专用的函数来实现阻塞式读(申请)邮箱消息这项功能,图 10.4 所示是根据该函数要实现的功能而设计的程序工作流程。

2. 函数的程序代码

```
void * ch_zsdu_xxyx(
                   uc8    yx_hao,    // 邮箱号码
                   ui16   yszs,      // 等待时间
                   uc8 *  czxx       // 操作信息
                                ) reentrant
{
  void * yx_shuju;
  if(czxx == (void *)0)
    { return(yx_kong) ; }
if( (ch_xtglk.ch_zdzs!=0)||
        (xxyx_zu[yx_hao].yx_bz!=ch_sjsy_on))
      { *czxx = yx_no;
         return(yx_kong); }
EA = ch_zd_off;
```

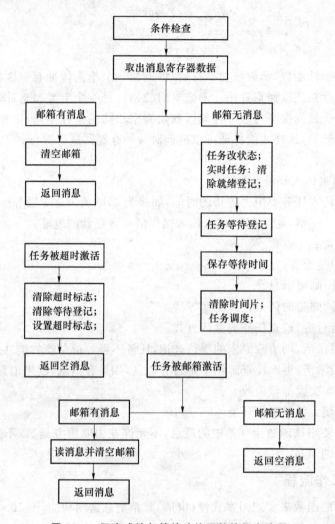

图 10.4　阻塞式读邮箱的功能函数的程序流程

```
    yx_shuju = xxyx_zu[yx_hao].yx_xiaoxi;
    if(yx_shuju!= yx_kong)    // 邮箱中有消息
     {
       xxyx_zu[yx_hao].yx_xiaoxi = yx_kong;
       * czxx = yx_ok;
       EA = ch_zd_on;
       return(yx_shuju);     // 返回消息
     }
    else //------------------ // 邮箱中无消息,当前任务进入阻塞等待
     {
       ch_rwk[ch_xtglk.yxhao].rwzt = ch_dengdai_yx; //任务状态为等待消息邮箱
       ch_rwk[ch_xtglk.yxhao].rwcs = ch_dengdai_cs_off;
  #if  ch_rwssyx_en == 1
       if(ch_rwk[ch_xtglk.yxhao].rwlx == ch_ssrw_on)
         {  ch_jxbqingchu( ch_xtglk.yxhao );  }  //实时任务需清除就绪登记
```

```
#endif
    yx_dengdai_dj( yx_hao, ch_xtglk.yxhao );    //等待登记
    ch_rwk[ch_xtglk.yxhao].rwys = yszs;
    ch_xtglk.ch_rwsjzs = 0;        //时间片清零
    ch_rwtd();                      //进行任务调度
  }
//--- 等待超时
    EA = ch_zd_off;
    if(ch_rwk[ch_xtglk.yxhao].rwcs == ch_dengdai_cs_on) //申请超时
      {
        ch_rwk[ch_xtglk.yxhao].rwcs = ch_dengdai_cs_off;//清除超时标志
        yx_dengdai_qc( yx_hao ,ch_xtglk.yxhao );        //清除等待
         *czxx = yx_cs;
        EA = ch_zd_on;
        return( yx_kong );//读消息超时,返回空消息
      }
//--- 邮箱有消息,任务被激活
    if(xxyx_zu[yx_hao].yx_xiaoxi!= yx_kong)     // 邮箱中有消息
      {
        yx_shuju = xxyx_zu[yx_hao].yx_xiaoxi;   // 取出消息
        xxyx_zu[yx_hao].yx_xiaoxi = yx_kong;    // 清空邮箱
         *czxx = yx_ok;
        EA = ch_zd_on;
        return( yx_shuju );    //返回消息
      }
    else
      { *czxx = yx_no;
        EA = ch_zd_on;
        return( yx_kong );      //结束读消息
      }
}
```

3. 函数工作原理详解

函数的相关操作是在临界状态中进行的。

① 函数执行之前必须对条件进行检查,主要有以下几方面:
- 没有指定操作信息寄存器,不允许读邮箱。
- 不允许在中断服务中采用阻塞式读邮箱。
- 指定的邮箱未创建,不允许读邮箱。

条件不具备的时候,设置操作信息并返回空消息。

② 先取出消息寄存器的数据存入局部指针变量中,再采用 if 条件语句进行检查。
- 邮箱有消息,清空邮箱,以便邮箱可以再接收消息,返回读出的消息。
- 邮箱无消息,使读邮箱的任务进入阻塞等待,操作如下:
    * 改变当前运行任务的状态为等待邮箱消息的状态。

* 清除超时标志。
* 如果当前运行任务是实时任务，必须清除该任务的就绪登记。
* 调用邮箱功能的内部操作函数 yx_dengdai_dj(yx_hao , yxhao)把当前运行任务登记在邮箱的等待表或等待队列中。
* 保存任务要等待的时间。
* 清除时间片，进行任务调度。

③ 该任务重新运行之后，必须检查被哪种方式激活。
● 任务因为等待时间已到，被超时激活，即没有读到邮箱的消息。任务运行时必须清除原来在邮箱控制块中的等待记录，任务不再等待邮箱的消息。
● 任务因为邮箱有消息而被激活，任务运行时再次检查邮箱是否有消息，如果有消息，则读出消息，清空邮箱后返回消息。如果没有消息，则返回空消息，结束本次读邮箱。

④ 注意：本函数是一个指针型函数，函数返回值只能是一个指针，所以函数的操作信息（非指针数据）不能采用返回的形式进行传递。本函数是采用一个形参指针 czxx 来传入信息寄存器的地址，函数的操作信息通过该指针存入信息寄存器中。

4. 函数的使用例子

如在 3 号任务中，使用该函数读邮箱中的消息，如果读不到消息，则使任务阻塞等待 1 s。如果还是读不到消息，则检查 K1 按键，按键按下后，把消息发送给邮箱。

程序代码如下：

```
void  renwu_3()
{
   while(1)
   {
     xx = ch_zsdu_xxyx( xxhao, 100, &err );  //阻塞式读邮箱
     if(xx == yx_kong)
      {
        if(k1 == 0)              //
         { for(;k1 == 1;){;}
           ch_dengji_xxyx(xxhao , yx_jc, shu );
         }
      }
     ch_rwys_tk(100);
   }
}
```

xx = ch_zsdu_xxyx(xxhao, 100, &err)语句实现阻塞式读邮箱中的消息，ch_dengji_xxyx(xxhao , yx_jc, shu)语句实现把消息发送给邮箱。

10.3.5　非阻塞式读邮箱

任务采用非阻塞式读邮箱时，不管邮箱中有没有消息，任务都不会进入阻塞等待状态。RW/CZXT-1.0 小型嵌入式操作系统中，建立一个专用功能函数来实现任务非阻塞式读邮箱

消息的功能。

函数如下：

void * ch_du_xxyx (uc8 yx_hao)

该函数是一个指针函数,函数成功执行后,如果邮箱中有消息,将返回一个指向消息缓冲存储区的指针。如果邮箱中没有消息,将返回一个空消息。函数的内部功能是比较简单的,只实现读出邮箱消息。

函数的工作环境：任务工作环境,中断服务环境。

系统允许任务使用该函数读邮箱中的消息,也允许在中断服务函数中使用该函数读邮箱中的消息。

1. 函数的程序代码

```
void  *  ch_du_xxyx( uc8   yx_hao )
{
  void   *  yx_shuju;

  if(xxyx_zu[yx_hao].yx_bz!= ch_sjsy_on)
   { return(yx_kong); }
  EA = ch_zd_off;
  yx_shuju = xxyx_zu[yx_hao].yx_xiaoxi;
  if(yx_shuju!= yx_kong)
   {
      xxyx_zu[yx_hao].yx_xiaoxi = yx_kong;
   }
  EA = ch_zd_on;
  return(yx_shuju);  //返回邮箱中的消息
}
```

2. 函数工作原理详解

函数的相关操作是在临界状态中进行的。

① 函数执行之前必须对条件进行检查,主要是:指定的邮箱未创建。

条件不具备的时候,返回空消息。函数允许在中断服务中是使用。

② 先取出消息寄存器中的数据存入局部指针变量中,再检查该指针变量。

- 指针变量不等于 yx_kong(空消息),说明邮箱中有消息,则清空邮箱后返回指针变量。
- 指针变量等于 yx_kong(空消息),说明邮箱中没有消息,直接返回指针变量,即返回空消息。

10.4 应用实验

本应用实验的程序代码编写在 DRW-XT-010 实例工程的 MAIN 文件中。实验以原理简单、知识容易掌握、重点理解邮箱功能的应用方法等要求进行设计。

10.4.1 实验的项目

1. 在应用实验中创建 3 个应用任务和 2 个邮箱。
2. 实验功能：任务使用操作系统邮箱功能的 API 函数。

在按键 k1 的控制下，把消息缓存存储区 shu 中的数据输出到 CPU 的 P1 端口，同时，由一个信号灯来显示按键的状态。

10.4.2 应用任务的工作分配

1. 操作系统的 1 号任务（首次任务）执行的工作

① 初始化按键标志、指示灯、消息指针。
② 创建 3 个应用任务。
③ 创建 2 个邮箱。

2. 2 号任务执行的工作

① 检测 k1 按键的状态：k1 按下时，在 shu 小于 10 的话，shu 自动加 1，并把消息发送给 xxhao_1 邮箱。
② k1 按键的状态每次发生改变后，发送按键状态的消息给 xxhao_2 邮箱。

3. 3 号任务执行的工作

① 任务采用阻塞式读（申请）xxhao_1 邮箱。
② 在 xxhao_1 邮箱中有消息时，把 shu 中的数据输入 CPU 的 P1 端口中。

4. 4 号任务执行的工作

① 任务采用非阻塞式定期读 xxhao_2 邮箱。
② 在 xxhao_2 邮箱接收到按键消息时，根据按键标志的状态对指示灯进行控制。

10.4.3 本实验的程序代码

```
sbit      k1 = P3^3;
sbit      led = P3^4;
uc8_yx    xxhao_1;        //邮箱号
uc8_yx    xxhao_2;        //邮箱号
uc8_yx    err;            //操作信息寄存器
uc8       shu;            //消息缓冲区
uc8_yx    * xx_fs;        //消息指针
uc8_yx    * xx_js;        //消息指针
uc8       k1_bz;
//函数名:MAIN();
// === main ===
```

```
void  main()
{
//1：系统初始化
  ch_xt_int();
//2：启动任务
  ch_xt_on();
}


//1：
// -- renwu_1 --
void  renwu_1()
{  k1_bz = 0;
   led = 1 ;
   xx_fs = &shu；
   while(1)
   {
     ch_xjrenwu( 2 , renwu_2 );
     ch_xjrenwu( 3 , renwu_3 );
     ch_xjrenwu( 4 , renwu_4 );
//创建2个邮箱
     xxhao_1 = ch_xj_xxyx( yx_kong , &err );
     xxhao_2 = ch_xj_xxyx( yx_kong , &err );
     ch_rwtingzhi( 0 );
   }
}


//2：
// -- renwu_2 --
void  renwu_2()
{
while(1)
{
  if(k1 == 0)
   { if(k1_bz != 0xff)
      { k1_bz = 0xff;
        if(shu < 10)
         { shu ++ ;
            ch_dengji_xxyx(xxhao_1,yx_qz,xx_fs);
         }
        else
         { shu = 0;}
        ch_dengji_xxyx(xxhao_2,yx_qz,&k1_bz);
      }
   }
  else
```

```
        { if(k1_bz!= 0);
          { k1_bz = 0  ;
            ch_dengji_xxyx(xxhao_2,yx_qz,&k1_bz);
          }
        }
    ch_rwys_tk(100);
  }
}


//3:
// -- renwu_3 --
void  renwu_3()
{
   while(1)
   {
   xx_js = ch_zsdu_xxyx(xxhao_1,0,&err);
   if(xx_js == xx_fs)
     { P1 = shu ;}
   }
}


//4:
// -- renwu_4 --
void  renwu_4()
{
while(1)
{
  if( ch_du_xxyx(xxhao_2) == &k1_bz)
   {  if(k1_bz == 0xff)
        { led = 0;}
      else
        { led = 1;}
   }
   ch_rwys_tk( 5 );
 }
}
```

总   结

在本章中,为 RW/CZXT－1.0 嵌入式操作系统建立邮箱功能模块。本章重要知识点如下:

① 首先介绍邮箱有关的概念,再通过一个简单的例子,对操作系统中邮箱的特性和功能进行了解。

② 创建邮箱数据结构,并对其功能作用进行详细描述。

③ 设计邮箱功能的内部操作函数，这些函数为邮箱的应用 API 函数服务。

④ 设计邮箱功能的应用 API 函数。在应用 API 函数的设计中，着重对函数的内部工作流程、函数实现的功能、函数程序代码及其工作原理等进行介绍，同时，说明了函数的基本使用方法。

⑤ 通过一个实验，把邮箱功能应用于实验项目中。

第 11 章

消息队列设计

本章重点:

构建 RW/CZXT-1.0 小型嵌入式操作系统的第九步:建立消息队列功能模块。
- 消息队列的构成及其管理方法。
- 建立消息队列的数据结构。
- 建立消息队列的应用 API 函数。

消息队列是 RW/CZXT-1.0 小型嵌入式操作系统的事件资源,是任务同步和通信的重要机制之一,其主要作用如下:

① 实现任务与任务之间相互传递数据。任务可以通过消息队列向其他任务传递消息,或者任务自身接收其他任务通过消息队列传递的消息。消息队列可以传递多条消息,消息队列是一个实现多消息传递的事件资源。

② 协调任务相互之间的同步活动。任务可以通过消息队列来控制其他任务的运行活动,或者任务自身的运行活动由其他任务通过消息队列来控制。

1. 消息队列与消息邮箱的异同之处

消息队列与消息邮箱在进行消息传递的时候,都是通过消息指针来实现,因为消息缓冲区会存在大小和数据类型的差别。

(1) 消息邮箱

- 消息邮箱只能传递一条消息。
- 消息邮箱的控制块中包含了消息寄存器。

(2) 消息队列

- 消息队列可以传递多条消息。
- 消息队列的控制块中不包含消息寄存器(消息队列)。

2. 消息队列的构成

消息队列由三部分组成:缓冲存储区、消息队列、消息队列控制块。

(1) 缓冲存储区

用于存储任务运行时根据要求运行而产生的数据。缓冲存储区可以由单个变量、数组、结构体等对象组成。

（2）消息队列

消息队列是由一个空类型的指针数组构成，数组的每一个元素都是一个消息的存放位置，相当于邮箱中的消息寄存器，用来存放缓冲存储区的地址（消息）。

例如，指针数组有 10 个元素，即数组的长度为 10，那么由该指针数组构成的消息队列就有 10 个消息位置，最多可以存放 10 条消息。如果每一条消息就是一个缓冲存储区的地址，那么该消息队列最多可以存入 10 个缓冲存储区的地址。

（3）消息队列控制块

消息队列控制块用来管理消息队列，主要保存消息队列的重要信息：
- 消息队列的队头地址。
- 消息队列的队尾地址。
- 消息的输入位置。
- 消息的输出位置。
- 队列中消息的数量。
- 保存等待消息队列的任务。

3．消息队列的管理方法

① 消息队列在接收消息和输出消息的时候，是按照 FIFO 的原则进行的，即先进入队列中的消息，在有任务读消息的时候，会先输出该消息。

② 不允许消息插队。

③ 消息存入时，在输入指针的指引下把消息存入到指定的位置。

④ 消息输出时，在输出指针的指引下从指定的位置中取出消息。

⑤ 采用队列循环的管理机制：
- 输入循环。在输入消息的过程中，如果输入指针已经指向队列的队尾（队列的最后一个位置）时，系统调整输入指针，使输入指针重新指向队列的对头（队列的第一个位置），实现输入循环进行。
- 输出循环。在输出消息的过程中，如果输出指针已经指向队列的队尾（队列的最后一个位置）时，系统调整输出指针，使输出指针重新指向队列的对头（队列的第一个位置），实现输出循环进行。

⑥ 如果输出指针与输入指针重叠或者消息数量计数器等于 0 时，则说明消息队列中没有消息，如果任务采用阻塞式读消息队列的话，系统会使任务进入阻塞等待状态。

在实例工程 DRW-XT-010 的基础上建立另一个实例工程 DRW-XT-011，本章设计的程序代码在实例工程 DRW-XT-011 上编写。

11.1　从简单实例了解消息队列

```
#include"reg52.h"
sbit    k1 = P3^2;
```

```c
sbit     k2 = P3^3;
#define  kong  (void *)0
unsigned char i;
unsigned char k1_bz;
unsigned char k2_bz;
///---缓冲存储区---///
unsigned char shu_1;
unsigned char shu_2;
unsigned char shu_3;
unsigned char shu_4;
unsigned char shu_5;
///---消息指针---///
unsigned char * xx_fs;
unsigned char * xx_du;
//--消息队列--//
void  * xxdl[5];
//--发送消息--//
void  xxdl_in( void * xxzz,unsigned char wei)
{
xxdl[wei] = xxzz;        //消息登记
}
//--读出消息--//
void *  xxdl_out( unsigned char wei)
{
void * xiaoxi;
if(xxdl[wei]!= kong)     //消息检查
{ xiaoxi = xxdl[wei];    //读消息
   xxdl[wei] = kong;     //清空消息
 }
else
{ xiaoxi = kong;}
return(xiaoxi);          //返回消息
}

//---MAIN( )--//
void  main(void)
{
i = 0;
k1_bz = 0;
k2_bz = 0;
for(;;)
{
//发送消息
  if(k1 == 0)
  {if(k1_bz!= 0xff;
```

第 11 章 消息队列设计

```
    {k1_bz = 0xff;
     i++;
     if(i<6)
     { switch(i)
       {
       case 1:
       xx_fs = &shu_1;break;
       case 2:
       xx_fs = &shu_2;break;
       case 3:
       xx_fs = &shu_3;break;
       case 4:
       xx_fs = &shu_4;break;
       case 5:
       xx_fs = &shu_5;break;
       }
       xxdl_in( xx_fs, i-1 );
     }
     else
     { i = 0;}
    }
    else
    { k1_bz = 0 ;}
//读出消息
    if(k2 == 0)
    {
      if(k2_bz!= 0xff)
      {
         k2_bz = 0xff;
         if(i>0)
         { xx_du = xxdl_out( i-1 );
           i--;
         }
      }
    }
    else
    { k2_bz = 0;}
//取出数据
    if(xx_du!= kong)
    { P1 = * xx_du ; }
  }
}
```

在实例中,用一个指针数组 xxdl[5]作为消息队列,并定义了 5 个缓冲寄存器和两个消息指针。同时为消息队列创建了两个操作函数:发送消息给队列及从队列中读出消息的函数。

发送消息函数的功能：把传入的消息登记在队列中指定的位置上。

读出消息函数的功能：从队列的指定位置中读出消息，在读消息之前，先检查指定的位置中是否有消息，有则读出并清空该位置中的消息后返回读出的消息，如果没有，则返回空消息。

主程序中实现的功能有三项：

① 把对应的消息发送给消息队列。

在 k1 按键按下时，使 i 自动加 1(i 的作用在于指向哪个缓冲寄存器和指向消息队列中的某个位置)，之后，把 i 指向的消息发送给消息队列，登记在队列中 i 指向的位置上。

② 从消息队列中读出消息。

在 k2 按键按下时，使 i 自动减 1，并从消息队列中(i 指向的位置)读出消息。

③ 把消息指针指向的缓冲寄存器中的数据读出后送给 CPU 的 P1 端口。

从实例中可以得知：

① 消息队列主要是由指针数组构成，消息队列可以存放多个消息。

② 发送给消息队列的消息是缓冲寄存器的地址。

11.2　消息队列的数据结构

消息队列的数据结构，就是消息队列的控制块，每创建一个消息队列，系统都会为消息队列申请一个控制块，即每一个消息队列都必须有一个消息队列控制块对其进行管理，消息队列控制块就是一个结构体。

11.2.1　有关消息队列的宏定义标志

1. 空号和空消息

```
#define    dl_kong    (void *)0
#define    dl_kh      0xff
```

dl_kong　空消息标志，表示输出指针指定的位置中没有消息。

dl_kh　　空号标志，在创建消息队列的时候，如果没有空闲的消息队列控制块的时候，创建函数将会返回该空号标志。

2. 操作标志

```
#define    dl_no      0x0e
#define    dl_ok      0xee
#define    dl_cs      0xe0
#define    dl_man     0xff
#define    dl_kxx     0xf0
```

dl_no　创建、给消息队列发消息、读消息队列等操作失败标志。

dl_ok　创建、给消息队列发消息、读消息队列等操作成功标志。

dl_cs　超时标志，任务阻塞式读消息队列时，如果在限定时间内没有读到消息，则系统会给任务返回一个超时标志。

dl_man   消息队列已存满消息的标志。

dl_kxx   任务试图用空消息发给消息队列，操作系统不允许任务发送空消息给消息队列。

3. 消息队列的配置参数

```
#define   ch_xxdl_en      1
#define   ch_xxdl_zs      8
```

ch_xxdl_en：使能消息队列管理功能；如配置为 1：消息队列管理功能有效，为 0 则无效。

ch_xxdl_zs：配置消息队列控制块的数量，也即结构体数组的长度；如配置为 8，则表示定义有 8 个控制块，系统中可以创建 8 个消息队列。

11.2.2 定义消息队列控制块

1. 定义一个类型结构体，形式如下：

```
typedef   struct   xiaoxiduilie
{
//-- 队列创建标志
uc8      dl_bz;
//-- 队头（指针数组首地址）
void  **  dl_tou;
//-- 队尾
void  **  dl_wei;
//-- 消息登记位置
void  **  dl_in;
//-- 消息输出位置
void  **  dl_out;
//-- 消息队列长度
uc8      dl_cd;
//-- 消息数量
uc8      dl_xxsl;
//-- 实时任务等待表
uc8      dl_ssrwb;
//-- 普通任务等待表
uc8      dl_dlbz;
uc8      dl_rwdl[ ch_rwzs ];

}CH_XXDL;
```

2. 用类型结构体定义一个结构体数组

形式如下：

```
CH_XXDL   xdata   xxdl_zu[ch_xxdl_zs];
```

数组的长度由 ch_xxdl_zs 参数配置，数组的每一个元素都是一个 CH_XXDL 类型的结构体。系统中，每创建一个消息队列，就要使用该数组的一个元素来作为消息队列的管理控制块，即消息队列控制块。

3. 结构体中各个成员的作用

① 消息队列创建标志：dl_bz

如果该控制块已经被消息队列使用，那么该标志 xxdl_zu[号码].dl_bz = ch_sjsy_on；否则 xxdl_zu[号码].dl_bz=ch_sjsy_off。

② 队列的对头地址：dl_tou

该成员是一个指向指针的指针变量，用来存放消息队列（指针数组）的首地址。

③ 队列的队尾地址：dl_wei

该成员是一个指向指针的指针变量，用来存放消息队列（指针数组）的尾地址。

④ 消息输入指针：dl_in

该成员是一个指向指针的指针变量，用来指定消息队列中输入消息的位置。

⑤ 消息输出指针：dl_out

该成员是一个指向指针的指针变量，用来指定消息队列中要输出消息的位置。

⑥ 队列消息数量：dl_xxsl

该成员用来记录消息队列中当前的消息数量。

⑦ 实时任务等待表：dl_ssrwb

消息队列的实时任务等待表，是用来登记等待消息的实时任务。

⑧ 普通任务等待队列及其标志：

等待标志：dl_dlbz

如果有普通任务在等待消息，那么该标志为 0xff，如果没有等待的任务，那么该标志为 0x00。

等待队列：dl_rwdl[ch_rwzs]

普通任务等待队列，要等待消息的普通任务，会登记在该等待队列中。

4. 消息队列号码与结构体数组元素之间的对应关系

假如系统定义了 8 个消息队列控制块，则有：

  0 号消息队列： 数组 0 号元素 xxdl_zu[0]
  1 号消息队列： 数组 1 号元素 xxdl_zu[1]
  2 号消息队列： 数组 2 号元素 xxdl_zu[2]
  3 号消息队列： 数组 3 号元素 xxdl_zu[3]
  4 号消息队列： 数组 4 号元素 xxdl_zu[4]
  5 号消息队列： 数组 5 号元素 xxdl_zu[5]
  6 号消息队列： 数组 6 号元素 xxdl_zu[6]
  7 号消息队列： 数组 7 号元素 xxdl_zu[7]

可以看出，数组的元素号就是消息队列的号码，这样的设计，主要是便于理解，便于操作，消息队列的号码由消息队列创建函数自动取得并返回给用户使用。

11.2.3 初始化消息队列控制块

在操作系统的初始化文件中,对消息队列控制块进行初始化的程序代码如下:

```
for(i = 0;i<ch_xxdl_zs;i++)
{
    xxdl_zu[i].dl_bz = ch_sjsy_off;
    xxdl_zu[i].dl_tou = (void **) 0;
    xxdl_zu[i].dl_wei = (void **) 0;
    xxdl_zu[i].dl_in = (void **) 0;
    xxdl_zu[i].dl_out = (void **) 0;
    xxdl_zu[i].dl_cd = 0;
    xxdl_zu[i].dl_xxsl = 0;
    xxdl_zu[i].dl_ssrwb = 0;
    xxdl_zu[i].dl_dlbz = 0x00;
    for(j = 0;j<ch_rwzs;j++)
    { xxdl_zu[i].dl_rwdl[j] = 0;}
}
```

如果使消息队列功能有效,那么系统初始化后,消息队列的控制块处于如下状态:
- 控制块未被消息队列使用。
- 没有管理任何消息队列的信息:对头、队尾、输入、输出、队列长度等。
- 等待表和等待队列都为 0,没有等待的任务。

11.3 消息队列应用函数设计

消息队列的数据结构建立之后,队列要实现怎样的功能?这些功能怎样提供给用户使用呢?实现的途径同信号量和消息邮箱一样:为用户提供消息队列的应用 API 功能函数。

RW/CZXT-1.0 小型嵌入式操作系统中,消息队列的应用 API 功能函数如下:

① 创建消息队列。使用该函数,可以在系统中创建消息队列,如果没有先创建的话,用户任务是不能使用消息队列及其应用 API 函数。

② 阻塞式读消息队列。当队列中输出指针指定的位置没有消息的时候,申请的任务会进入阻塞等待状态,可以有两种选择:任务阻塞一定的时间后,如果仍读不到消息,则任务在超时的情况下被激活;任务可以处于无限时阻塞状态,直到队列中有消息时才把该任务激活。

③ 非阻塞式读消息队列。任务读消息的时候,不管队列中有没有消息,任务都不会进入阻塞状态。

④ 发消息给消息队列。任务产生的数据存入缓冲存储区后,可以把缓冲存储区的地址发给消息队列,在发送消息的过程中,如果系统检查到消息队列已经存满消息的时候,将不再把消息存入消息队列中。在本章中,没有设计任务在发送消息的过程因队列满消息而进入等待的功能。

11.3.1 内部操作函数

在消息队列的数据结构中,已经建立了实时任务等待表和普通任务等待队列。等待表、等待队列的相关操作就是由消息队列管理功能的内部操作函数来完成,主要有3个:
- 任务等待登记。
- 删除等待任务的登记。
- 激活正在等待的任务。

这3个内部操作函数不属于应用API功能函数,只能被消息队列的应用API功能函数调用。操作函数执行的时候,对于实时任务,同样使用等待表操作数组和等待表任务号提取数组。

这3个操作函数的工作原理及其操作方法同信号量、消息邮箱的三个内部函数相同。

1. 任务等待登记

如果任务采用阻塞式读某个消息队列,当该消息队列的输出指针指向的位置中没有消息时,读消息队列的任务就会进入阻塞等待状态。任务阻塞后,系统会检查任务的类型,根据任务的类型把任务登记在该消息队列控制块相对应的等待表或等待队列中:实时任务登记在消息队列控制块的实时任务等待表中,普通任务登记在消息队列控制块的等待队列中。

系统用一个专用的函数来实现把阻塞等待的任务登记在消息队列控制块中相对应的等待表或等待队列中,函数的程序代码如下:

```
void dl_dengdai_dj(  uc8 dl_hao, //传入消息队列的号码
                     uc8  rwhao  //传入任务的号码
                   )
{
  uc8  wei;
# if  ch_rwssyx_en == 1
  if( ch_rwk[rwhao].rwlx == ch_ssrw_on)
   {
     xxdl_zu[dl_hao].dl_ssrwb |= ch_dd_czb[rwhao-2];
     return;
   }
# endif
  if( ch_rwk[rwhao].rwlx == ch_ssrw_off)
  {
    for(wei=0;wei<ch_rwzs;wei++ )          //在等待队列中登记
    {
      if(xxdl_zu[dl_hao].dl_rwdl[wei] == 0)
      {
        xxdl_zu[dl_hao].dl_rwdl[wei] = rwhao;
        xxdl_zu[dl_hao].dl_dlbz = 0xff;
        wei = ch_rwzs;
      }
```

        }
    }
}

2. 删除等待任务的登记

出现以下两种情况时,系统会把阻塞等待的任务从消息队列控制块的等待表或等待队列中删除。

① 当有任务发送消息给消息队列之后,系统会检查是否有任务在等待消息,如果有任务正在等待该消息队列的消息,系统会激活等待的任务,并把该任务从该消息队列的等待表或等待队列中删除。

② 如果任务在限定的时间内没有读到消息,系统会把阻塞等待时间已完成的任务从消息队列的等待表或等待队列中删除。

系统用一个专用的函数来实现把阻塞等待的任务从消息队列的等待表或等待队列中删除,函数的程序代码如下:

```c
void    dl_dengdai_qc(  uc8   dl_hao,   //传入消息队列的号码
                        uc8   rwhao     //传入任务的号码
                     )
{
    uc8   xin;
    uc8   jiu;
    uc8   wei;
#if ch_rwssyx_en == 1
    if( ch_rwk[rwhao].rwlx == ch_ssrw_on)
     {
        xxdl_zu[dl_hao].dl_ssrwb &= ~ch_dd_czb[rwhao-2];
        return;
     }
#endif
    if( ch_rwk[rwhao].rwlx == ch_ssrw_off)
     {
//------- 清除登记
        for(wei = 0;wei<ch_rwzs;wei++)
         {if(xxdl_zu[dl_hao].dl_rwdl[wei] == rwhao)    //查找相应的任务号
           {
               xxdl_zu[dl_hao].dl_rwdl[wei] = 0;
               wei = ch_rwzs;
           }
         }
//------- 调整等待队列
        for(xin = 0,jiu = 0;jiu<ch_rwzs;jiu++)
         {
             if(xxdl_zu[dl_hao].dl_rwdl[jiu]!= 0)
              { xxdl_zu[dl_hao].dl_rwdl[xin] =
```

```
                xxdl_zu[dl_hao].dl_rwdl[jiu];
                xin++;
              }
          if((jiu == ch_rwzs - 1)&&(xin<jiu))
            { xxdl_zu[dl_hao].dl_rwdl[jiu] = 0 ;}
          }
      if(xxdl_zu[dl_hao].dl_rwdl[0] == 0)
        { xxdl_zu[dl_hao].dl_dlbz = 0x00;}
    }
}
```

3. 激活正在等待的任务

当有任务发送消息给消息队列之后,系统会检查该消息队列控制块中的等待表或等待队列,如果有任务正在等待消息,系统会激活等待的任务,并把已经激活的任务登记在就绪表或优先运行队列中,同时把任务从消息队列的等待表或等待队列中删除。

系统用一个专用的函数来实现激活消息队列的等待表或等待队列中的的等待任务,函数的程序代码如下:

```
void  dl_jihuo_rw(  uc8  dl_hao  )
{
uc8  xin;
uc8  jiu;
uc8  rwhao;
#if  ch_rwssyx_en == 1
uc8  shuju;
#endif
//---实时任务
#if  ch_rwssyx_en == 1
if( xxdl_zu[dl_hao].dl_ssrwb != 0 )
  {
    shuju = xxdl_zu[dl_hao].dl_ssrwb;
    if((shuju & 0x0f)!= 0)
      { rwhao = ch_dd_rwb[shuju&0x0f] + 2;}
    else
      {
        shuju = xxdl_zu[dl_hao].dl_ssrwb;
        rwhao = ch_dd_rwb[shuju>>4] + 6;
      }
    dl_dengdai_qc( dl_hao, rwhao );
    ch_rwk[rwhao].rwys = 0;
    ch_jxbdengji(rwhao);
    return ;
  }
#endif
//---普通任务
```

```
if( xxdl_zu[dl_hao].dl_dlbz == 0xff)
  {
    rwhao = xxdl_zu[dl_hao].dl_rwdl[0]; //取出队头任务
//---调整队列(清除等待记录)
    if(xxdl_zu[dl_hao].dl_rwdl[0] != 0)
     {
       for(jiu = 1,xin = 0;jiu<ch_rwzs;jiu++)
        {
          xxdl_zu[dl_hao].dl_rwdl[ jiu－1 ] = 0;
          if(xxdl_zu[dl_hao].dl_rwdl[jiu]!= 0)
           {
             xxdl_zu[dl_hao].dl_rwdl[xin] =
             xxdl_zu[dl_hao].dl_rwdl[jiu];
             xin++ ;
           }
          if(jiu == (ch_rwzs－1))
           { xxdl_zu[dl_hao].dl_rwdl[jiu] = 0; }
        }
              if(xxdl_zu[dl_hao].dl_rwdl[0] == 0)
        { xxdl_zu[dl_hao].dl_dlbz = 0x00;}
     }
//---任务就绪
    ch_rwk[rwhao].rwys = 0;
    ch_sj_yxbdengji(rwhao);
  }
}
```

11.3.2 创建消息队列

RW/CZXT－1.0 小型嵌入式操作系统中,建立一个专用功能函数来实现创建消息队列的功能,未经创建的消息队列,是没有受到操作系统的管理。函数成功创建消息队列后,将返回消息队列的号码,如果创建失败,将设置错误信息,并返回空号。

函数代码如下:

```
uc8_xxdl    ch_xj_xxdl(
                    void **   dldz,    // 消息队列首地址
                    uc8       dlcd,    // 消息队列的长度
                    uc8   *   czxx     // 操作信息
                              )
```

函数参数说明:
① dldz:是一个指向指针的指针,用来传入消息队列(指针数组)的首地址。
② dlcd:用来传入消息队列的长度。
③ czxx:传入操作信息寄存器的地址。

函数实现的功能：
① 为新创建的消息队列申请一个控制块。
② 设置消息队列控制块:存入消息队列的信息。
③ 返回消息队列的号码。

1. 函数的内部工作流程

由于采用专用的函数来实现创建消息队列这项功能，图 11.1 所示是根据该函数要实现的功能而设计的程序流程。

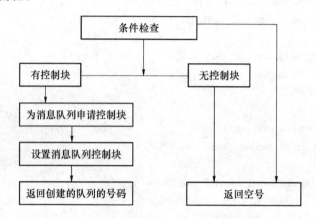

图 11.1　创建消息队列的功能函数的程序流程

2. 函数的程序代码

```
uc8_xxdl    ch_xj_xxdl(
                    void **    dldz,    // 消息队列首地址
                    uc8        dlcd,    // 消息队列的长度
                    uc8   *    czxx     // 操作信息
                    )
{
uc8     dl_hao;
uc8          i;
   if( czxx == (void * )0) //没有信息寄存器
    {   return(dl_kh) ; }
   if(dldz == (void ** )0) //没有指定队列
    {  * czxx = dl_no;
       return(dl_kh) ; }
   if(( dlcd > 255 )||(dlcd == 0))//队列长度不合格
    {  * czxx = dl_no;
       return(dl_kh) ; }
   if(ch_xtglk.ch_zdzs!= 0)
    {  *  czxx = dl_no ;
       return(dl_kh); }
   EA = ch_zd_off;
//-----申请控制块
```

```
        dl_hao = 0;
        for(i = 0;i<ch_xxdl_zs;i++)
         {
           if(xxdl_zu[i].dl_bz == ch_sjsy_off)
             { dl_hao = i ;
               i = ch_xxdl_zs ; }
           if((i == (ch_xxdl_zs-1))&&(dl_hao == 0))
             { * czxx = dl_no ;
               EA = ch_zd_on ;
               return(dl_kh);      }
         }
//------设置消息队列控制块
        xxdl_zu[dl_hao].dl_bz = ch_sjsy_on;
        xxdl_zu[dl_hao].dl_tou = (void **)dldz;
        xxdl_zu[dl_hao].dl_wei = ((void **)dldz + (dlcd-1));
        xxdl_zu[dl_hao].dl_in = (void **)dldz;
        xxdl_zu[dl_hao].dl_out = (void **)dldz;
        xxdl_zu[dl_hao].dl_cd = dlcd;
        xxdl_zu[dl_hao].dl_xxsl = 0;
        xxdl_zu[dl_hao].dl_ssrwb = 0;
        xxdl_zu[dl_hao].dl_dlbz = 0x00;
        for(i = 0;i<ch_rwzs;i++)
         { xxdl_zu[dl_hao].dl_rwdl[i] = 0;}
//------返回消息队列号码
        * czxx = dl_ok ;
        EA = ch_zd_on ;
        return(dl_hao);
     }
```

3. 函数工作原理详解

函数的相关操作是在临界保护状态中进行的。

① 函数执行之前必须对一些条件进行检查,主要如下:
- 没有指定消息寄存器的时候,不能创建消息队列,返回空号。
- 没有传入消息队列的首地址,不能创建消息队列,设置操作信息,返回空号。
- 如果消息队列的长度等于 0 或者大于 255,不能创建消息队列,设置操作信息,返回空号。
- 检查中断嵌套计数器,操作系统不允许在中断服务中创建消息队列。

② 为消息队列申请消息队列控制块。申请控制块,就是取得消息队列控制块数组中空闲的数组元素,并取出这个元素的号码作为消息队列的号码。

```
        dl_hao = 0;
        for(i = 0;i<ch_xxdl_zs;i++)
         {
           if(xxdl_zu[i].dl_bz == ch_sjsy_off)
```

```
        { dl_hao = i ;
          i = ch_xxdl_zs ; }
      if((i == (ch_xxdl_zs - 1))&&(dl_hao == 0))
        { * czxx = dl_no ;
          EA = ch_zd_on ;
          return(dl_kh) ;      }
    }
```

如果消息队列控制块数组中没有空闲的控制块可用,则设置信息 * cwxx = dl_no 为消息队列创建失败,并返回空号。

③ 如果申请成功,将把消息队列的重要信息存入控制块中,实现控制块与消息队列联系起来,建立正式的消息队列,具体的操作如下:

- 把控制块设置为已经创建消息队列。
- 把消息队列的首地址存入控制块的队头指针中。

    xxdl_zu[dl_hao].dl_tou = (void **)dldz ;

- 用队列的首地址与队列的长度进行运算后得到消息队列的尾地址,存入队尾指针中。

    xxdl_zu[dl_hao].dl_wei = ((void **)dldz + (dlcd - 1)) ;

- 队列的输入输出指针都指向队列的对头。

    xxdl_zu[dl_hao].dl_in = (void **)dldz ;
    xxdl_zu[dl_hao].dl_out = (void **)dldz ;

- 存入队列的长度。

    xxdl_zu[dl_hao].dl_cd = dlcd ;

- 设置消息队列中的消息数量为 0,即消息队列中没有消息。

    xxdl_zu[dl_hao].dl_xxsl = 0 ;

- 清空实时任务等待表和普通任务等待队列,新建的消息队列,是没有任务在等待的。

④ 设置操作成功信息,返回新建的消息队列的号码。

4. 函数的使用例子

在应用中创建一个消息队列的步骤:

① 定义一个消息队列号码寄存器。
② 定义一个空类型的指针数组(作为消息队列使用)。
③ 定义一个或者多个缓冲存储区(可以是一个变量、数组、结构体等)。
④ 定义一个或者多个与缓冲存储区数据类型相同的消息指针。

全局变量:

```
uc8_xxdl      dlhao ;          //队列号码寄存器
void     *    shu[5] ;         //消息队列,长度等于 5
uc8_xxdl   *  xx ;              //消息指针
uc8_xxdl      xxzu[5] ;         //消息缓冲存储区(数组)
```

```
uc8              err;        //操作信息寄存器
```

在1号任务中创建一个消息队列,同时发送一个消息(消息缓冲区地址)给消息队列,代码如下:

```
void  renwu_1( )
{
   while(1)
   { ch_xjrenwu( 2 , renwu_2 );
     ch_xjrenwu( 3 , renwu_3 );
     dlhao = ch_xj_xxdl( shu, 5, &err );   //创建一个消息队列
     ch_fsxx_xxdl( dlhao, xxzu);           //发送消息(xxzu)给消息队列
     ch_rwtingzhi( 0 );
   }
}
```

dlhao=ch_xj_xxdl(shu,5,&err)函数实现创建一个消息队列。shu 为消息队列的首地址,队列的长度为5,即由5个指针元素组成了该消息队列,代表该消息队列可以接收5条消息。ch_fsxx_xxdl(dlhao, xxzu)函数把一个消息传入消息队列中,xxzu 为缓冲存储区(一个普通数组)的首地址。

11.3.3 发送消息给队列

RW/CZXT-1.0小型嵌入式操作系统中,建立一个专用的功能函数来实现把消息发送到消息队列中。在应用中,任务可以使用该函数把一个消息传入消息队列中。

函数如下:

```
uc8_xxdl   ch_fsxx_xxdl(
                uc8       dl_hao, // 队列号码
                void    *  xiaoxi  // 消息
                               ) reentrant
```

函数的参数说明:
① dl_hao:用来指定消息队列的号码。
② xiaoxi:是一个空类型指针,用来传入消息。
函数功能设计:
① 检查队列中目前已经存入的消息的数量,如果队列已经存满消息,则操作失败,如果队列未存满消息,则把消息存入消息队列中。
② 调整输入指针指向消息队列的下一个消息输入位置。调整前,如果输入指针已经指向队列的队尾,则调整输入指针重新指向队列的队头位置,实现循环。
③ 如果有任务正在等待消息,则激活一个等待任务。
● 如函数运行环境是非中断服务环境,那么当前任务放弃运行,进行任务调度。
● 如果是中断服务环境,直接退出函数,只激活等待任务。
函数的工作环境:任务工作环境,中断服务环境。

系统允许在任务环境中使用该函数发送消息给消息队列,也允许在中断服务函数中使用该函数发送消息给消息队列。该函数是一个可重入函数。

1. 函数的内部工作流程

由于采用专用的函数来实现把发送消息给消息队列这项功能,图 11.2 所示是根据该函数要实现的功能而设计的程序工作流程。

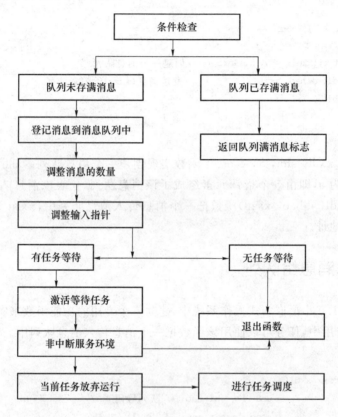

图 11.2 发送消息给消息队列的功能函数的程序流程

2. 函数的程序代码

```
uc8_xxdl   ch_dengji_xxdl(
                    uc8       dl_hao, // 队列号码
                    void  *   xiaoxi  // 消息
                         ) reentrant
{
   uc8   xxsl;

   if(xiaoxi == (void *)0)
    { return( dl_kxx);}
   if(xxdl_zu[dl_hao].dl_bz == ch_sjsy_off)
    { return( dl_no);}
   EA = ch_zd_off;
```

```
//-- 队列消息检查
  xxsl = xxdl_zu[dl_hao].dl_cd ;      //队列长度
  if(xxdl_zu[dl_hao].dl_xxsl>=xxsl)   //队列已满
   { return( dl_man );}
//-- 在队列中登记消息
  * xxdl_zu[dl_hao].dl_in = xiaoxi;
    xxdl_zu[dl_hao].dl_xxsl++ ;       //消息数量加 1
//-- 调整输入位置
  if(xxdl_zu[dl_hao].dl_in !=
    xxdl_zu[dl_hao].dl_wei   )        //未到队列队尾
   { xxdl_zu[dl_hao].dl_in ++ ;}      //位置加 1
  else
   { xxdl_zu[dl_hao].dl_in =
    xxdl_zu[dl_hao].dl_tou;  }        //重新指向对头
//-- 检查是否有等待任务
  if((xxdl_zu[dl_hao].dl_ssrwb!=0)||
    (xxdl_zu[dl_hao].dl_dlbz == 0xff))
   {
     dl_jihuo_rw( dl_hao );           //激活等待任务,清除等待登记
     if(ch_xtglk.ch_zdzs == 0)        //非中断服务环境
      {
        if(ch_rwk[ch_xtglk.yxhao].rwlx == ch_ssrw_off)
         {ch_sj_yxbdengji(ch_xtglk.yxhao);}   //当前任务放弃运行
         if(ch_xtglk.ch_rwsjzs>0)
          { ch_xtglk.ch_rwsjzs = 0;}  //时间片清零
         ch_rwtd();                   //进行任务调度
      }
   }
  EA = ch_zd_on;
}
```

3. 函数工作原理详解

函数中,主要的操作是在临界保护状态中进行的。

① 函数执行之前必须对条件进行以下检查:

- 如果传入的是空消息,返回发送空消息标志。
- 指定的消息队列未创建,返回操作失败标志。

② 检查消息队列是否存满消息,如果存满消息,则返回队列满消息标志,否则进行如下操作:

* 把消息存入消息队列输入指针指向的位置中。
* 消息数量寄存器加 1,队列中增加了一个消息。
* 调整输入指针:如果输入指针未指向消息队列的队尾,则调整输入指针指向消息队列的下一个位置。如果输入指针已经指向消息队列的队尾,则调整输入指针重新指向消息队列的队头位置,实现队列输入循环。程序语句如下:

```
if(xxdl_zu[dl_hao].dl_in !=
    xxdl_zu[dl_hao].dl_wei  )    //未到队列队尾
  { xxdl_zu[dl_hao].dl_in ++ ;}  //位置加1
  else
  { xxdl_zu[dl_hao].dl_in =
    xxdl_zu[dl_hao].dl_tou;  }   //重新指向对头
```

③ 检查消息队列控制块的(实时任务)等待表和(普通任务)等待队列。

没有等待任务,则直接退出函数。有等待任务,则进行如下操作:

- 激活等待的任务。调用内部操作函数 dl_jihuo_rw(yx_hao) 激活一个等待任务。
- 如果当前是中断服务环境,则退出函数(因为在中断服务环境中,不允许进行任务调度),否则继续执行。
- 当前任务放弃运行。如果当前任务是普通任务,则把任务登记在优先运行队列中。
- 清除时间片后进行任务调度:因为激活的任务有可能是实时任务,为保证系统的实时性,此时必须进行任务调度。

11.3.4 非阻塞式读消息队列

任务采用非阻塞式读消息时,不管消息队列输出指针指向的位置有没有消息,任务都不会进入阻塞等待状态。RW/CZXT-1.0 小型嵌入式操作系统中,建立一个专用功能函数来实现任务非阻塞式读消息队列的功能。

函数代码如下:

```
void_xxdl  *  ch_du_xxdl( uc8  dl_hao )
```

该函数是一个指针函数,函数成功执行后,如果队列中有消息,将返回一个指向缓冲存储区的指针。如果队列中没有消息,将返回一个空消息。函数的内部功能是比较简单的,只实现读出消息队列输出指针指向的位置中的消息。

函数的工作环境:任务工作环境和中断服务环境。

系统允许在任务环境中,使用该函数从消息队列中读出消息,允许在中断服务函数中使用该函数从消息队列中读出消息。

1. 函数的程序代码

```
void_xxdl  *  ch_du_xxdl( uc8  dl_hao )
{
  void  * dl_xiaoxi;

  if(xxdl_zu[dl_hao].dl_bz == ch_sjsy_off)
   { return( dl_kong );}
  EA = ch_zd_off;
  dl_xiaoxi = * xxdl_zu[dl_hao].dl_out;
  if(dl_xiaoxi != dl_kong)
   {
     * xxdl_zu[dl_hao].dl_out = dl_kong;
```

```
if(xxdl_zu[dl_hao].dl_xxsl>0)    //消息数量减去1
   { xxdl_zu[dl_hao].dl_xxsl-- ; }
if(xxdl_zu[dl_hao].dl_out !=
       xxdl_zu[dl_hao].dl_wei     ) //未到队列队尾
   { xxdl_zu[dl_hao].dl_out ++ ; }
else
   { xxdl_zu[dl_hao].dl_out =
     xxdl_zu[dl_hao].dl_tou;     } //重新指向对头
}
EA = ch_zd_on;
return(dl_xiaoxi);
}
```

2. 函数工作原理详解

函数的相关操作是在临界保护状态中进行的。

① 函数执行之前必须对一些条件进行以下检查：指定的消息队列未创建，不允许读该未创建的消息队列。

② 如果条件具备，则进行读消息操作。

取出消息队列输出指针指定的位置中的消息数据存入局部消息指针 dl_xiaoxi 中。

检查局部消息指针，如果有消息：

- 清空输出指针指向位置中的消息(已经读出)。
- 消息数量寄存器减去 1，队列中的消息减少 1 个。
- 如果输出指针未指向消息队列的队尾，则调整输出指针指向消息队列的下一个位置，如果输出指针已经指向消息队列的队尾，则调整输出指针重新指向消息队列的对头位置，实现队列输出循环。程序语句如下：

```
if(xxdl_zu[dl_hao].dl_out !=
       xxdl_zu[dl_hao].dl_wei     ) //未到队列队尾
   { xxdl_zu[dl_hao].dl_out ++ ; }
else
   { xxdl_zu[dl_hao].dl_out =
     xxdl_zu[dl_hao].dl_tou;     } //重新指向对头
```

如果局部指针没有消息，则不进行任何操作。

③ 返回局部指针的数据：如果有消息，则返回读取的消息，如果没有消息，返回的是空指针数据(无消息)。

11.3.5 阻塞式读消息队列

任务采用阻塞式读消息队列时，如果消息队列输出指针指向的位置中没有消息，那么任务将进入阻塞等待状态。如果队列中有消息，那么任务读出消息后继续运行。阻塞等待可以限定等待的时间，也可以无限等待，由函数的传入参数决定。RW/CZXT-1.0 小型嵌入式操作系统中，建立一个专用的功能函数来实现任务阻塞式读消息队列的功能。

函数如下：

```
void_xxdl  *  ch_zsdu_xxdl(
                    uc8     dl_hao,  // 队列号码
                    ui16    yszs,    // 等待时间
                    uc8 *   czxx     // 操作信息
                          ) reentrant
```

该函数是一个指针函数，函数成功执行后，将返回一个指向消息缓冲存储区的指针，即消息缓冲存储区的首地址是保存在该返回指针中。函数返回的指针是一个空类型指针，必须把返回的指针数据存入另外一个数据类型与缓冲存储区数据类型相同的指针中，否则在使用的时候需要进行指针类型强制转换，这样才能保证可以准确对缓冲存储区进行操作。

函数参数说明：

① dl_hao   用来传入消息队列的号码。

② yszs   用来传入任务要阻塞等待的时间，0 为无限等待。

③ czxx   传入操作信息寄存器的地址。

函数功能设计：

① 检查消息队列输出指针指向的位置中是否有消息。

● 有消息，读出该位置中的消息。

● 无消息，使读消息队列的任务进入阻塞等待。

② 任务重新运行后，检查任务的激活方式。

● 任务被超时激活，则清除原来的阻塞等待登记，任务不再等待消息队列中的消息。

● 任务被消息队列激活，再次检查消息队列输出指针指向的位置中是否有消息，如果有消息，读出消息，如果无消息，返回空消息，本次读消息队列结束。

函数的工作环境：任务工作环境。

系统允许在任务函数中使用该函数发送消息给消息队列，不允许在中断服务函数中使用该函数发送消息给消息队列。

该函数是一个可重入函数。

1. 函数内部工作流程

由于采用专用的函数来实现阻塞式读（申请）消息队列这项功能，图 11.3 所示是根据该函数要实现的功能而设计的程序工作流程。

2. 函数的程序代码

```
void_xxdl  *  ch_zsdu_xxdl(
                    uc8     dl_hao,  // 队列号码
                    ui16    yszs,    // 等待时间
                    uc8 *   czxx     // 操作信息
                          ) reentrant
{
    void * dl_xiaoxi;

    if( czxx == (void *)0)      //没有信息寄存器
```

第 11 章 消息队列设计

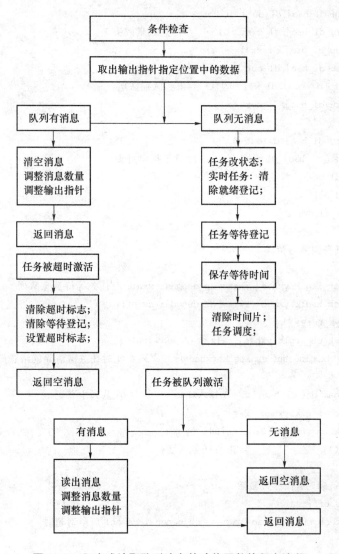

图 11.3 阻塞式读取队列消息的功能函数的程序流程

```
   {  return(dl_kong);}
if(ch_xtglk.ch_zdzs!=0)
   {  *czxx = dl_no;
      return( dl_kong );}
if(xxdl_zu[dl_hao].dl_bz
   == ch_sjsy_off) //队列未创建
   {  *czxx = dl_no;
      return( dl_kong );}

EA = ch_zd_off;
//-----
   dl_xiaoxi =* xxdl_zu[dl_hao].dl_out;
   if(dl_xiaoxi != dl_kong)
   {
```

```
         * xxdl_zu[dl_hao].dl_out = dl_kong;
        if(xxdl_zu[dl_hao].dl_xxsl>0)      //消息数量减去 1
          { xxdl_zu[dl_hao].dl_xxsl-- ;}
        if(xxdl_zu[dl_hao].dl_out !=
            xxdl_zu[dl_hao].dl_wei   )     //未到队列队尾
          { xxdl_zu[dl_hao].dl_out ++ ;}
        else
          { xxdl_zu[dl_hao].dl_out =
            xxdl_zu[dl_hao].dl_tou;    }   //重新指向对头
         * czxx = dl_ok;
        EA = ch_zd_on;
        return(dl_xiaoxi);
       }
   else  //--任务阻塞等待
     {
        ch_rwk[ch_xtglk.yxhao].rwzt = ch_dengdai_xxdl;  //任务等待消息队列
        ch_rwk[ch_xtglk.yxhao].rwcs = ch_dengdai_cs_off;
 #if  ch_rwssyx_en == 1
        if(ch_rwk[ch_xtglk.yxhao].rwlx == ch_ssrw_on)
          { ch_jxbqingchu( ch_xtglk.yxhao);  }    //实时任务需清除就绪登记
 #endif
        dl_dengdai_dj( dl_hao, ch_xtglk.yxhao );   //在队列中登记
        ch_rwk[ch_xtglk.yxhao].rwy = yszs;
        ch_xtglk.ch_rwsjzs = 0;   //时间片清 0；
        ch_rwtd();                //进行任务调度；
     }
 //--- 由于等待超时,任务被激活
       EA = ch_zd_off;
       if(ch_rwk[ch_xtglk.yxhao].rwcs == ch_dengdai_cs_on) //申请超时
        {
          ch_rwk[ch_xtglk.yxhao].rwcs = ch_dengdai_cs_off;  //清除超时标志
          dl_dengdai_qc( dl_hao ,ch_xtglk.yxhao );          //清除等待
          * czxx = dl_cs;
          EA = ch_zd_on;
          return( dl_kong ); //读消息超时,返回空消息
        }
 //--- 队列有消息,任务被激活
   if(xxdl_zu[dl_hao].dl_out != dl_kong)
      {
        dl_xiaoxi = * xxdl_zu[dl_hao].dl_out;
         * xxdl_zu[dl_hao].dl_out = dl_kong;
        if(xxdl_zu[dl_hao].dl_xxsl>0)     //消息数量减去 1
          { xxdl_zu[dl_hao].dl_xxsl-- ;}
        if(xxdl_zu[dl_hao].dl_out !=
            xxdl_zu[dl_hao].dl_wei   )    //未到队列队尾
```

```
            { xxdl_zu[dl_hao].dl_out ++ ;}
        else
            { xxdl_zu[dl_hao].dl_out =
              xxdl_zu[dl_hao].dl_tou;       } //重新指向对头
        *czxx = dl_ok;
        EA = ch_zd_on;
        return(dl_xiaoxi);
    }
    else
    {
        *czxx = dl_no;
        EA = ch_zd_on;
        return(dl_kong);
    }
}
```

3. 函数工作原理详解

函数的相关操作是在临界状态中进行。

① 函数执行之前必须对条件进行检查，主要有：
- 没有指定操作信息寄存器，不允许读消息队列。
- 不允许在中断服务的时候采用阻塞式读消息队列。
- 指定的消息队列未创建，不允许读消息队列。

条件不具备的时候，设置相应操作信息并返回空消息。

② 取出消息队列输出指针指定位置中的消息数据并存入局部指针 dl_xiaoxi 中，再采用 if 条件语句进行检查。

队列中有消息，则进行如下操作：
- 清空消息队列输出指针指定的位置中的消息。
- 使消息数量寄存器的数据减去 1，消息队列中已经取走一个消息。
- 如果输出指针未指向消息队列的队尾，则调整输出指针指向消息队列的下一个位置，如果输出指针已经指向消息队列的队尾，则调整输出指针重新指向消息队列的对头位置，实现队列输出循环。
- 返回读取的消息，任务不阻塞，继续运行。

队列中无消息，使读消息队列的任务进入阻塞等待，操作如下：
- 改变当前运行任务的状态为等待消息队列的状态。
- 清除超时标志。
- 如果当前运行任务是实时任务，必须清除该任务的就绪登记。
- 调用函数 dl_dengdai_dj(dl_hao, ch_xtglk.yxhao) 把当前运行任务登记在消息队列的等待表或等待队列中。
- 保存任务要阻塞等待的时间。
- 清除时间片，进行任务调度。

③ 该任务重新运行之后，必须检查被哪种方式激活。

- 任务因为等待时间已到,被超时激活,即没有读到消息队列中的消息,任务运行时调用消息队列的内部函数 dl_dengdai_qc(dl_hao , ch_xtglk.yxhao)清除任务原来在消息队列中的等待记录,任务不再等待消息队列中的消息。
- 任务因为消息队列有消息而被激活,任务运行时再次检查消息队列输出指针指定的位置中是否有消息,如果有消息,读出消息,清空该位置中的消息,并调整消息数量和输出指针后返回消息。如果没有消息,返回空消息,结束本次读消息队列。

④ 注意:本函数是一个指针型函数,函数返回值只能是一个指针,所以函数的操作信息(非指针数据)不能采用返回的形式进行传递,本函数是采用一个形参指针 czxx 来传入信息寄存器的地址,函数的操作信息通过该指针存入信息寄存器中。

11.4 应用实验

本应用实验的程序代码编写在 DRW－XT－011 实例工程的 MAIN 文件中,实验以原理简单、知识容易理解、着重熟悉消息队列功能模块的应用方法等要求进行设计。

11.4.1 实验的项目

① 在应用实验中创建 2 个应用任务和 1 个消息队列。
② 实验功能:任务使用操作系统消息队列功能的 API 函数。
在按键 k_fs 的控制下,对应把 5 个消息发送给消息队列。在按键 k_du 的控制下,从消息队列中读出消息,判断读出的消息后把缓冲寄存器中的数据送到 CPU 的 P1 端口。

11.4.2 应用任务的工作分配

1. 操作系统的 1 号任务(首次任务)执行的工作

- 初始化按键标志、指示灯、消息指针。
- 创建 2 个应用任务。
- 创建 1 个消息队列。

2. 2 号任务执行的工作

检测 k_fs 按键的状态:k_fs 按下时,在 fs_jsq 小于 6 的话,fs_jsq 自动加 1,并把 fs_jsq 中的数值对应的缓冲寄存器的地址(消息)发送给消息队列。

3. 3 号任务执行的工作

- 任务采用非阻塞式读(申请)消息队列中的消息。
- 判断读出的消息,把对应缓冲寄存器中的数据输入 CPU 的 P1 端口中。

11.4.3 本实验的程序代码

//声明任务函数

```
void  renwu_2();
void  renwu_3();
//]
sbit   k_fs = P3^2;
sbit   k_du = P3^3;
//
uc8        fs_bz;
uc8        du_bz;
uc8        fs_jsq;
//
uc8_xxdl   dlhao;              //队列号
uc8        err;                //操作信息寄存器
void *     duili[5];           //消息队列
uc8_xxdl  * xx_fs;             //消息指针
uc8_xxdl  * xx_du;             //消息指针
uc8        jcq_1;              //消息缓冲区
uc8        jcq_2;              //消息缓冲区
uc8        jcq_3;              //消息缓冲区
uc8        jcq_4;              //消息缓冲区
uc8        jcq_5;              //消息缓冲区

// === MAIN() === //
void main()
{
//1 :系统初始化
    ch_xt_int();
//2 :启动任务
    ch_xt_on();
}

//1:
// -- renwu_1 --
void renwu_1()
{
    fs_bz = 0;
    du_bz = 0;
    fs_jsq = 0;
    while(1)
    {
        ch_xjrenwu( 2 , renwu_2 );
        ch_xjrenwu( 3 , renwu_3 );
        dlhao = ch_xj_xxdl( duili, 5, &err );
        ch_rwtingzhi( 0 );
    }
}
```

```c
//2:
//-- renwu_2 --
void renwu_2()
{
   while(1)
   {
     if(k_fs == 0)
      {
        if(fs_bz != 0xff)
         { fs_bz = 0xff;
           if(fs_jsq < 6)
            {
              fs_jsq ++ ;
              switch(fs_jsq)
               {
                 case  1:
                   xx_fs = &jcq_1; break;
                 case  2:
                   xx_fs = &jcq_2; break;
                 case  3:
                   xx_fs = &jcq_3; break;
                 case  4:
                   xx_fs = &jcq_4; break;
                 case  5:
                   xx_fs = &jcq_5; break;
               }
              ch_dengji_xxdl(dlhao,xx_fs);
            }
           else
            { fs_jsq = 0;}
         }
      }
     else
       { fs_bz = 0;}
     ch_rwys_tk(20);
   }
}

//3:
//-- renwu_3 --
void renwu_3()
{
while(1)
{
   if(k_du == 0)
```

```
    {
      if(du_bz!= 0xff)
      { du_bz = 0xff;
        xx_du = ch_du_xxdl(dlhao);
        if(xx_du == &jcq_1)
          { P1 = jcq_1;}
        if(xx_du == &jcq_2)
          { P1 = jcq_2;}
        if(xx_du == &jcq_3)
          { P1 = jcq_3;}
        if(xx_du == &jcq_4)
          { P1 = jcq_4;}
        if(xx_du == &jcq_5)
          { P1 = jcq_5;}
      }
    }
    else
    { du_bz = 0;}
    ch_rwys_tk(10);
  }
```

总　结

本章内容是构建 RW/CZXT－1.0 小型嵌入式操作系统的第九步:建立消息队列功能模块,以进一步完善操作系统中的任务同步和通信的管理机制。

① 详细描述了消息队列的结构及其组成原理。

② 详细描述 RW/CZXT－1.0 小型嵌入式操作系统对消息队列进行管理的方法。

③ 通过一个简单的实例来了解消息队列的功能特性。

④ 详细描述了消息队列的数据结构及其功能作用。

⑤ 建立消息队列的应用 API 功能函数。着重对这些函数实现的功能、内部工作流程、程序代码及其工作原理等进行详解。

⑥ 通过一个应用实验,把消息队列功能应用于实验工程中。

第 12 章
实现简单内存管理功能

本章重点：

构建 RW/CZXT-1.0 小型嵌入式操作系统的第十步：建立内存管理功能模块。
- 建立内存管理控制块的数据结构。
- 建立内存管理的应用 API 函数。
- 建立内存块操作函数。

内存管理功能是嵌入式操作系统一个重要的组成部分。在操作系统中，任务为了某种特殊要求，经常需要事先或临时获得内存空间来存取数据或进行其他操作，那么就需要预先提供一定空间的内存区，以备任务之需。为了保证系统的实时性能和稳定性能，提高任务的运行效率及内存的使用效率，必须对这些内存空间进行管理。这些内存，可以作为多个任务的共享内存区，也可作为任务的私用内存区。

常见的内存管理方法可分为静态内存管理和动态内存管理：

① 静态内存管理。所有任务在运行之前，系统就为其分配了内存，任务在运行期间不会再申请内存。一般来说，任务使用的任务栈，都属于静态内存，系统基本不会对其进行管理，但是，任务可以快速使用这些静态内存来存取数据和处理数据，这对于强实时系统是有利的。

② 动态内存管理。系统允许任务在运行中动态申请和释放内存，并对内存空间进行动态调整操作，同时对内存区的重要信息进行管理，这种内存管理方法就属于动态内存管理。在任务需要的时候，系统可以为任务提供一定的内存空间，在任务不需要的时候，系统可以回收这些内存。

RW/CZXT-1.0 操作系统，采用动态内存管理方法对内存区进行管理，系统对所管理的内存区有如下的要求：

① 内存区必须是一段连续的存储空间。

② 内存区必须在系统编译之前就要先进行定义，编译后其大小是不可改变的。

建立工程文件：

在 DRW-XT-011 工程实例的基础上，建立另外一个工程实例 DRW-XT-012，并为 DRW-XT-012 实例工程新建一个源程序文件：XT-NCGL.C，该文件为操作系统的内存管理功能文件，把该文件保存在 DRW-XT-012 实例工程中。同时，在 RW-CZXT-1.0 文件中采用 include "XT-NCGL.C" 语句把内存管理功能文件加入到工程中，以便一起进行编译。

系统内存管理功能的 API 函数的程序代码就在该文件上进行编写。

12.1　内存分区管理机制

　　RW/CZXT-1.0 操作系统管理的内存区必须是一段连续的存储空间,那么系统怎样对这段连续的存储区进行管理呢?

12.1.1　内存分区

　　系统把这段连续的存储空间当作一个内存分区(可以简称为内存区),内存分区是 RW/CZXT-1.0 操作系统内存管理的单位,在系统中,可以有多个内存分区同时存在,每个分区可以是不同的长度,这些分区都是在系统编译之前由用户确定的。

12.1.2　内存块

　　每一个内存分区,是由若干个称做内存块(一维数组)的小存储区组成,内存块是任务申请内存的基本单位。系统规定,一个分区中每一个内存块的大小必须是一样的,同一个内存分区中,不可以同时存在大小不同的内存块,并且内存块的数据类型也必须相同。

12.1.3　定义内存分区

　　定义一个内存分区,其方法非常简单,只要定义一个二维数组,就能够满足系统对内存区的要求。例如,定义一个 uc8 类型的二维数组来作为一个内存分区,分区由 20 个内存块组成,每个内存块的大小为 10 字节,那么其定义形式如下:

　　uc8　　neicun[20][10];

　　经过定义之后,数组 neicun 就可以作为一个内存分区,但此时该内存分区还没有受系统管理,只是一个二维数组而已。

12.1.4　内存分区管理

　　上述的定义,只是在内存中划分出一个内存分区,还不是一个真正可以由系统进行动态分配内存块的内存区。要实现动态分配,还必须有一个内存管理控制块来管理该内存区,内存管理控制块对内存区的以下相关信息进行管理:
- 内存区在物理内存中的起始地址。
- 内存区的数据类型。
- 内存区中内存块的总数量。
- 内存块的大小。
- 内存区中空闲可用的内存块的数量。

内存区由内存管理控制块管理之后,系统就可以实现:任务可以动态申请内存区中的内存块,任务可以动态把内存块归还给内存区,这些动态操作,都必须通过该内存区的内存管理控制块来完成。在系统中,一个内存管理控制块只能管理一个内存区,内存管理控制块可以管理不同数据类型的内存区,各个内存区中内存块的数量可以是不同的。例如:

- 0 号内存管理控制块管理的内存区,该内存区的数据类型是 uc8,内存区中有 20 个内存块,每个内存块的大小(长度)是 10 字节。
- 1 号内存管理控制块管理的内存区,该内存区的数据类型是 ui16,内存区中有 10 个内存块,每个内存块的大小(长度)是 20 个字。

内存管理控制块对管理的内存区中的空闲可用内存块的数量进行统计,并排成空闲内存块队列,以便准确控制内存块的使用状态。任务要申请使用内存块的时候,系统会从队列中取出内存块,并提供该内存块的起始地址;任务要释放所使用内存块的时候,系统会把任务释放的内存块归还到空闲队列中。

12.2 内存管理控制块

内存管理控制块是指保存内存分区重要信息的一个数据结构,其实质与系统中其他控制块雷同。一个内存管理控制块,只能管理一个内存分区,用户创建一个内存分区的时候,系统会为该内存分区申请一个内存管理控制块。

12.2.1 内存管理控制块的数据结构

内存管理控制块的数据结构是由结构体类型来进行定义的,但是该数据结构中,没有实时任务等待表,普通任务的等待队列,因为内存管理不实现任务阻塞等待的功能。

1. 内存管理相关的宏定义标志

(1) 内存区的数据类型

```
#define    nclx_klx        0x00        // 空类型
#define    nclx_uc         0x55        // unsinned char ( uc8 )
#define    nclx_ui         0x66        // unsinned int ( ui16 )
#define    nclx_ul         0x77        // unsinned long ( ul32 )
```

(2) 内存区创建标志

```
#define    nccj_on         0xff
#define    nccj_off        0x00
```

① nccj_on   表示已经创建内存区。
② nccj_off   表示未创建内存区。

(3) 空号

```
#define    ncqu_kh         0xff
```

(4) 内存区的操作标志

```
#define    nccz_ok         0xff        //内存块申请/释放成功
```

```
#define    nccz_no              0x00           //内存块创建/申请/释放失败
```

(5) 内存区的状态信息
```
#define    nck_man              0xf0           //分区已满:无空闲块
#define    ncqu_no              0x11           //没有内存区
#define    nck_no               0x22           //分区中的内存块无效
#define    czxx_no              0x33           //无操作信息寄存器
#define    nckcd_no             0x44           //块无效
```

(6) 内存区的配置参数
```
#define    ch_ncgl_en           1              //内存管理使能
#define    ch_ncqu_zs           5              //内存管理控制块的数量
#define    ch_nck_zs            16             //内存块最多数量控制:< 255
#define    ch_nccz_en           1              //内存块操作使能
```

2. 定义内存管理控制块

(1) 定义一个类型结构体

形式如下:

```
typedef   struct   neicunkuai
{
//-- 内存区创建标志
uc8     nckbz;
//-- 内存区类型
uc8     ncklx;
//-- 内存区首地址
void   * nckdz;
//-- 内存块总数
uc8     ncksl;
//-- 内存块的大小
ui16    nckcd;
//-- 空闲内存块数量
uc8     nck_kxzs;
//-- 0号块使用标志
uc8     nck_0;
//-- 队列位置索引器
uc8     nck_wz;
//-- 空闲内存块队列
uc8     nck_kxdl[ch_nck_zs];
}CH_NCK;
```

(2) 用类型结构体定义一个结构体数组

形式如下:

```
CH_NCK  xdata  ch_nck[ ch_ncqu_zs ]  ;
```

数组的长度由 ch_ncqu_zs 参数配置,数组的每一个元素都是一个 CH_NCK 类型的结构体。系统中,每创建一个内存分区,就要使用该数组的一个元素来作为内存分区的管理控制块。

(3) 结构体中各个成员的作用

① 内存分区创建标志:nckbz

如果控制块已经管理一个内存分区,那么该标志就等于 nccj_on;如果控制块是一个空闲控制块的话,则表示该控制块没有管理内存分区,那么该标志就等于 nccj_off。

② 内存区类型寄存器:ncklx

该成员是用来保存控制块所管理的内存区的数据类型标志,主要有 3 种:

- 如果定义的内存区的数据类型为 unsinned　char（uc8),则该寄存器等于 nclx_uc。
- 如果定义的内存区的数据类型为 unsinned　int　（ui16),则该寄存器等于 nclx_ui。
- 如果定义的内存区的数据类型为 unsinned　long（ul32),则该寄存器等于 nclx_ul。

如果控制块未管理任何内存区的时候,该寄存器等于 nclx_klx；

③ 内存区首地址寄存器:nckdz

该成员是一个空类型指针变量,,用来保存内存区的首地址,如果控制块是空闲控制块,那么该指针是一个空指针。

④ 内存块总数量寄存器:ncksl

该成员用来保存内存分区中内存块的总数量。

⑤ 内存块长度寄存器:nckcd

该成员用来保存内存块的长度,即内存块中存储单元的数量。

⑥ 空闲内存块数量寄存器:nck_kxzs

该成员用来保存内存区中空闲内存块的总数量。

⑦ 0 号内存块使用标志:nck_0;

如果分区中的 0 号内存块已经被任务申请的话,该标志等于 0xff,否则等于 0x00。

⑧ 空闲内存块索引器:nck_wz

该索引器始终指向空闲内存块队列中第一个存放空闲内存块号的位置,索引器中的数据就是数组(空闲内存块队列)的元素号。

⑨ 空闲内存块队列:nck_kxdl[ch_nck_zs]

该成员是一个数组,用来登记分区中所有空闲内存块的号码,把空闲的内存块编排成一个队列,由索引器从队列中取出空闲内存块的号码,

(4) 内存分区号码与内存管理控制块数组元素的对应关系

假如系统定义了 8 个内存管理控制块,则有:

```
0 号分区 : 数组 0 号元素 ch_nck[ 0 ]
1 号分区 : 数组 1 号元素 ch_nck[ 1 ]
2 号分区 : 数组 2 号元素 ch_nck[ 2 ]
3 号分区 : 数组 3 号元素 ch_nck[ 3 ]
4 号分区 : 数组 4 号元素 ch_nck[ 4 ]
5 号分区 : 数组 5 号元素 ch_nck[ 5 ]
6 号分区 : 数组 6 号元素 ch_nck[ 6 ]
7 号分区 : 数组 7 号元素 ch_nck[ 7 ]
```

可以看出，数组的元素号就是内存分区的号码，这样的设计，主要是便于理解，便于操作，内存分区的号码由内存分区创建函数自动取得并返回给用户使用。

12.2.2 内存管理控制块初始化

在系统的初始化文件中，对内存管理控制块进行初始化的程序代码如下：

```
for(i=0;i<ch_ncqu_zs;i++)
{
  ch_nck[i].nckbz = nccj_off;
  ch_nck[i].ncklx = nclx_klx;
  ch_nck[i].nckdz = (void *)0;
  ch_nck[i].ncksl = 0;
  ch_nck[i].nckcd = 0;
  ch_nck[i].nck_kxzs = 0;
  ch_nck[i].nck_0 = 0x00;
  ch_nck[i].nck_wz = 0;
  for(j=0;j<ch_nck_zs;j++)
  { ch_nck[i].nck_kxdl[j] = 0; }
}
```

初始化后，内存管理控制块处于如下状态：
- 控制块未被内存分区使用。
- 控制块没有得到内存分区的起始地址。
- 内存块的数量为0。
- 空闲内存块数量为0。
- 空闲队列中没有内存块纪录。

12.3 内存分区管理应用函数设计

内存分区划分及内存管理控制块建立之后，要对内存区进行怎样的管理？这些功能怎样提供给用户使用呢？实现的途径就是为用户提供内存管理的应用API功能函数。

RW/CZXT-1.0小型嵌入式操作系统中，内存管理的应用API功能函数如下：

① 创建内存分区。使用该函数，可以在系统中创建内存分区，如果没有先创建的话，系统无法对内存区进行管理，成功创建内存分区后，可得到该内存分区的号码。

② 申请一个内存块。任务使用该函数，可以在已经创建的内存分区中申请一个内存块，申请成功的话，可以得到该内存块的首地址。

③ 释放归还一个内存块。任务使用该函数，可以把一个内存块归还到内存块所属的内存区中。注意要点：内存块从某个内存分区申请，在归还的时候，必须把内存块归还给原来申请的内存分区，绝对不允许把内存块归还给其他内存分区，否则会造成系统出现意想不到的错误。

12.3.1 创建内存分区

内存分区划分出来之后,必须通过创建函数使该分区得到一个内存管理控制块,系统就可以通过该内存管理控制块实现对该内存分区进行管理,没有经过创建函数创建的内存分区,系统无法对其进行管理。RW/CZXT-1.0 小型嵌入式操作系统中,建立一个专用功能函数来实现创建内存分区的功能,函数成功创建内存分区之后,将返回该内存分区的号码,如果创建失败,将设置错误信息,并返回空号。

函数如下:

```
uc8  ch_xj_ncqu(
            void * ncdz,    // 内存区的首地址
            uc8    nckzs,   // 分区中内存块的总数量
            ui16   nckcd,   // 内存块的大小
            uc8    ncklx,   // 指定内存区类型
            uc8  * czxx     // 操作信息
          )
```

函数的参数说明:

① ncdz　是一个空类型指针,用来传入内存区的首地址,空类型指针可以指向任何类型的变量。

② nckzs　传入内存分区中内存块的总数量。

③ nckcd　传入内存块大小的数据,即内存块的长度。

④ ncklx　传入内存分区的数据类型。

⑤ czxx　是一个 uc8 类型的指针,指向操作信息寄存器,函数的操作信息通过该指针存入信息寄存器中。

函数实现的功能:

① 为新创建的内存分区申请一个内存管理控制块。

② 把内存分区的信息存入内存管理控制块中。

③ 返回新建的内存分区的号码。

1. 函数的内部工作流程

由于采用专用的函数来实现创建内存分区这项功能,图 12.1 所示是根据该函数要实现的功能而设计的程序工作流程。

2. 函数的程序代码

```
uc8  ch_xj_ncqu(
            void * ncdz,    // 内存区的首地址
            uc8    nckzs,   // 分区中内存块的总数量
            ui16   nckcd,   // 内存块的长度
            uc8    ncklx,   // 指定内存区类型
            uc8  * czxx     // 操作信息
          )
```

第12章 实现简单内存管理功能

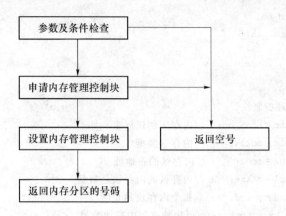

图 12.1 创建内存分区的功能函数的程序流程

```
{
uc8   i;
uc8   quhao;
//-- 传入参数检查
  if(czxx == (void *)0)    //没有信息寄存器
  { return(ncqu_kh); }
  if(ncdz == (void *)0)    //没有内存区地址
  { * czxx = ncqu_no;
    return(ncqu_kh); }
  if(nckzs>ch_nck_zs)      //内存块超出数量
  { * czxx = nck_no;
    return(ncqu_kh); }
  if(ncklx == nclx_klx)    //没有指定内存类型
  { * czxx = nclx_no;
    return(ncqu_kh); }
  if(nckcd<1)              //内存块太小
  { * czxx = nckcd_no;
    return(ncqu_kh); }

//---- 函数执行条件
  if(ch_xtglk.ch_zdzs!=0)
  { * czxx = nccz_no;   return(ncqu_kh) ;}
EA = ch_zd_off;
//---- 申请内存管理控制块
  quhao = 0 ;
  for(i = 0;i<ch_ncqu_zs;i++)
   { if(ch_nck[i].nckbz == nccj_off)
      { quhao = i ;
        i = ch_ncqu_zs;}
     else
      { if((i == (ch_ncqu_zs - 1))&&(quhao == 0))
         { * czxx = nccz_no;
```

```
            EA = ch_zd_on;
            return(ncqu_kh);
          }
        }
      }
//----设置内存管理控制块
    ch_nck[quhao].nckbz = nccj_on;      //内存区创建标志
    ch_nck[quhao].ncklx = ncklx;        //内存区类型
    ch_nck[quhao].nckdz = ncdz;         //内存区的首地址
    ch_nck[quhao].ncksl = nckzs;        //内存区的内存块总数量
    ch_nck[quhao].nckcd = nckcd;        //每个内存块的长度
    ch_nck[quhao].nck_kxzs = nckzs;     //可用的空闲内存块数量
    ch_nck[quhao].nck_0 = 0x00;         //0 号内存块使用标志
    ch_nck[quhao].nck_wz = 0;           //空闲索引器指向队列 0 号位置
//----初始化空闲队列
    if(nckzs > 0)
    {
      for(i = 0;i<nckzs;i++)
      {
        if(i < (nckzs-1))
          {ch_nck[quhao].nck_kxdl[i] = i+1;}
      }
    }
//----返回内存区的号码
    *czxx = nccz_ok;
    EA = ch_zd_on;
    return(quhao);

}
```

3. 函数工作原理详解

函数的相关操作都是在临界状态中进行的。

① 函数执行之前必须对传入参数和系统运行条件进行检查：
- 没有传入操作信息寄存器的地址，则不能创建内存分区，返回空号。
- 没有传入内存区的首地址，设置信息后返回空号。
- 传入的内存块数量超出控制块的管理范围，设置信息后返回空号。
- 没有传入内存区的数据类型，设置信息后返回空号，因为没有指出内存区的数据类型的时候，会造成后面的申请内存块和释放内存块的操作出现错误。
- 传入内存块的长度太小，设置信息后返回空号。

不能在中断服务程序中创建内存分区。

② 申请内存管理控制块。

检查内存管理控制块数组的每个元素，如果某个元素的成员内存分区创建标志等于 nccj_off 时，则说明该控制块未为内存区所用，那么将取出该元素号码，把该号码作为新创建内存区的号码：

```
if(ch_nck[i].nckbz == nccj_off)
  { quhao = i ;                //取得数组的元素号码
    i = ch_ncqu_zs;}           //退出循环
```

如果所有控制块都已经被创建，则设置信息后返回空号。

③ 把内存区的信息存入申请到的内存管理控制块中，操作如下：

- 设置控制块已经被创建。

    ch_nck[quhao].nckbz = nccj_on;

- 存入内存区的数据类型标志。

    ch_nck[quhao].ncklx = ncklx;

- 存入内存区的首地址。

    ch_nck[quhao].nckdz = ncdz;

- 存入内存块的总数量。

    ch_nck[quhao].ncksl = nckzs;

- 存入内存块的长度。

    ch_nck[quhao].nckcd = nckcd;

- 设置空闲内存块的数量等于内存块的总数量。

    ch_nck[quhao].nck_kxzs = nckzs;

- 设置索引器指向空闲内存块队列的 0 号位置。

    ch_nck[quhao].nck_wz = 0;

- 设置 0 号内存块标志为未使用。

    ch_nck[quhao].nck_0 = 0x00;

- 把内存块的号码登记在空闲队列中，0 号内存块位于队列队尾。

```
if(nckzs > 0)
  {
    for(i = 0;i<nckzs;i++)
      {
        if(i < (nckzs - 1))
          {ch_nck[quhao].nck_kxdl[i] = i + 1;}
      }
  }
```

④ 返回新建的内存区的号码。

12.3.2 申请一个内存块

内存分区创建后，任务可以通过申请函数从内存分区中申请到一个内存块，内存块申请成功后,任务就可以在该内存块中存取数据或进行其他操作。在 RW/CZXT-1.0 小型嵌入式操作系统中,建立一个专用的功能函数来实现申请内存块的功能,函数成功申请到内存块之后,将返回该内存块在物理内存中的首地址,这个地址是由一个指针变量保存。

函数为:

```
void * ch_sy_nck(
            uc8    quhao,      //内存区的区号
            uc8 *  czxx         //操作信息
            )
```

该函数是一个指针函数,函数成功执行后,将返回一个指向内存块的指针,即内存块的首地址是保存在该返回指针中。函数返回的指针是一个空类型指针,必须把返回的指针数据存入另外一个数据类型与内存区数据类型相同的指针中,否则在使用的时候需要进行指针类型强制转换。

函数参数说明:

① quhao:传入内存区的号码。
② czxx:是一个指针参数,传入操作信息寄存器的地址。

函数实现的功能:

① 从空闲内存块队列中取出内存块的号码。
② 调整索引器和空闲数量寄存器的数据。
③ 用内存块的号码计算出内存块的首地址。
④ 返回内存块的首地址。

1. 函数的内部工作流程

由于采用专用的函数来实现申请内存块这项功能,图 12.2 所示是根据该函数要实现的功能而设计的程序工作流程。

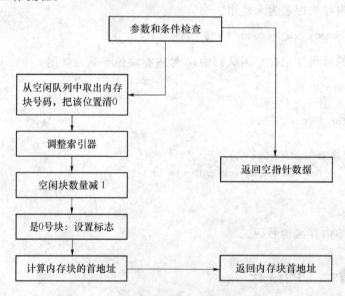

图 12.2　申请内存块的功能函数的程序流程

2. 函数的程序代码

```
void  *  ch_sy_nck(
                  uc8    quhao,           //内存区的区号
                  uc8  *  czxx            //操作信息
                  )
{
void  *  nck_out;
uc8      nck_hao;
uc8          hao;

  if(czxx == (void *)0)                   //没有信息寄存器
   { return((void *)0); }
  if(ch_nck[quhao].nckbz == nccj_off)     //分区未创建
   { * czxx = nccz_no;
     return((void *)0) ;}
  if(ch_nck[quhao].nck_kxzs == 0)         //无空闲内存块
   { * czxx = nck_man;
     return((void *)0) ;}
//--
  EA = ch_zd_off;
  hao = ch_nck[quhao].nck_wz;             //取出位置索引号
  nck_hao = ch_nck[quhao].nck_kxdl[hao];  //从空闲队列中取出内存块号
  ch_nck[quhao].nck_kxdl[hao] = 0;        //清除原来的块号
//--
  if(hao < (ch_nck[quhao].ncksl-1))
   { hao ++ ;
     ch_nck[quhao].nck_wz = hao;          //指向空闲队列下一个位置
   }
  if( ch_nck[quhao].nck_kxzs > 0 )
   { ch_nck[quhao].nck_kxzs -- ; }        //空闲块数量减去 1
//--
  if(nck_hao == 0)                        //已经使用 0 号内存块
   { ch_nck[quhao].nck_0 = 0xff;}

//-- 计算内存块的首地址
  nck_out = ch_nck[quhao].nckdz;
  if( ch_nck[quhao].ncklx == nclx_uc)
   { nck_out = ((uc8 *)nck_out +
     (nck_hao * ch_nck[quhao].nckcd));}
  if( ch_nck[quhao].ncklx == nclx_ui)
   { nck_out = ((ui16 *)nck_out +
     (nck_hao * ch_nck[quhao].nckcd));}
  if( ch_nck[quhao].ncklx == nclx_ul)
   { nck_out = ((ul32 *)nck_out +
```

```
        (nck_hao * ch_nck[quhao].nckcd));}
/*
    if( ch_nck[quhao].ncklx == nclx_uc)
    { nck_out = (void *)((ui16)ch_nck[quhao].nckdz +
            (nck_hao * ch_nck[quhao].nckcd))       ; }
    if( ch_nck[quhao].ncklx == nclx_ui)
    { nck_out = (void *)((ui16)ch_nck[quhao].nckdz +
            ((nck_hao * ch_nck[quhao].nckcd) * 2)); }
    if( ch_nck[quhao].ncklx == nclx_ul)
    { nck_out = (void *)((ui16)ch_nck[quhao].nckdz +
            ((nck_hao * ch_nck[quhao].nckcd) * 4)); }
*/
    * czxx = nccz_ok;
    EA = ch_zd_on;
    return(nck_out);                    //返回内存块的首地址
}
```

3. 函数工作原理详解

函数的相关操作都是在临界状态中进行的。

① 函数执行之前必须对传入参数和进行检查:
- 没有传入操作信息寄存器的地址,则不能创建内存分区,返回空指针。
- 指定的内存区如果未创建,返回空指针。
- 内存区中没有空闲内存块,返回空指针。

② 从空闲队列中取出内存块的号码,并存入局部变量 nck_hao 中。

```
    hao = ch_nck[quhao].nck_wz;              //取出位置索引号
    nck_hao = ch_nck[quhao].nck_kxdl[hao];   //从空闲队列中取出内存块号
    ch_nck[quhao].nck_kxdl[hao] = 0;         //清除记录
```

同时把该位置清 0,表示已经从队列中取走一个空闲内存块。

③ 索引器指向的位置中的内存块取走后,必须调整索引器指向空闲队列的下一个位置,以便下次申请。

```
    if(hao < (ch_nck[quhao].ncksl - 1))
    {  hao ++ ;
       ch_nck[quhao].nck_wz = hao;           //指向空闲队列下一个位置
    }
```

增加队列索引器的作用在于:避免调整队列的操作,以提高系统的实时性能及内存的管理效率。

④ 从队列中取走一个内存块后,内存区中,空闲内存块的数量就减少了一个,那么必须把空闲总数量减去 1。

⑤ 还必须检查取走的内存块的号码是否是 0 号,如果是则要设置标志,否则有可能出现多次取走 0 号内存块,这样将导致系统产生不必要的错误。因为,如果空闲队列有多余的位置,那么这些多余的位置中的数据都是 0,如果没有设置标志,系统会把这些位置中的数据都

认为是0号空闲内存块的号码。每一个内存分区中，只能有一个0号内存块。

⑥ 用取得的内存块的号码计算出该内存块的首地址，其计算公式为：

内存块的首地址 = 内存区首地址 + (内存块号码 × 内存块大小)

因为内存区会存在不同的数据类型，为了能够准确计算出内存块的首地址，采用一个局部指针变量，先使这个局部指针取得内存区的首地址，nck_out = ch_nck[quhao].nckdz，再通过转换该局部指针的数据类型与内存区的数据类型相对应，这样采用该公式就可以准确计算并得到内存块的首地址。

- 内存区为 uc8 类型。

    if(ch_nck[quhao].ncklx == nclx_uc)
    { nck_out = ((uc8   *)nck_out + (nck_hao * ch_nck[quhao].nckcd));}

- 内存区为 ui16 类型。

    if(ch_nck[quhao].ncklx == nclx_ui)
    { nck_out = ((ui16 *)nck_out + (nck_hao * ch_nck[quhao].nckcd));}

- 内存区为 ul32 类型。

    if(ch_nck[quhao].ncklx == nclx_ul)
    { nck_out = ((ul32 *)nck_out + (nck_hao * ch_nck[quhao].nckcd));}

⑦ 最后返回计算得到的内存块的首地址。

12.3.3 释放归还一个内存块

任务如果无需再使用申请的内存块的时候，任务可以用内存块释放函数把内存块归还给所属的内存分区，RW/CZXT-1.0小型嵌入式操作系统中，建立一个专用功能函数来实现任务释放内存块的功能。

函数如下：

```
uc8    ch_sf_nck(
            void *  nc_sdz,      //内存块的首地址
            uc8     quhao        //内存区的区号
                )
```

函数的参数说明：
① nc_sdz：是一个指针参数，传入内存块的首地址。
② quhao：传入内存区的号码。

函数实现的功能：
① 用内存块的首地址计算出内存块的号码。
② 调整索引器和空闲数量寄存器的数据。
③ 把内存块的号码登记在空闲队列中。

1. 函数的内部工作流程

由于采用专用的函数来实现释放归还一个内存块这项功能，图12.3所示是根据该函数要

实现的功能而设计的程序工作流程。

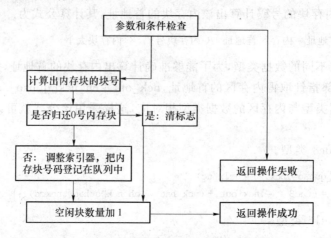

图 12.3 释放内存块的功能函数的程序流程

2. 函数的程序代码

```
uc8     ch_sf_nck(
                void *  nc_sdz,         //内存块的首地址
                uc8     quhao           //内存区的区号
                )
{
uc8     nck_hao;
uc8     hao;

  if(nc_sdz == (void *)0)
  { return(nccz_no) ;}
  if(ch_nck[quhao].nckbz == nccj_off)       //分区未创建
  { return(nccz_no) ;}
  if(ch_nck[quhao].nck_kxzs >= ch_nck[quhao].ncksl)
  { return(nccz_no) ;}

  EA = ch_zd_off;
//--- 计算内存块的号码
  if( ch_nck[quhao].ncklx == nclx_uc)
  {nck_hao = ((nc_sdz - ch_nck[quhao].nckdz )
              / ch_nck[quhao].nckcd )         ;}
  if( ch_nck[quhao].ncklx == nclx_ui)
  {nck_hao = ((nc_sdz - ch_nck[quhao].nckdz )
              / (ch_nck[quhao].nckcd * 2) )   ;}
  if( ch_nck[quhao].ncklx == nclx_ul)
  {nck_hao = ((nc_sdz - ch_nck[quhao].nckdz )
              / (ch_nck[quhao].nckcd * 4) )   ;}
//---
  if(nck_hao == 0)
```

```
    {
      ch_nck[quhao].nck_0 = 0x00;         //归还0号内存块
    }
  else
    {
      hao = ch_nck[quhao].nck_wz;         //取出位置索引号
      if(hao > 0)
        { hao -- ;                         //前进一个位置
          if(ch_nck[quhao].nck_kxdl[hao] == 0)
            { ch_nck[quhao].nck_kxdl[hao] = nck_hao;}
          ch_nck[quhao].nck_wz = hao;
        }
    }
//---
  if( ch_nck[quhao].nck_kxzs
     < ch_nck[quhao].ncksl    )
    { ch_nck[quhao].nck_kxzs ++ ; }       //空闲块数量+1

  EA = ch_zd_on;
  return(nccz_ok);
}
```

3. 函数工作原理详解

函数的相关操作都是在临界状态中进行的。

① 函数执行之前必须对传入参数进行检查。

- 没有指定内存块的首地址,返回操作失败。
- 指定的内存区如果未创建,返回操作失败。
- 如果内存区已满,则说明指定的内存区出错,返回操作失败。

② 用内存块的首地址计算出内存块的号码,计算公式如下:

　　内存块号码=(内存块首地址-内存区首地址)÷
（内存块长度 × 数据类型对应的字节数量）

内存区为 uc8 类型时,其数据类型对应的字节数量为1。
内存区为 ui16 类型时,其数据类型对应的字节数量为2。
内存区为 ul32 类型时,其数据类型对应的字节数量为4。

对于8位的单片机,如有一个内存区,数据类型为 uc8 类型,其内存块的大小(内存块长度)为10时,那么一个内存块将占用10字节。如有一个内存区,数据类型为 ui16 类型,其内存块的大小(内存块长度)为10时,那么一个内存块将占用20字节,字节数量为该内存块长度的2倍。如有一个内存区,数据类型为 ul32 类型,其内存块的大小(内存块长度)为10时,那么一个内存块将占用40字节,字节数量为该内存块长度的4倍。内存区数据类型对应的字节数量,是本公式一个重要的数据,如果数据不准确,那么将无法准确计算出内存块的号码。

- 计算 uc8 类型内存块号码。

```
if( ch_nck[quhao].ncklx == nclx_uc)
  {nck_hao = ((nc_sdz - ch_nck[quhao].nckdz )
              / ch_nck[quhao].nckcd )      ;}
```

- 计算 ui16 类型内存块号码。

```
if( ch_nck[quhao].ncklx == nclx_ui)
  {nck_hao = ((nc_sdz - ch_nck[quhao].nckdz )
              / (ch_nck[quhao].nckcd * 2) )  ;}
```

- 计算 ul32 类型内存块号码。

```
if( ch_nck[quhao].ncklx == nclx_ul)
  {nck_hao = ((nc_sdz - ch_nck[quhao].nckdz )
              / (ch_nck[quhao].nckcd * 4) )  ;}
```

③ 检查归还的内存块号码。
- 是 0 号内存块，不调整索引器，0 号内存块无需登记。
- 不是 0 号内存块，需要调整索引器，使其指向队列前一个位置，并在该位置中存入内存块的号码。

```
hao = ch_nck[quhao].nck_wz;           //取出位置索引号
if(hao > 0)
  { hao -- ;                          //前进一个位置
    if(ch_nck[quhao].nck_kxdl[hao] == 0)
     { ch_nck[quhao].nck_kxdl[hao] = nck_hao;}
    ch_nck[quhao].nck_wz = hao;
  }
}
```

④ 内存块在空闲队列中登记，说明内存区中空闲内存块的数量增加一个，相应地要使空闲总数量加 1。

⑤ 操作完成后，返回操作成功标志。

12.4 内存块操作函数设计

内存块操作函数，实际就是在内存块中进行数据存取的驱动 API 函数，任务可以通过这些驱动函数在已经申请的内存块中存入数据或者读出数据，这些函数实现的功能都是比较简单的。

内存块驱动 API 功能函数主要如下：

① 清除内存块中的数据。该函数实现整段清除的功能，可以清除整个内存块，也可以清除内存块中的一部分，清除的范围由传入参数指定。

② 在内存块中写入一个数据。该函数实现把数据写入内存块的功能，每次只能够写入一个数据，并需要由传入参数指定写入的位置，同时必须指定内存块界限，防止越界写入数据。

③ 从内存块中读出一个数据。该函数实现从内存块中读出数据的功能，每次只能够读出一个数据，并需要由传入参数指定读出的位置，同时必须指定内存块界限，防止越界读取数据。

由于函数内部功能比较简单,所以不进行流程说明。

上述三个函数可以对 SRAM 进行读写操作,可以对 EEPROM 进行读操作,但不适合对 EEPROM 进行写操作,即不能使用 ch_nck_xieru( )函数把数据写入 EEPROM 中,也不能使用 ch_nck_qingchu( )函数对 EEPROM 进行数据清除操作。

12.4.1 清空内存块

任务如果需要对内存块进行数据清除的时候,可以使用该函数来实现清除操作,经过清除之后,内存中的数据将变成 0。

函数如下:

```
uc8   ch_nck_qingchu(
                    void * nck_dz,    //内存块首地址
                    ui16   nck_tou,   //开始位置
                    ui16   nck_wei,   //结束位置
                    ui16   nck_cd,    //内存块长度——操作界限
                    uc8    nck_lx     //内存块的数据类型
                   )
```

函数的参数说明:
① nck_dz   是一个空类型指针,用来传入内存块的首地址。
② nck_tou   用来传入一个起始位置号,指定开始清除的位置。
③ nck_wei   用来传入一个结束位置号,指定最后清除的位置。
④ nck_cd   用来传入内存块的长度,防止操作越界。
⑤ nck_lx   用来传入内存块的数据类型,以保证清除操作的准确性。

1. 函数的程序代码

```
uc8   ch_nck_qingchu(
                    void * nck_dz,    //内存块首地址
                    ui16   nck_tou,   //开始位置
                    ui16   nck_wei,   //结束位置
                    ui16   nck_cd,    //内存块长度——操作界限
                    uc8    nck_lx     //内存块的内存类型
                   )
{
ul32        i;
if( (nck_dz == (void *)0)||
    (nck_lx == 0)          ||
    (nck_wei>nck_cd      ))
    { return(nccz_no); }
// -- uc8
if(nck_lx == nclx_uc)
  {
    for(i = nck_tou;i<nck_wei;i++)
```

```
        { * ((uc8 *)nck_dz + i) = 0;}
        return(nccz_ok);
    }
//--ui16
    if(nck_lx == nclx_ui)
    {
        for(i = nck_tou;i<nck_wei;i++)
        { * ((ui16 *)nck_dz + i) = 0;}
        return(nccz_ok);
    }
//--ul32
    if(nck_lx == nclx_ul)
    {
        for(i = nck_tou;i<nck_wei;i++)
        { * ((ul32 *)nck_dz + i) = 0;}
        return(nccz_ok);
    }
}
```

2. 函数工作原理详解

① 函数执行之前必须对传入参数进行检查：
- 没有指定内存块的首地址，返回操作失败。
- 没有指定内存块的数据类型，返回操作失败。
- 如果指定的结束位置超出内存块长度，返回操作失败，检查这个参数，主要用于防止出现越界操作的现象。

② 清除操作。
- 采用一个循环体来控制要清除数据的内存范围，nck_tou 指定清除的起始位置，nck_wei 指定清除的结束位置。
- 在清除操作进行之前，必须检查内存块的数据类型，根据不同的类型，首先需要转换指针 nck_dz 的类型，使指针的类型与内存块的数据类型相对应，再通过指针进行清除操作。
- 内存块为 uc8 类型，清除操作如下：

```
    if(nck_lx == nclx_uc)
    {
        for(i = nck_tou;i<nck_wei;i++)
        { * ((uc8 *)nck_dz + i) = 0;}    // 把指针转换为 uc8 数据类型
        return(nccz_ok);
    }
```

- 内存块为 ui16 类型，清除操作如下：

```
    if(nck_lx == nclx_ui)
    {
        for(i = nck_tou;i<nck_wei;i++)
```

```
            { * ((ui16 *)nck_dz + i) = 0;}        // 把指针转换为 ui16 数据类型
            return(nccz_ok);
        }
```

- 内存块为 ul32 类型,清除操作如下:

```
        if(nck_lx == nclx_ul)
        {
            for(i = nck_tou;i<nck_wei;i++)
            { * ((ul32 *)nck_dz + i) = 0;}         // 把指针转换为 ul32 数据类型
            return(nccz_ok);
        }
```

③ 清除操作完成后,返回操作成功标志。

12.4.2 在内存块中写入一个数据

任务成功申请到内存块之后,经常需要把产生的数据保存在该内存块中。把数据保存在内存块中,实际就是把数据写入内存块。任务可以使用该函数把一个数据写入到指定的内存块中,数据的最大值为 4294967296,函数每次只能实现一个数据的写入操作。

函数如下:

```
uc8  ch_nck_xieru(
                void *   nck_dz,      //内存块首地址
                ui16     nck_wz,      //内存块中的位置
                ui16     nck_cd,      //操作界限
                uc8      nck_lx,      //内存块的类型
                ul32     shuju        //数据
                )
```

函数的参数说明:
① nck_dz   是一个空类型指针,用来传入内存块的首地址。
② nck_wz   用来传入一个位置号,指定写入数据的位置。
③ nck_cd   用来传入内存块的长度,防止操作越界。
④ nck_lx   用来传入内存块的数据类型,以保证数据的准确性。
⑤ shuju   用来传入要写入内存块的数据,数据的最大值为 4 294 967 296。

1. 函数的程序代码

```
uc8  ch_nck_xieru(
                void *   nck_dz,      //内存块首地址
                ui16     nck_wz,      //内存块中的位置
                ui16     nck_cd,      //操作界限
                uc8      nck_lx,      //内存块的类型
                ul32     shuju        //数据
                )
```

```
{
if((nck_dz == (void *)0) ||
    (nck_lx == nclx_klx) ||
    (nck_wz > (nck_cd - 1)))
  { return(nccz_no);}
//-- uc8
if(nck_lx == nclx_uc)
  {
    *((uc8 *)nck_dz + nck_wz) = (uc8)shuju;
    return(nccz_ok);
  }
//-- ui16
if(nck_lx == nclx_ui)
  {
    *((ui16 *)nck_dz + nck_wz) = (ui16)shuju;
    return(nccz_ok);
  }
//-- ul32
if(nck_lx == nclx_ul)
  {
    *((ul32 *)nck_dz + nck_wz) = shuju;
    return(nccz_ok);
  }
}
```

2. 函数工作原理详解

① 函数执行之前必须对传入参数进行检查：
- 没有指定内存块的首地址，返回操作失败。
- 没有指定内存块的数据类型，返回操作失败。
- 如果指定的位置不在内存块中，返回操作失败，检查这个参数，主要用于防止出现越界操作的现象。

② 数据写入操作。

写入数据的时候，必须检查内存块的数据类型，根据不同的类型，进行不同的操作。为了能够准确把数据写入到指定的位置，首先需要转换指针 nck_dz 的类型，使指针的类型与内存块的数据类型相对应，再通过运算之后，就可以准确地把 shuju 参数传入的数据写入到指定的位置中。

- 内存块为 uc8 类型，其写入操作如下：

```
if(nck_lx == nclx_uc)
  { // 把指针转换为 uc8 数据类型；
    *((uc8 *)nck_dz + (nck_wz)) = (uc8)shuju;
    return(nccz_ok);
  }
```

● 内存块为 ui16 类型，其写入操作如下：

```
if(nck_lx == nclx_ui)
{   // 把指针转换为 ui16 数据类型；
    * ((ui16 *)nck_dz + (nck_wz)) = (ui16)shuju;
    return(nccz_ok);
}
```

● 内存块为 ul32 类型，其写入操作如下：

```
if(nck_lx == nclx_ul)
{   // 把指针转换为 ul32 数据类型；
    * ((ul32 *)nck_dz + (nck_wz)) = shuju;
    return(nccz_ok);
}
```

③ 写入操作完成后，返回操作成功标志。

12.4.3　从内存块中读出一个数据

任务因为某种需要，经常要从内存块中读出数据，可以使用该函数从指定的内存块中读出一个数据，数据的最大值为 4 294 967 296，函数每次只能实现一个数据的读出操作。

函数如下：

```
uc8     ch_nck_duchu(
            void    *   nck_dz,     //内存块的首地址
            ui16        nck_wz,     //内存块中的位置
            ui16        nck_cd,     //操作界限
            uc8         nck_lx,     //内存块的内存类型
            void    *   shu_dz      //数据的寄存区
        )
```

函数参数说明：

① nck_dz　是一个空类型指针，用来传入内存块的首地址。
② nck_wz　用来传入一个位置号，指定读出数据的位置。
③ nck_cd　用来传入内存块的长度，防止操作越界。
④ nck_lx　用来传入内存块的数据类型，以保证数据的准确性。
⑤ shu_dz　是一个空类型指针，用来传入数据寄存器的地址，数据读出后存入该寄存器中。

1. 函数的程序代码

```
uc8     ch_nck_duchu(
            void    *   nck_dz,     //内存块的首地址
            ui16        nck_wz,     //内存块中的位置
            ui16        nck_cd,     //操作界限
            uc8         nck_lx,     //内存块的内存类型
```

```
                    void  *  shu_dz    //数据的寄存区
                                    )
{
  if((nck_dz == (void *)0)   ||
    (nck_lx == nclx_klx)    ||
    (nck_wz > (nck_cd - 1))||
    (shu_dz == (void *)0)     )
   { return(nccz_no);}
//--uc8
if(nck_lx == nclx_uc)
   {
    *(uc8 *)shu_dz = *((uc8 *)nck_dz + (nck_wz));
    return(nccz_ok);
   }
//--ui16
if(nck_lx == nclx_ui)
   {
    *(ui16 *)shu_dz = *((ui16 *)nck_dz + (nck_wz));
    return(nccz_ok);
   }
//--ul32
if(nck_lx == nclx_ul)
   {
    *(ul32 *)shu_dz = *((ul32 *)nck_dz + (nck_wz));
    return(nccz_ok);
   }
}
```

2. 函数工作原理详解

① 函数执行之前必须对传入参数进行检查：
- 没有指定内存块的首地址，返回操作失败。
- 没有指定内存块的数据类型，返回操作失败。
- 如果指定的位置不在内存块中，返回操作失败，检查这个参数，主要用于防止出现越界操作的现象。
- 没有指定数据的存放寄存器，返回操作失败，本函数是通过一个指针把读出的数据存入指定的寄存器中，不是采用函数返回的形式读出的数据。

② 数据读出操作。

读出数据的时候，同样必须检查内存块的数据类型，根据不同的类型，进行不同的操作。为了能够准确从指定的位置读出数据，首先需要转换指针 nck_dz 的类型，使指针的类型与内存块的数据类型相对应，再通过运算之后，就能够准确从指定的位置中读出数据。读出的数据在存入数据寄存器之前，也应该把指向数据寄存器的指针 shu_dz 转换为与 nck_dz 指针相同的数据类型，这样才能保证数据的准确性和完整性。

- 内存块为 uc8 类型，其读出操作如下：

    if(nck_lx == nclx_uc)
    { // 转换指针的数据类型
      * (uc8 *)shu_dz = * ((uc8 *)nck_dz + nck_wz);
      return(nccz_ok);
    }

- 内存块为 ui16 类型，其读出操作如下：

    if(nck_lx == nclx_ui)
    { // 转换指针的数据类型
      * (ui16 *)shu_dz = * ((ui16 *)nck_dz + nck_wz);
      return(nccz_ok);
    }

- 内存块为 ul32 类型，其读出操作如下：

    if(nck_lx == nclx_ul)
    { // 转换指针的数据类型
      * (ul32 *)shu_dz = * ((ul32 *)nck_dz + nck_wz);
      return(nccz_ok);
    }

③ 读出操作完成后，返回操作成功标志。

12.5 应用实验

本应用实验的程序代码编写在 DRW－XT－012 实例工程的 MAIN 文件中，实验以原理简单、知识容易理解、着重掌握内存管理功能模块的应用方法等要求进行设计。

12.5.1 实验的项目

① 在应用实验中创建 3 个应用任务和 1 个内存分区。
② 从内存分区中申请 3 个内存块。
③ 实验功能：任务使用操作系统内存管理功能的 API 函数。

使用内存分区中的 3 个内存块，分别作为定时器的触点标志、时间计数器、时间设定寄存器。设计 5 个软件定时器，对应于内存块的长度。

在按键 k1 的控制下，对应选择 5 个定时器中的一个定时器进行工作，定时器工作时间达到设定值时，定时器的触点标志为 0xff，控制对应的指示灯工作（点亮）。

12.5.2 应用任务的工作分配

① 操作系统的 1 号任务（首次任务）执行的工作：
- 初始化按键标志、按键计数器。

- 创建 3 个应用任务。
- 创建 1 个内存分区。
- 从内存分区中申请 3 个内存块。

② 2 号任务执行的工作：

2 号任务为定时器选择的任务。在按键 k1 按下时，按键计数器自动加 1，当按键计数器的数值为 5 时自动把计数器的数值清零。用该计数器的数值来选择定时器。

③ 3 号任务执行的工作。3 号任务为定时器工作的控制任务。按键计数器选中的定时器开始进行计时，当定时器的计时数据达到设定数据时，把定时器的触点设置为 0xff。没有选中的定时器全部不进行工作。定时器的计时单位为 100ms。

④ 4 号任务执行的工作。检测定时器触点的状态并控制对应的指示灯。

12.5.3 本实验的程序代码

```
//K1
sbit    k1 = P3^2;
//LED0 - LED4
sbit    led_0 = P1^0;
sbit    led_1 = P1^1;
sbit    led_2 = P1^2;
sbit    led_3 = P1^3;
sbit    led_4 = P1^4;
//---
uc8     k1_bz;
uc8     k_jsq;
uc8     clr_i;
uc8     led_i;
//内存区
uc8 xdata    shuzu[5][5];
uc8          nchao;
uc8          cz ;
//内存块指针
uc8 xdata    * ds_cd;
uc8 xdata    * ds_js;
uc8 xdata    * ds_sz;
//声明任务函数
void    renwu_2();
void    renwu_3();
void    renwu_4();

//-- MAIN --//
void    main()
{
//1:系统初始化
```

```
   ch_xt_int();
//2：启动系统
   ch_xt_on();
}


//1：
//----------------------
void  renwu_1()
{  k1_bz = 0;
   k_jsq = 0;
   while(1)
   {
//创建任务
      ch_xjrenwu( 2 , renwu_2 );
      ch_xjrenwu( 3 , renwu_3 );
      ch_xjrenwu( 4 , renwu_4 );
//创建内存分区
      nchao = ch_xj_ncqu(shuzu, 5, 5, nclx_uc, &cz);
//申请内存块
      ds_cd = ch_sy_nck( nchao ,&cz );
      ds_js = ch_sy_nck( nchao ,&cz );
      ds_sz = ch_sy_nck( nchao ,&cz );
//写入参数
      ch_nck_xieru(ds_sz,0,5,nclx_uc,30);
      ch_nck_xieru(ds_sz,1,5,nclx_uc,50);
      ch_nck_xieru(ds_sz,2,5,nclx_uc,80);
      ch_nck_xieru(ds_sz,3,5,nclx_uc,100);
      ch_nck_xieru(ds_sz,4,5,nclx_uc,150);
//任务挂起
      ch_rwtingzhi( 0 );
   }
}


//2：
//----------------------
void  renwu_2()
{
while(1)
{
  if( k1 == 0 )
  { if(k1_bz != 0xff)
     { k1_bz = 0xff;
        if( k_jsq < 5 )
          { k_jsq ++ ;}
        else
```

```
                { k_jsq = 0;}
            }
        }
        else
        { k1_bz = 0;}


        ch_rwys_tk(20);
    }
}


//3:
//------------------------
void   renwu_3()
{
while(1)
{
    switch(k_jsq)
    {
    case  0:
        if( *(ds_js + 0)< *(ds_sz + 0))
        { *(ds_js + 0) += 1; }
        else
        { *(ds_cd + 0) = 0xff;}
    break;
    case  1:
        if( *(ds_js + 1)< *(ds_sz + 1))
        { *(ds_js + 1) += 1; }
        else
        { *(ds_cd + 1) = 0xff;}
    break;
    case  2:
        if( *(ds_js + 2)< *(ds_sz + 2))
        { *(ds_js + 2) += 1; }
        else
        { *(ds_cd + 2) = 0xff;}
    break;
    case  3:
        if( *(ds_js + 3)< *(ds_sz + 3))
        { *(ds_js + 3) += 1; }
        else
        { *(ds_cd + 3) = 0xff;}
    break;
    case  4:
        if( *(ds_js + 4)< *(ds_sz + 4))
        { *(ds_js + 4) += 1; }
```

第 12 章　实现简单内存管理功能

```
            else
             { *(ds_cd + 4) = 0xff;}
            break;
           }
//
      for(clr_i = 0;clr_i＜5;clr_i ++ )
        {
         if(clr_i != k_jsq)
           {
            *(ds_js + clr_i) = 0;
            *(ds_cd + clr_i) = 0;
           }
        }
      ch_rwys_tk(10);
    }
 }
//4:
//------------------------
void   renwu_4()
{ while(1)
  {
    for(led_i = 0;led_i＜5;led_i ++ )
      {
        switch(led_i)
         {
           case 0:
           if( *(ds_cd + 0) == 0xff)
            { led_0 = 0;}
           else
            { led_0 = 1;}
           break;
           case 1:
           if( *(ds_cd + 1) == 0xff)
            { led_1 = 0;}
           else
            { led_1 = 1;}
           break;
           case 2:
           if( *(ds_cd + 2) == 0xff)
            { led_2 = 0;}
           else
            { led_2 = 1;}
           break;
           case 3:
           if( *(ds_cd + 3) == 0xff)
```

```
            { led_3 = 0;}
        else
            { led_3 = 1;}
        break;
        case 4:
        if( * (ds_cd + 4) == 0xff)
            { led_4 = 0;}
        else
            { led_4 = 1;}
        break;
        }
    }
    ch_rwys_tk( 10 );
    }
}
```

总　结

　　本章主要是为操作系统建立内存管理功能,着重描述内存分区划分、管理、应用操作等功能的设计方法,体现在以下方面:
　　① 讲解操作系统内存管理的基本知识。
　　② 分析内存分区划分方法及其管理机制。
　　③ 详细分析内存管理控制块的构成及其功能。
　　④ 详细分析内存管理功能的应用 API 函数,简述函数的工作流程图,分析函数的内部功能,详解这些函数的程序代码的工作原理。
　　⑤ 详细分析了内存块驱动函数的程序代码的工作原理。
　　⑥ 通过一个应用实例,介绍 RW/CZXT-1.0 操作系统内存管理功能的应用方法:内存划分、创建内存分区、申请内存块及内存块操作等。

第 13 章 操作系统的服务功能

本章重点：
构建 RW/CZXT-1.0 小型嵌入式操作系统的服务功能：
- 建立操作系统的复位(系统重启动)功能。
- 建立操作系统的暂停服务功能。

建立工程文件：
在 DRW-XT-012 工程实例的基础上，建立另外一个工程实例 DRW-XT-013，并为 DRW-XT-013 实例工程新建一个源程序文件：XT-FUWU.C，该文件为操作系统的服务功能文件，把该文件保存在 DRW-XT-013 实例工程中，同时，在 RW-CZXT-1.0 文件中采用 include "XT-FUWU.C" 语句把服务功能文件加入到工程中，以便一起进行编译。系统服务功能的应用函数的程序代码就在该文件上进行编写。

13.1 系统服务功能介绍

在 RW/CZXT-1.0 小型嵌入式操作系统中建立系统服务功能，使系统可以适用于某些特殊的应用工程，或者适用于某些特殊应用的需要。如要求在系统运行异常时可以使操作系统进行重新启动，某些特殊情况需要暂停操作系统的运行，让出 CPU，使 CPU 可以执行特殊的程序代码。

在 RW/CZXT-1.0 小型嵌入式操作系统上，可以构建很多的服务功能，在此，建立的服务功能主要有：

① 操作系统复位(系统重启动)服务功能。系统复位服务功能，是使操作系统重新进行初始化操作和启动任务运行，也即使操作系统重新启动，相等于系统通电启动的功能。注意，该功能并非使 CPU 进行复位。

复位服务功能只能控制操作系统重新启动，以命令的形式提供给用户使用。

② 操作系统暂停服务功能。系统暂停服务功能，针对需要提供特定运行环境的某种特殊服务，该特定的服务环境就是 RW/CZXT-1.0 小型嵌入式操作系统的暂停服务功能。特定的服务环境是由一个专用的应用服务函数构成，用户可以在该应用服务函数中编写程序代码，实现需要的服务功能。

系统暂停服务功能由两个引导函数控制：
- 进入引导函数。
- 退出引导函数。

13.2 系统服务功能设计

在 RW/CZXT-1.0 小型嵌入式操作系统中建立系统的服务功能，关键是为每个服务功能建立相应的引导函数和服务功能函数。

13.2.1 系统服务功能的工作原理

服务功能的工作原理如图 13.1 所示。

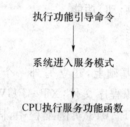

图 13.1　服务功能工作原理

13.2.2 工作原理分析

执行引导命令：

建立一个服务功能，都必须先建立该功能的执行引导命令，命令由引导函数宏定义构成。引导函数的主要功能如下：
- 把操作系统的当前状态修改为服务状态。
- 引导函数把服务功能函数的入口地址引导（存入）到服务运行栈中。
- 调整 CPU 的堆栈指针 SP 指向服务运行栈。
- 引导函数返回时（CPU 执行 RET 指令时进行出栈操作），控制 CPU 执行服务功能函数；

设计引导函数之前，必须先在 RW/CZXT-1.0 小型嵌入式操作系统的头文件 XT.H 中定义一个 uc8 类型的一维数组，用来作为 CPU 运行服务功能的服务运行栈，引导函数中的引导操作就是把服务功能函数的入口地址存入服务运行栈中。

控制系统进入服务状态：

在引导函数中，进行一项重要的工作：把操作系统的当前状态修改为服务状态。

操作系统在进入服务状态之后，系统内核暂停部分功能，如果操作系统在进入服务状态之后 CPU 执行的是系统复位功能，那么系统重新初始化和启动任务运行。

暂停的工作主要有：
- 暂停进行任务调度。

- 暂停任务的运行。

CPU 执行服务功能函数：

服务功能是由一个服务功能函数构成，要实现什么样的功能，只要把程序代码编写在服务功能函数中即可，CPU 执行了服务功能函数中的程序代码，就可以实现相应的功能。

在引导函数中，引导操作会把服务功能函数的入口地址存入服务运行栈，并调整 CPU 的堆栈指针 SP 指向服务运行栈，在引导函数返回时（CPU 执行引导函数的 RET 指令时），CPU 自动把服务运行栈中的数据（服务功能函数的入口地址）弹入 CPU 的程序计数器 PC 中，此时，服务功能函数开始被 CPU 执行。

13.2.3　服务功能配置

在 RW/CZXT-1.0 小型嵌入式操作系统的配置文件 XT.PZ 中建立两个配置项，用来对建立的服务功能进行配置，该配置项如下：

服务功能使能配置：

```
#define   ch_fuwu_en         0
```

服务运行栈长度配置：

```
#define   ch_fwzhan_cd       30
```

如果把 ch_fuwu_en 配置为 1，表示服务功能有效；如果把 ch_fuwu_en 配置为 0，表示服务功能无效。在实际应用中，用户可以根据需要对服务功能进行配置。如果 ch_fuwu_en 配置为 1，服务功能文件中的程序代码将被加入系统一起编译，服务功能的应用函数可以被使用。

ch_fwzhan_cd 为服务运行栈长度配置项，用来配置一维数组的长度，即数组的元素数量。该项配置时，要考虑一个问题，CPU 在执行服务功能函数的程序代码时，是否允许 CPU 响应中断服务，如果是，那么服务运行栈必须配置足够的长度，否则会导致数据覆盖，造成系统错误，出现操作系统崩溃的问题。

13.2.4　相关定义

设计服务功能之前需要进行两项重要的定义：

① 在服务功能的引导函数中，要把操作系统的当前状态修改为服务状态，那么在宏定义文件中需要定义一个与服务状态对应的宏标志，定义如下：

```
#define   ch_fwms            0x04
```

修改操作系统的当前状态为服务状态，即就是把系统管理控制块中的系统状态寄存器中的数据修改为 ch_fwms。

② 在服务功能的引导函数中，引导操作要把服务功能函数的入口地址引导到服务运行栈中，那么需要为系统的服务功能定义一个运行栈，服务运行栈的定义如下：

```
#if   ch_fuwu_en == 1
```

```
uc8    idata   fwzhan[ch_fwzhan_cd];
#endif
```

定义服务运行栈的条件是操作系统的服务功能已经被使能,即把 ch_fuwu_en 配置为 1,服务运行栈是以一维数组的形式进行定义,数组的长度由 ch_fwzhan_cd 配置项决定。

13.2.5 操作系统复位服务

操作系统复位服务功能,实际就是控制操作系统重新启动的一项服务功能,该功能的实现步骤如下:
- 设计复位引导函数。
- 设计复位功能执行函数(服务功能函数)。

1. 设计复位引导函数 ch_rst_in(void)

复位引导函数,是复位服务功能的命令函数,把引导函数宏定义成一个命令标号,提供应用引导命令。CPU 执行引导命令,实际是执行引导函数,该函数设计成专用函数。

(1) 复位引导函数内部工作原理
① 系统进入临界保护状态。
② 把系统的当前状态修改为服务状态。
③ 进行引导操作:
- 把复位功能执行函数的入口地址加载到服务运行栈中。
- 调整 CPU 的堆栈指针 SP 指向服务运行栈。
④ 系统退出临界保护状态。
⑤ 引导函数返回时的出栈操作(硬件自动操作)。

(2) 程序代码设计

根据复位引导函数的工作原理,函数的程序代码设计如下:

```
void ch_rst_in( void )
{
EA = ch_zd_off;
ch_xtgkl.ch_fuwu = ch_fwms;
fwzhan[1] = (ui16)ch_xtrst&0xff;
fwzhan[2] = (ui16)ch_xtrst >> 8;
SP = fwzhan + 2;
EA = ch_zd_on;
}
```

程序代码中,ch_xtrst 是服务功能执行函数的名称,代表服务功能执行函数的入口地址。ch_rst_in( ) 函数的程序代码中,最主要的是引导操作,其操作过程如下:
- 把服务功能执行函数的入口地址的低 8 位数据存入服务运行栈的 1 号元素中。

```
fwzhan[1] = (ui16)ch_xtrst&0xff ;
```

- 把服务功能执行函数的入口地址的高 8 位数据存入服务运行栈的 2 号元素中。

```
fwzhan[2]=(ui16)ch_xtrst >> 8;
```

- 调整堆栈指针指向服务运行栈。

```
        SP = fwzhan + 2;
```

把堆栈指针指向服务运行栈的 2 号元素,即 SP 取得 2 号元素的地址,那么函数返回时,在堆栈指针的作用下,服务功能执行函数的入口地址会自动出栈,弹入 CPU 的 PC 中。

(3) 宏定义引导命令

因为复位引导函数是一个专用的引导函数,那么可以采用宏定义功能把复位引导函数定义成一个引导命令标号,应用中只要使用该命令标号即可,宏定义形式如下:

```
#define      XTRST         ch_rst_in()     //系统复位命令
```

XTRST 就是复位服务功能的引导命令,应用中使用该命令时,会控制操作操作系统重新启动,所以应用时必须仔细考虑。

2. 设计复位功能执行函数

复位功能执行函数,是 CPU 在复位引导函数的作用下执行的功能函数,函数主要功能是控制操作系统重新初始化和启动任务运行,函数的内部操作实际与 MAIN( ) 函数的内部操作相同。实际上,只要把复位引导函数中的 ch_xtrst 改变为 MAIN,即把 MAIN 函数的入口地址存入服务运行栈中,就可以把 MAIN( ) 函数作为复位功能执行函数。如下:

```
void     ch_rst_in(void)
{
EA = ch_zd_off;
ch_xtgkl.ch_fuwu = ch_fwms;
fwzhan[1]=(ui16)main&0xff;
fwzhan[2]=(ui16)main >> 8;
SP = fwzhan + 2;
EA = ch_zd_on;
}
```

采用这个引导函数,直接把 main 函数作为复位功能函数。用户可以在 MAIN 函数设计其他初始化的程序代码,如新建任务、信号量、邮箱、消息队列、内存分区等。

但为了功能区别,重新设计一个复位功能执行函数 ch_xtrst(void)。

编写函数 ch_xtrst(void),并把 MAIN 函数内部的程序代码复制到 ch_xtrst(void)函数中,ch_xtrst(void)函数的程序代码如下:

```
void     ch_xtrst( void )
{
//1 :系统初始化
  ch_xt_int();
//2 :启动任务运行
  ch_xt_on();
}
```

采用该复位功能函数 ch_xtrst(void)的话,MAIN 函数中的程序代码必须与该函数相同,也即用户不可以在 MAIN 函数中设计其他初始化程序代码,否则,在系统复位重新启动的时候,这部分程序代码不会被 CPU 执行,造成错误。

13.2.2 操作系统暂停服务

操作系统暂停服务功能,实际就是控制 CPU 暂停运行操作系统,使 CPU 转去执行特殊功能程序代码的一项服务功能,服务功能执行完成后,控制 CPU 重新开始运行操作系统。

暂停服务功能的工作原理设计:
- 使操作系统中当前的运行任务暂时停止运行,并保存任务的断点数据。
- 暂停进入引导函数执行引导操作(操作方法与复位服务功能相同)。
- CPU 执行服务功能函数。
- 暂停退出引导函数进行引导操作(恢复任务的断点数据)。
- 操作系统中的当前任务重新开始运行。

该功能的实现步骤如下:
- 设计暂停进入引导函数。
- 设计暂停退出引导函数。
- 设计暂停服务功能函数。

当操作系统被暂停后,CPU 在引导函数的作用下执行服务功能函数的程序代码,在执行完成后,必须引导 CPU 退出服务功能函数,如果服务功能函数内部不是一个无限循环体的话,不引导 CPU 退出,则会出现意想不到的后果,造成操作系统无法继续运行。其主要原因如下:
- SP 没有正确的指向。
- CPU 的程序计数器 PC 得不到正确的程序代码的地址。

1. 设计暂停进入引导函数 ch_zanting_in(void (* gndz)( ))

暂停进入引导函数,主要用来控制 CPU 暂停运行操作系统,使 CPU 转去执行服务功能函数,暂停进入引导函数不宏定义成引导命令。

(1) 暂停进入引导函数内部工作原理设计

① 系统进入临界保护状态。
② 当前运行任务的断点数据进栈并存入任务对应的私有栈中。
③ 把操作系统的当前状态修改为服务状态。
④ 进行引导操作:
- 把服务功能函数的入口地址加载到服务运行栈中。
- 调整 CPU 的堆栈指针 SP 指向服务运行栈。

⑤ 系统退出临界保护状态。
⑥ 引导函数返回时,进行出栈操作(服务功能函数的入口地址被弹入 CPU 的程序计数器 PC 中),CPU 执行服务功能函数。

暂停进入引导函数的设计上与复位引导函数有点区别,因为暂停服务功能完成后,必须使用暂停退出引导函数控制 CPU 停止执行服务功能函数,使 CPU 继续运行操作系统。那么暂停进入引导函数设计的一个重点就是要保存操作系统中当前运行任务的断点数据,以便退出引导函数可以恢复该任务的断点数据,确保 CPU 可以从任务的断点处开始执行程序,实现系统无缝运行。

运行任务断点数据(寄存器的名称和数量)的入栈保存操作与任务调度器的入栈保存操作相同。

为了可以给实际应用创造多个特殊的程序运行环境,暂停进入引导函数在设计上采用传入参数的方法,使引导函数可以引导 CPU 执行不同的服务功能函数,传入引导函数的参数就是服务功能函数的入口地址。

(2) 函数程序代码设计

```
void   ch_zanting_in( void ( * gndz)( ) )
{
#if    ch_rwtd_xs == 1
uc8    yzdz;
uc8    x;
uc8    y;
uc8    i;
#endif
EA = ch_zd_off;
#if    ch_rwtd_xs == 0

       __asm   PUSH      ACC        //保存运行任务的断点数据
       __asm   PUSH      B
       __asm   PUSH      DPH
       __asm   PUSH      DPL
       __asm   PUSH      PSW
       __asm   PUSH      AR0
       __asm   PUSH      AR1
       __asm   PUSH      AR5
       __asm   PUSH      AR6
       __asm   PUSH      AR7
    ch_rwk[yxhao].rwsp = SP;
#endif
#if    ch_rwtd_xs == 1
       __asm   PUSH      ACC
       __asm   PUSH      B
       __asm   PUSH      DPH
       __asm   PUSH      DPL
       __asm   PUSH      PSW
       __asm   PUSH      AR0
       __asm   PUSH      AR1
       __asm   PUSH      AR4
       __asm   PUSH      AR5
       __asm   PUSH      AR6
       __asm   PUSH      AR7
```

```
            yzdz = yxzhan;
            ch_rwk[ch_xtglk.yxhao].rwsp = SP - yzdz;
            x = 0;
            y = 0;
            for(i = ch_rwk[ch_xtglk.yxhao].rwsp; i>0 ; i--)
              {
                y ++;
                x ++;
                rwzhan[ch_xtglk.yxhao][x] = yxzhan[y];
              }
    #endif
      ch_xtglk.ch_xtzt = ch_fwms;
      fwzhan[1] = (ui16)gndz & 0xff;
      fwzhan[2] = (ui16)gndz>>8;
      SP = fwzhan + 2;
      EA = ch_zd_on;
    }
```

函数中入栈保存操作的程序代码与调度器的程序代码相同,其工作原理参考调度器设计的章节。函数的引导操作主要是通过一个函数指针 void (* gndz)( )来取得服务功能函数的入口地址,把服务功能函数的入口地址加载到服务运行栈中,其操作过程与复位引导函数相同。

使用中,把服务功能函数的函数名(代表函数的入口地址)传给 gndz ,引导函数 ch_zanting_in(void (* gndz)( ))就能够把服务功能函数的入口地址加载到服务运行栈中。不同的服务功能函数,其入口地址是不同的,但都可以通过暂停进入引导函数 ch_zanting_in(void (* gndz)( ))来引导,更加方便实际应用,同时也增加应用的灵活性。

2. 设计暂停退出引导函数 ch_zanting_out(void)

暂停退出引导函数,主要用来控制 CPU 不再执行服务功能函数的程序代码,使 CPU 重新执行操作系统上的应用任务,使操作系统恢复为运行状态。暂停退出引导函数宏定义成引导命令。

(1) 暂停退出引导函数内部工作原理设计

① 系统进入临界保护状态。
② 检查系统的状态,把操作系统的当前状态修改为运行状态。
③ 原暂停的当前运行任务的断点数据恢复到 CPU 的寄存器中。
④ 系统退出临界保护状态。

暂停退出引导函数被 CPU 执行时,程序进行自检,如果操作系统当前的状态是服务状态,则函数被继续执行,否则,函数不被执行。

暂停退出引导函数恢复原来被暂停的当前运行任务的断点数据,保证 CPU 可以从任务程序代码的断点处开始运行。把原被暂停进入引导函数保存的任务的断点数据恢复到 CPU 的各个寄存器中,实际就是把任务的断点数据进行出栈,这个出栈操作刚好与暂停进入引导函数的进栈操作相反。

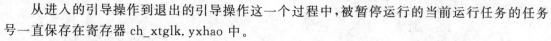
第 13 章　操作系统的服务功能

从进入的引导操作到退出的引导操作这一个过程中,被暂停运行的当前运行任务的任务号一直保存在寄存器 ch_xtglk.yxhao 中。

(2) 函数的程序代码设计

```
void    ch_zanting_out( void )
{
#if    ch_rwtd_xs == 1
uc8    x;
uc8    y;
uc8    i;
#endif

if(ch_xtglk.ch_xtzt!= ch_fwms)
   { return ;}
EA = ch_zd_off;
ch_xtglk.ch_xtzt = ch_yxms;

#if    ch_rwtd_xs == 0

        SP = ch_rwk[ch_xtglk.yxhao].rwsp;

    __asm    POP    AR7        //恢复新任务的断点数据
    __asm    POP    AR6
    __asm    POP    AR5
    __asm    POP    AR1
    __asm    POP    AR0
    __asm    POP    PSW
    __asm    POP    DPL
    __asm    POP    DPH
    __asm    POP    B
    __asm    POP    ACC

#endif

#if    ch_rwtd_xs == 1

        x = 0;
        y = 0;
        for(i = ch_rwk[ch_xtglk.yxhao].rwsp; i>0 ; i--)
         {
           y ++;
           x ++;
           yxzhan[ y ] = rwzhan[ch_xtglk.yxhao][x] ;
         }
        SP = yxzhan + ch_rwk[ch_xtglk.yxhao].rwsp ;
```

```
    __asm    POP    AR7
    __asm    POP    AR6
    __asm    POP    AR5
    __asm    POP    AR4
    __asm    POP    AR1
    __asm    POP    AR0
    __asm    POP    PSW
    __asm    POP    DPL
    __asm    POP    DPH
    __asm    POP    B
    __asm    POP    ACC

#endif

    EA = ch_zd_on;
}
```

函数的程序代码与调度器中任务断点数据出栈操作的程序代码相同,其工作原理参考调度器设计的章节。

(3) 宏定义引导命令

暂停退出引导函数是一个暂停服务功能公用的退出引导函数,那么可以采用宏定义功能把退出引导函数定义成一个引导命令标号,应用中只要使用该命令标号即可。宏定义形式如下:

```
#define  FWOUT            ch_zanting_out( )     //暂停退出指令
```

FWOUT 就是暂停服务功能的退出引导命令,应用中使用该命令时,会控制 CPU 停止执行服务功能函数的程序代码,使操作系统退出服务状态,进入运行状态,重新运行原来被暂停的任务。

该命令只能在服务功能函数中使用,并且可以在多个暂停服务功能函数中使用,禁止该命令应用在任务的程序代码中。

3. 暂停服务功能函数

暂停服务功能函数由用户自己设计,设计的时候,需要注意以下两点:①应用中必须先声名要设计的服务功能函数;②在使用暂停服务进入引导函数的时候,要把设计的服务功能函数名称传入给引导函数,暂停服务功能函数可以在 MAIN 文件中编写。

暂停服务功能函数在设计上没有特殊的规定,采用常规的普通函数形式或者任务函数形式都可以。

4. 系统暂停服务功能应用注意

暂停服务功能在应用中应该注意以下事项:

① 不能把服务功能函数当作是一个应用任务,既然不是应用任务,就不可以使用操作系统中的时间管理函数(任务延时函数),任务管理函数,不可以进入等待状态,也不可以被阻塞。

② 在服务功能函数中,必须使用暂停退出引导函数控制操作系统退出服务功能状态,恢

复操作系统为运行状态。进入服务之后,操作系统的大部分管理功能被暂停。

③ 尽量不要在服务功能函数中实现过多的功能,程序代码的执行时间不能超过 1 个时间节拍,以免影响操作系统的实时性能。

④ 暂停服务会占用普通任务运行时间片中的时间,也可能会出现这种情况:普通任务的运行时间片被暂停服务用完,当暂停服务退出时机刚好是两个时间节拍之间,那么该普通任务会继续运行一个时间,该运行时间是两个时间节拍之间在暂停退出的时间点之后的剩余时间。

⑤ 暂停进入引导函数必须在任务环境中使用,即只能在任务函数中使用;暂停退出引导函数只能在服务功能函数中使用,禁止在任务环境中使用。

总　结

通过系统性构建操作系统的服务功能,其过程主要体现在以下几个要点:

① 根据 RW/CZXT-1.0 操作系统的特点,对服务功能的工作原理进行设计,并在操作系统的基础上,开发了两项服务功能:
- 系统复位服务。
- 系统暂停服务。

② 设计上,先建立服务功能的系统条件:
- 相关变量的定义及定义相关的宏名称。
- 建立服务功能的配置项目:使能配置,服务栈长度配置,引导命令等。

③ 服务功能设计:
- 设计服务功能的引导函数:工作原理及其程序代码设计,关键是引导操作。
- 设计服务功能函数。

第3篇 操作系统的应用实战

第 14 章

操作系统在水处理控制系统中的应用

本章重点：
- 水处理系统功能描述。
- 水处理控制系统的硬件设计方案。
- 水处理控制系统的软件设计方案。

在第1篇和第2篇中，详细描述怎样构建（基于 AT89Sxx 系列单片机）一个嵌入式操作系统。建立的嵌入式操作系统，代号名称为 RW/CZXT-1.0。该系统已经具备较高的使用价值，具有目前专业系统的大部分应用功能。

在本章中，通过一个实际应用项目水处理控制系统的设计，介绍基于 RW/CZXT-1.0 设计应用工程的思路和基本的方法。目前，该控制系统已经在本人所在单位（矿泉水生产工厂基地）的水处理系统中运行，且运行稳定性、可靠性都很高。

创建水处理控制系统的工程文件，命名为 SCL-KZXT，在该工程中，再新建两个程序文件：scl-kz.c 和 scl-dy.h，在后面小节中，将对这两个文件进行分析和设计。

14.1 矿泉水水处理系统结构

在矿泉水生产过程中，矿泉水的水处理是生产流程中一项极其重要的处理环节，涉及矿泉水的过滤、净化、消毒、矿物质工艺处理等工艺。

整个水处理系统集成了专业设备、电气零件、气动零件、CPU 控制系统。

专业设备包含不锈钢水泵、精密过滤罐、不锈钢管道、其他辅助部件。

电气零部件包含交流接触器、交流变频器、电磁阀、继电器、压力传感器、液位传感器。

气动零部件包含气缸、电气阀、油水分离器、气管。

CPU 控制系统包含了系统硬件（电子元件）和控制软件。

14.1.1 水处理系统的结构及工艺处理流程

水处理系统的整体结构及其工艺流程如图 14.1 所示。

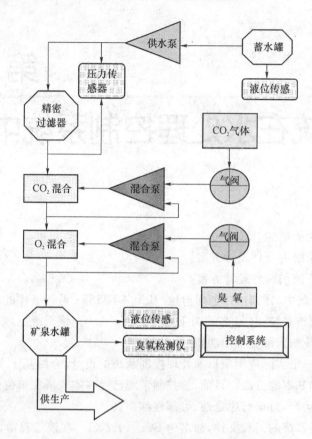

图 14.1　水处理系统结构及工艺流程

14.1.2　矿泉水的处理方法

未经过处理的矿泉水存储在工厂的蓄水储罐中,生产时通过一台供水泵把矿泉水送入专用的三级精密过滤器中进行过滤。过滤之后的矿泉水进入 CO_2 混合器中与 CO_2 气体混合,之后再进入臭氧混合塔中与臭氧气体 O_3 进行混合,混合了 CO_2 和 O_3 的矿泉水存入矿泉水罐中。

- 臭氧是由专用的臭氧发生器产生的,纯臭氧气体经过一台添加泵加入到混合塔内部,与矿泉水充分混合。
- 外加的食用 CO_2 气体经过减压节流调节后,由一台添加泵把此气体加入 CO_2 混合塔内部,使其与矿泉水进行混合。

经过系统处理后的矿泉水就已经可以供给生产线进行生产灌装了。

14.2　水处理系统控制方案

水处理的控制系统主要依据矿泉水水处理工艺和系统设备的工作要求来进行设计。

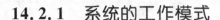

14.2.1 系统的工作模式

水处理控制系统的工作模式分为以下两种：

① 自动模式：该模式在正常工作时使用。

在此工作模式时，系统的运行方法是：按下系统运行启动按钮后，矿泉水罐的液位检测器检测到液位下限时，控制系统先启动臭氧气体混合泵、二氧化碳气体混合泵，延时设定的时间后启动供水泵，打开臭氧气体添加阀和二氧化碳气体添加阀，之后，系统处于运行状态，直到矿泉水罐液位检测器检测到液位上限时，系统停止运行，系统如此循环工作。

按下系统停止运行按钮后，系统处于停止状态。

该模式的运行条件为：蓄水罐的液位检测器检测到正常的液位，也即水罐中有矿泉水。

② 测试模式，该模式是在系统维护、维修保养时使用。

在此工作模式中，可以通过开关单独启、停各个终端设备（供水泵，电磁阀）。

14.2.2 CO_2 混合控制

1. CO_2 参数控制

食用二氧化碳气体 CO_2 是由气瓶提供的，由于充装的是高压液态的，必须在气瓶的出口安装一个电加热减压阀门，减压后的压力为 0.5～0.6 MPa。在供气管路安装一个节流阀，可以调节食用二氧化碳气体供给的流量，同时安装一个压力传感器，下限值设定为：0.4 MPa，主要是检测系统 CO_2 的气压，并把压力信号传给 CPU，当 CO_2 的气压压力低于 0.4 MPa 时，系统报警，水处理系统停止工作。

2. CO_2 气体添加控制

在系统检测到矿泉水罐的液位处于下限时，系统开始运行：启动二氧化碳气体混合泵，打开二氧化碳气体管路中的电磁阀，把二氧化碳气体加入到混合器中。

3. CO_2 气体压力控制

水处理系统运行中，如果 CO_2 气体压力低于设定值时，压力传感器将发送压力异常信号给控制系统中的 CPU，该信号经过延时后仍存在，则 CPU 控制水处理系统停止运行。

14.2.3 臭氧混合控制

1. 臭氧参数控制

往矿泉水中加入臭氧，主要用于杀菌消毒。混合器内加入臭氧，工艺中要求要实时严格地检测矿泉水中的臭氧浓度。为了保证臭氧浓度处在系统的设定的范围内，系统使用一台臭氧在线检测仪，系统通过该仪器实时检测并显示矿泉水中臭氧气体的含量。为稳当起见，此仪器选用德国产"普罗名特"的仪器。使用时，仪器设定检测的上、下限值。在实际工作时，仪器检测到的臭氧浓度不在上、下限值内时，仪器马上输出报警信号，此信号送给 CPU，系统马上报警。

2. 臭氧气体添加控制

在系统检测到矿泉水罐的液位处于下限时,系统开始运行:启动臭氧气体混合泵,打开臭氧气体管路中的电磁阀,把臭氧气体加入到混合器中。

3. 臭氧浓度控制

水处理系统运行中,如果臭氧浓度不在设定的界限内,臭氧检测仪将发送臭氧越限异常信号给控制系统中的CPU,该信号经过延时后仍存在,则CPU输出臭氧越限显示信号,但不控制系统停机。

14.2.4　设备运行信号检测

水处理系统要稳定、高效地运行,必须具有对系统中各个设备的工作状态进行检测的功能,通过检测这些关设备的运行状态,并把这些运行信号送给控制系统的CPU,这样,CPU可以根据这些信号自动对水处理系统进行保护控制。如果某个信号出现异常,那么对应的故障信号指示灯被点亮。

在水处理系统中,设备运行信号如下:
① 蓄水罐液位信号。
② 精密过滤器前段管路压力信号。
③ 精密过滤器后段管路压力信号。
④ 臭氧越限信号。
⑤ CO_2 气体压力信号。
⑥ 供水泵故障信号。
⑦ 臭氧气体混合泵故障信号。
⑧ CO_2 气体混合泵故障信号。

14.2.5　控制信号检测

水处理控制系统的运行工作由系统的控制信号决定,控制系统在接收到输入的控制信号后,自动根据控制信号控制系统运行。这些控制信号如下:
① 水处理系统工作模式转换信号。
② 水处理系统启动运行信号。
③ 水处理系统停止运行信号。
④ 水处理系统液位上下限控制信号。

14.2.6　键盘输入和显示

键盘输入和显示是水处理控制系统中的人机界面,生产工人可以通过该界面对控制系统进行操作。键盘输入:主要用于设置系统相关的运行参数。系统显示主要由指示灯和数码管组成。指示灯用于显示系统重要的工作状态和关键设备的运行信号,数码管用于显示系统设置时的参数数据。

14.3 控制系统主板硬件设计

控制主板的硬件结构比较复杂,涉及的基本功能硬件有:按钮控制、键盘输入、测试信号输入、关键部位运行信号输入、串口通信、数码和信号显示、驱动输出、CPU 核心系统。控制系统的 CPU 采用 AT89S53 单片机。

AT89S53 是一种 Flash 单片机,其内部资源主要有以下几方面:

① 12 KB 可擦写 10 万次以上的 Flash ROM。
② 工作电压:4~5 V。
③ 256 字节的数据存储器 RAM。
④ 32 个可编程的 I/O 口。
⑤ 3 个 16 位的定时/计数器。
⑥ 8 个中断源。
⑦ 一个全双工 UART 串行通信口。
⑧ 静态工作频率高:达 0~33 MHz。
⑨ 其他。

本工程中并不是要用到以上的全部资源,只是把它列出来,在设计过程中作参考,以便能让此芯片中的资源更好地得到利用。

14.3.1 控制主板硬件结构

水处理控制系统中,控制主板硬件电路的整体结构如图 14.2 所示。

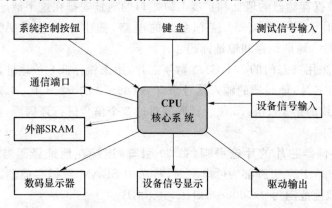

图 14.2 控制主板硬件电路的结构图

14.3.2 控制主板硬件设计方案

如果要在该 CPU 芯片上稳定可靠地运行 RW/CZXT-1.0 嵌入式操作系统,那么,在进

行硬件设计之前,需要重点考虑以下几方面:
- 在操作系统上需要建立多少个应用任务。
- 确定使用操作系统中的那些功能模块。
- 需要使用多少个 I/O 端口,如总线端口、输入端口、输出端口等。
- 需要在硬件平台上建立那些功能结构。

RW/CZXT-1.0 嵌入式操作系统中的各个功能模块和应用任务的任务栈会占用大量的数据存储器,AT89S53 单片机自身的 SRAM 只有 256 字节,不能够完全应付 RW/CZXT-1.0 嵌入式操作系统。另外,AT89S53 单片机只有 32 个 I/O 端口,如果在主板上为其扩展外部数据存储器,那么会占用该芯片的 P0 和 P2 共 16 个端口,剩下的 16 个端口是不够控制系统使用的。

那么就必须在控制主板硬件功能结构设计中进行重点设计的结构如下:
- 为 AT89S53 单片机扩展外部数据存储器 SRAM。
- 为 AT89S53 单片机扩展 I/O 端口。

1. CPU 核心系统硬件设计

CPU 核心系统由 AT89S53 单片机、SRAM 数据存储芯片、低 8 位地址锁存器和地址译码器芯片组成。核心系统的设计要点如下:
- CPU 的工作频率:系统中使用 11.0592 MHz 的晶振。
- SRAM 数据存储芯片的地址安排,该芯片使用的是 Intel6264,芯片的容量为 8 KB。
- 安排扩展 I/O 端口的地址。

AT89S53 单片机的片外寻址范围位为 0~64 KB,地址范围为 0X0000~0XFFFF。地址线由 AT89S53 的 P0 端口(低 8 位地址)和 P1 端口(高 8 位地址)构成,其中,P0 端口是数据线和低 8 位地址线的共用端口,该端口具有分时复用功能。

P0 端口(低 8 位地址)和 P1 端口(高 8 位地址)共 16 条地址线,刚好构成 64 KB 的寻址空间。片外 SRAM 数据存储器的地址和扩展 I/O 端口的地址安排在这个地址范围内,具体地址由硬件确定。图 14.3 所示为 CPU 核心系统的电路,图中主要包括 AT89S53 单片机和 SRAM 数据存储芯片,地址锁存和地址译码芯片。

原理图中,U1 采用三态门的 74HC373 数字芯片,用来锁存低 8 位地址数据。地址选通译码器采用 74HC138 芯片,译码器的输入信号来自 AT89S53 的 P2.5、P2.6、P2.7 引脚,这 3 个引脚分别对应地址线的第 13、14、15 位。译码器对这 3 个信号进行译码后,可以分别选中 8 个 8 KB 范围的存储空间。

SRAM 数据存储器芯片的片选引脚(第 20 引脚)连接在地址译码器的 Y0 引脚上,在 AT89S53 的 P25、P26、P27 引脚都为低电平时,将选中 SRAM 数据存储器芯片,CPU 可以对芯片进行操作,其地址范围为 0x0000~0x1fff,共 8 KB。

译码器的 Y1 引脚,用来扩展 I/O 端口。

2. 扩展 I/O 端口

控制主板中,需要的 I/O 端口如下:
- 输入端口:键盘输入、测试信号输入、关键设备运行信号输入。
- 输出端口:驱动输出、信号显示、数码显示。

第14章 操作系统在水处理控制系统中的应用

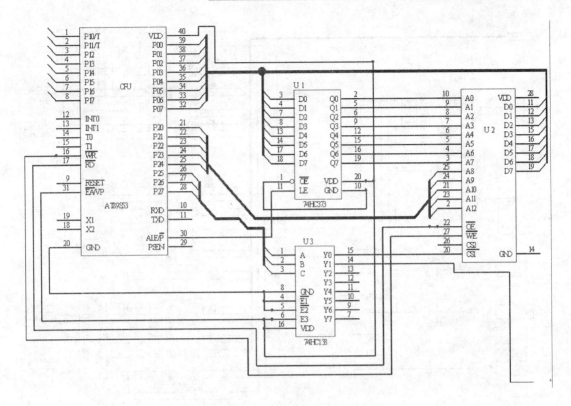

图 14.3　AT89S53 及数据存储器的电路原理图

系统中采用三态门的 74HC373 数字芯片来扩展上述这些 I/O，输入端口和输出端口的硬件设计是不同的。输入端口的作用在于：CPU 通过该端口读入外部信号；输出端口的作用在于：CPU 通过该端口往外部输出控制信号。

为了便于理解掌握，本节设计中省去原设计中的部分端口硬件功能，主要是键盘输入端口、测试信号输入端口、数码显示输出端口。这些功能留给有兴趣的爱好者去设计和开发。

图 14.4 所示是水处理控制系统主板扩展的 I/O 端口的电路。

(1) 设备运行信号输入(报警信号)

设备运行信号输入端口，用来输入系统中各个设备的运行信号，系统中称该信号为报警信号。CPU 通过该端口读入设备的运行信号，根据这些信号的状态，自动识别和控制水处理系统的运行状态。关键部位运行信号输入端口的物理地址安排在：0x2000。

在图 14.4 中，设备运行信号的输入端口是用 U10 芯片。CPU 在读该端口时，先进行地址译码，其过程如下：

① 译码电路 74HC138 对 A0、A1、A2 这 3 个地址线进行再次译码，生成具体地址的选择信号，即图中 74HC138 的 Y0 信号，该脚必须变为低电平。

② Y1 地址范围选通信号变为低电平(在 CPU 核心系统中)。

③ 读信号 RD 变为低电平。

这 3 个信号经过 74HC02 和 74HC04 处理成两个电平(高电平)送入与非门，通过与非门 74HC00 的 3 引脚输出低电平，作为 U10 的使能信号，使该端口工作，读入该端口的数据。

要使能该端口，RD、Y1(核心系统中的 Y1)、Y0(具体地址选择)必须为低电平，只要其中

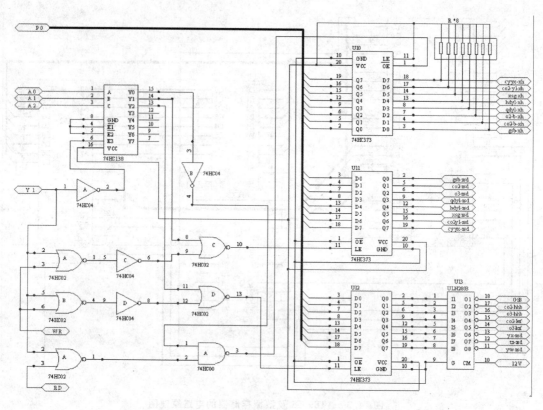

图 14.4 扩展端口的电路原理图

任何一个引脚不为低电平的话,就无法使能该端口。在程序代码中,从该端口对应的地址进行读操作时,就可以使能该芯片并读入端口的数据。U10 没有使能时,其输出端处于高阻状态,对 P0 端口没有影响。

端口引脚与各个设备运行信号的对应关系如下:

D0:供水泵运行信号输入。

D1:CO_2 混合泵运行信号输入。

D2:O_3 混合泵运行信号输入。

D3:过滤器前段工作压力信号输入。

D4:过滤器前段工作压力信号输入。

D5:蓄水罐缺水信号输入。

D6:CO_2 气体压力信号输入。

D7:臭氧越限信号输入。

硬件工作中,对应的位为高电平时,表示对应的设备运行正常,如果为低电平,则表示对应的设备运行中出现故障或者异常。

(2) 设备驱动输出

设备驱动输出端口,用来输出驱动信号,驱动水处理系统中各个设备运行,该端口是一个驱动端口,CPU 通过该端口驱动系统中各个设备进行工作。端口的物理地址安排在:0x2002。驱动端口输出的信号经过一片功率驱动芯片 ULN2803 进行放大后驱动一组继电器,再由继电器控制设备进行工作。

在图 14.4 中,设备驱动输出端口是用 U12 芯片。CPU 在往该端口写入数据时,先进行地址译码,其过程如下:

① 译码电路 74HC138 对 A0、A1、A2 这 3 个地址线进行再次译码,生成具体地址的选择信号,即图中 74HC138 的 Y2 信号,该脚必须变为低电平。

② Y1 地址范围选通信号变为低电平(在 CPU 核心系统中)。

③ 写信号 WR 变为低电平有效。

这 3 个信号经过 74HC02 和 74HC04 处理成两个电平(低电平)送入或非门,通过或非门 74HC02 的输出脚输出高电平,作为 U12 的片选信号,使该端口工作。

U12 芯片对应的地址为 0x2002,CPU 对该地址进行写操作时,硬件会自动选中 U12 芯片,CPU 把数据写入该端口。

在地址选通信号或写信号无效时,U12 锁存输出数据,在没有写入新数据时,前一次写入的数据将被锁存在 U12 的输出端中。

端口引脚与设备的对应关系如下:
Q0:供水泵驱动信号。
Q1:CO_2 混合泵驱动信号。
Q2:O_2 混合泵驱动信号。
Q3:CO_2 控制阀驱动信号。
Q4:O_2 控制阀驱动信号。
Q5:系统运行指示灯。
Q6:系统停止指示灯。
Q7:矿泉水罐液位指示灯。

(3) 设备故障信号显示输出

故障信号显示输出端口,用来显示系统各个设备的工作状态、报警信号源。CPU 通过该端口输出故障信号。故障信号显示输出端口主要是驱动高亮度 LED 指示灯,安排的物理地址是 0x2001,该端口的写操作原理与设备的驱动输出端口相同。

端口引脚对应的显示信号如下:
Q0:供水泵运行故障信号显示驱动。
Q1:CO_2 混合泵运行故障信号显示驱动。
Q2:O_2 混合泵运行故障信号显示驱动。
Q3:过滤器前段压力异常信号显示驱动。
Q4:过滤器后段压力异常信号显示驱动。
Q5:蓄水罐缺水信号显示驱动。
Q6:CO_2 气体压力异常信号显示驱动。
Q7:臭氧越限信号显示驱动。

3. 系统控制按钮接口

水处理控制系统的控制信号输入端口直接使用 CPU 的 P1 端口,如图 14.5 所示。控制信号有:自动运行模式信号、测试运行模式信号、启动控制信号、停止控制信号、矿泉水罐的液位上下限信号。

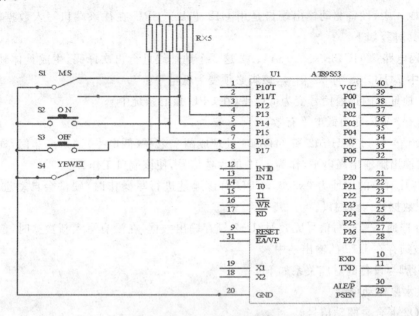

图 14.5 控制信号输入的电路原理图

在图 14.5 中，S1 是系统的模式转换开关 MS，主要控制水处理系统得的工作模式，当开关打向 P1.3 端口时，控制系统工作于自动运行模式，当开关打向 P1.4 端口时，控制系统工作于测试模式。S2 是一个常开的按钮开关，在系统工作于自动运行模式中，S2 按钮点动按下时，启动水处理系统自动运行。S3 是停止控制按钮，用来控制水处理系统停止运行。S4 是矿泉水罐的液位信号开关，当水位处于下限时，该开关接通，水位升到上限时，该开关断开。

水处理系统启动后，并不是马上控制设备进行工作，系统自动识别矿泉水罐的液位信号，当液位处于下限时，控制设备运行，否则，控制设备暂停运行（并非停止状态）。

14.4 控制系统软件设计

控制系统软件主要的作用在于：使系统的硬件根据设计要求运行起来，实现设计者需要的功能。可以说，软件是硬件的控制者，但是，软件是嵌入在硬件系统的存储器中，那么，软件的运行也必须依赖于硬件。

控制系统软件设计是一项系统工程，主要的设计依据是软件嵌入的目标系统（硬件平台）要实现的功能。在本控制系统中，控制软件可以分为系统软件和应用软件，用 RW/CZXT-1.0 操作系统作为系统软件，应用软件是在系统软件的基础上进行设计，应用软件（由任务体现）由 RW/CZXT-1.0 操作系统进行管理。设计应用软件的程序代码，也就是设计操作系统应用任务的程序代码。

本章节主要讲解用 RW/CZXT-1.0 嵌入式操作系统开发实际应用工程软件的设计方法，主要涉及的项目如下：

① 在应用工程中嵌入操作系统的方法。

② 根据应用需要对操作系统进行配置。

③ 设计软件运行的控制对象,对象的工作标志,软件的工作原理。
④ 设计应用任务的程序代码。
⑤ 软件调试。

第一项在前面的章节中已经有进行详细的说明,在此不进行描述,关键在于后面四项。为了便于理解掌握,本节设计的软件工程中省去原设计中的部分功能,主要是键盘控制功能、测试功能、数码显示功能、故障复位处理功能。这些功能留给有兴趣的爱好者去设计和开发。

14.4.1 软件功能处理方案分析

1. 信号标志设计

根据硬件设计方案可知,在水处理系统中,存在多种设备和多种运行信号以及系统工作的多种状态信号,软件设计时可以把这些看做是对象。为了准确识别和控制系统运行,必须给这些对象建立对应的信号标志。这些信号标志如下:

(1) 水处理系统运行工作标志组

该标志组由一个一维数组构成,数组由 3~5 个元素组成,数组元素对应的标志如下:

0 号:该标志是水处理系统工作模式状态标志。该标志为 OFF 时,表示系统处于自动运行模式状态;该标志为 ON 时,表示系统处于测试运行模式状态;该标志的状态由按钮开关控制。

1 号:该标志是水处理系统启动、停止的状态标志。该标志为 OFF 时,表示系统处于停止状态;该标志为 ON 时,表示系统处于运行状态;该标志的状态由按钮开关控制。

2 号:该标志是矿泉水罐的液位信号标志,该标志为 OFF 时,表示矿泉水罐液位处于上限状态;该标志为 ON 时,表示矿泉水罐液位处于下限状态;该标志的状态由液位检测器产生的信号控制。

在软件设计中,该标志组作为一个消息传递给运行邮箱,通过运行邮箱控制运行处理任务。运行处理任务从邮箱中取得消息并读出标志组中各个标志的状态,根据标志的状态对系统的运行进行控制:系统工作模式转换、启动水处理系统运行、水处理系统停止、液位上下限检测等。标志组的设置操作由一个应用任务进行处理。

(2) 设备的驱动标志组

控制系统中,驱动对象有两组,分别为设备驱动和关键设备运行信号显示驱动,在软件设计中,为了可以单独设置设备的工作参数,特别为每个设备设置了驱动标志,在设备的驱动标志为真时,CPU 将控制设备进行工作。如:供水泵的驱动标志为真时,控制系统输出控制信号控制供水泵进入运行;供水泵的驱动标志为假时,控制系统控制供水泵停止工作。

① 设备驱动标志组。该标志组由一个一维数组构成,数组由 8 个元素组成,数组元素对应的标志如下:

0 号:该标志是供水泵的驱动标志,该标志为 ON 时,控制系统输出控制信号,该标志为 OFF 时,控制系统停止输出控制信号。

1 号:该标志是 CO_2 混合泵的驱动标志,该标志为 ON 时,控制系统输出控制信号,该标志为 OFF 时,控制系统停止输出控制信号。

2号:该标志是O_3混合泵的驱动标志,该标志为 ON 时,控制系统输出控制信号,该标志为 OFF 时,控制系统停止输出控制信号。

3号:该标志是CO_2控制阀的驱动标志,该标志为 ON 时,控制系统输出控制信号,该标志为 OFF 时,控制系统停止输出控制信号。

4号:该标志是O_3控制阀的驱动标志,该标志为 ON 时,控制系统输出控制信号,该标志为 OFF 时,控制系统停止输出控制信号。

5号:该标志为水处理系统运行工作指示灯的驱动标志,水处理系统运行时该标志为 ON 时,指示灯亮,为 OFF 时,指示灯熄灭。

6号:该标志为水处理系统停止工作指示灯的驱动标志,水处理系统停止时该标志为 ON 时,指示灯亮,为 OFF 时,指示灯熄灭。

7号:该标志为水处理系统液位状态指示灯的驱动标志,矿泉水罐的液位处于上限时该标志为 ON 时,指示灯亮,为 OFF 时,指示灯熄灭。

② 关键设备运行信号显示驱动标志组。该标志组由一个一维数组构成,数组由 8 个元素组成,数组元素对应的标志如下:

0号:供水泵运行故障信号标志,该标志为 OFF 时,表示供水泵的运行状态是正常的,对应的信号指示灯熄灭。为 ON 时,表示供水泵已经出现故障,对应的信号指示灯亮。

1号:CO_2混合泵运行故障信号标志,该标志为 OFF 时,表示混合泵的运行状态是正常的,对应的信号指示灯熄灭。为 ON 时,表示供水泵已经出现故障,对应的信号指示灯亮。

2号:O_3混合泵运行故障信号标志,该标志为 OFF 时,表示混合泵的运行状态是正常的,对应的信号指示灯熄灭。为 ON 时,表示供水泵已经出现故障,对应的信号指示灯亮。

3号:过滤器前段压力信号标志,该标志为 OFF 时,表示过滤器前段压力运行状态是正常的,对应的信号指示灯熄灭。为 ON 时,表示过滤器前段压力出现异常,对应的信号指示灯亮。

4号:过滤器后段压力信号标志,该标志为 OFF 时,表示过滤器后段压力运行状态是正常的,对应的信号指示灯熄灭。为 ON 时,表示过滤器后段压力出现异常,,对应的信号指示灯亮。

5号:蓄水罐液位信号标志,该标志为 OFF 时,表示蓄水罐液位状态是正常的,对应的信号指示灯熄灭。为 ON 时,表示蓄水罐液位状态出现异常,对应的信号指示灯亮。

6号:CO_2气体压力信号标志,该标志为 OFF 时,表示CO_2气体压力状态是正常的,对应的信号指示灯熄灭。为 ON 时,表示CO_2气体压力状态出现异常,对应的信号指示灯亮。

7号:臭氧浓度越限信号标志,该标志为 OFF 时,表示矿泉水中的臭氧浓度是正常的,对应的信号指示灯熄灭。为 ON 时,表示矿泉水中的臭氧浓度出现异常,对应的信号指示灯亮。

2. 设备工作参数组

在原工程的设计中,设备工作参数是存储在 EEPROM 中,参数由键盘输入,参数设置后被保存在 EEPROM 中,即使系统断电,参数也不会丢失。在本章节中,为简化设计,没有采用 EEPROM 来存储设备的工作参数,设备的参数由控制系统在初始化时给定。

系统中,设备的工作参数组有两个:

① 设备延时启动参数组,该参数组由两个参数寄存器组组成。

● 参数设定寄存器组,用于设定延时数据。

- 延时计数寄存器组,用于对延时数据进行计数。
② 设备运行信号延时参数组,该参数组由两个参数寄存器组组成。
- 参数设定寄存器组,用于设定延时数据。
- 延时计数寄存器组,用于对延时数据进行计数。

在工程中,创建两个内存管理分区,用内存分区中的内存块来作为设备的工作参数组,内存分区由操作系统进行管理。

3. 端口寄存器

在水处理控制系统的软件设计中,为每一个扩展的端口都配置一个端口数据寄存器。对端口硬件的操作,必须通过端口数据寄存器来完成。如对设备驱动端口的操作,其操作过程是:CPU 先把驱动信号(端口数据)写入该端口数据寄存器中,再把端口数据寄存器中的数据通过 74HC373 进行输出,实现输出驱动信号。

系统中,端口寄存器主要如下:
① 设备运行信号输入寄存器,CPU 读该端口后把数据存入该寄存器中。
② 设备驱动输出寄存器,CPU 先把设备的驱动信号写入该寄存器中,再通过端口硬件输出控制信号。
③ 设备运行信号显示输出寄存器,其功能与设备驱动输出寄存器相同。

4. 软件主要功能

在水处理控制系统的软件设计中,控制软件要实现的功能主要如下:
① 对水处理系统控制输入信号进行检测和处理。
② 对关键设备运行信号进行检测和处理。
③ 控制系统自动运行处理。
④ 驱动信号处理。
⑤ 驱动输出处理。

14.4.2 为任务分配软件功能

在本工程的软件设计中,由于嵌入了 RW/CZXT-1.0 嵌入式操作系统,那么控制软件要实现的控制功能,就交给操作系统的应用任务来完成。水处理控制系统每个功能可以由一个任务来实现。

1. 水处理系统控制输入信号检测和处理

该功能由操作系统的 2 号任务来完成,水处理控制系统需要随时对输入的控制信号进行处理,以便控制系统的运行状态,那么,实现该功能的 2 号任务必须具有实时性,即把 2 号任务设计成一个实时任务。

任务要执行的工作主要如下:
- 对控制开关的状态进行检测,如果开关的状态发生变化,则根据开关功能对相应的标志进行设置。
- 任何一个开关的状态发生变化后,将发送消息给邮箱。

- 任务定时运行,延时时间为 200 ms。

邮箱用来传递一个运行消息给自动运行处理任务,该任务接收到消息后进入运行。把该邮箱称为是控制系统的运行邮箱。

2. 关键设备运行信号检测和处理

该功能由操作系统的 3 号任务来完成,水处理控制系统需要随时对设备的运行状态进行检测,以便 CPU 可以及时控制水处理系统的运行状态,避免水处理系统出现带病运行的情况。同样,实现该功能的 3 号任务必须具有实时性,同样把 3 号任务设计成一个实时任务。

任务要执行的工作主要如下:
- 读入关键设备运行信号。
- 根据信号的状态对关键设备运行信号标志组进行设置。
- 任务定时运行,延时时间为 500 ms。

3. 控制系统自动运行处理

该功能由操作系统的 4 号任务来完成。水处理系统并不需要时时运行,只有在系统的工作条件出现时才运行。这些条件主要是:控制系统出现模式转换,控制系统出现设备运行异常,控制系统接收到启动或停止信号,控制系统接收到矿泉水罐的上下限信号。那么 4 号任务也就可以在这些条件出现的时候才运行,根据这个特点,4 号任务采用阻塞式申请邮箱消息,在邮箱有消息的时候,任务被激活后进入运行,否则,任务处于无限时阻塞等待状态。

4 号任务不需要设计成为实时任务。

任务要执行的工作主要如下:
- 阻塞式申请运行邮箱。
- 读出运行邮箱消息(工作标志组的首地址)。
- 检查各个标志的状态,进入相应的控制处理。

4. 驱动信号处理

该功能由操作系统中的 5 号任务来完成,在水处理系统的工作中,所有的设备,其启动工作的方式并不相同的,需要有一个先后的控制顺序。为达到这个要求,软件设计中为每一个设备配置了相应的工作参数组,那么,设备的启动由参数组中的参数进行控制。驱动信号处理,就是根据这些参数对设备的启动进行控制。

5 号任务不需要设计成为实时任务。

任务要执行的工作如下:
- 检查设备的驱动标志。
- 在设备的驱动标志为真时,进行延时计数。
- 延时完成后,设置设备对应的端口数据寄存器。
- 任务进入延时,延时时间为 100 ms。

在处理关键设备运行信号的时候,还必须给运行邮箱发送消息。

5. 驱动输出处理

该功能由操作系统中的 6 号任务来完成,控制软件运行后,必须把驱动信号进行输出,以控制设备进行工作。该功能比较简单,只是把端口数据寄存器中的数据写入对应的硬件端口中,实现驱动信号输出。

14.4.3 操作系统应用配置

把 RW/CZXT-1.0 操作系统嵌入到应用工程的时候,因应用工程并不一定需要使用操作系统的所有功能,那么需要根据应用工程的软件设计方案对操作系统中的相应功能进行配置,否则,会浪费应用工程中的大量资源。

在本设计中,对 RW/CZXT-1.0 操作系统进行配置的项目并不是太多,配置操作主要针对操作系统的配置文件,对其中的相关项进行设置。

1. 任务总数量配置

操作系统嵌入到应用工程中的时候,必须对任务的总数量进行配置,其配置要点如下:
① 操作系统自身需要的任务的数量。
RW/CZXT-1.0 操作系统的特点,应用中至少要为操作系统配置一个空闲任务和一个首次任务,总共 2 个任务。
② 根据控制软件的功能,配置应用任务的总数量。
水处理控制系统中,控制软件要实现的功能主要有 5 个,在软件功能设计上,5 个功能分别由 5 个应用任务来完成,那么,需要 5 个应用任务。
③ 软件后续功能扩展时,需要用任务来完成。
在控制系统的软件设计中,至少要预留一个任务(当前未使用),作为系统功能在需要扩展时可以使用。
综合后可以确定,在操作系统上配置 8 个任务。其配置形式如下:

`#define  ch_rwzs             8         //任务总数量设置`

2. 任务栈的长度配置

任务栈配置,即为每个应用任务配置用来保存任务断点数据的存储区的大小,其配置要点如下:
① 程序调用嵌套的层数。
任务程序代码执行中,在发生任务调度之前,总共出现了多少层程序调用嵌套。因为每一层嵌套会使用任务栈中 2 字节单元来保存程序计数器 PC 中的数据,设计中,最好不要超过 5 层。
按 5 层计算,总共要使用 10 字节。
② CPU 关键寄存器中,要入栈的寄存器数量。
RW/CZXT-1.0 操作系统的特点,CPU 寄存器入栈的数量有 11 个(AT89Sxx 系列单片机的寄存器总共有 13 个),每个寄存器要占用一个字节,共 11 字节。
加上预留 4 字节(包含栈底),综合后可以确定任务栈的长度配置为 25,其形式如下:

`#define  ch_rwzhan_cd        25        //任务栈长度设置`

3. 时钟粒度配配置

时钟粒度按操作系统的原配置即可,即等于 10ms,其配置形式如下:

```
#define    ch_tick_th0          (65536-10000)/256
#define    ch_tick_tl0          (65536-10000)%256
```

4. 时间片长度配置

时间片长度按操作系统的原配置即可,即等于 30 ms,由 3 个时钟粒度组成,表示每个普通任务每次运行的最长时间为 30 ms,其配置形式如下:

```
#define    ch_sjzs              3           //时间片长度设置
```

5. 延时节拍数据配置

延时节拍数据必须等于时钟粒度,该项按操作系统的原配即可,即延时节拍数据为 10 ms,其配置形式如下:

```
#define    ch_ticks             10          //延时基数设置
```

6. 任务切换形式配置

在本控制系统中,任务的数量较多,任务的任务栈应该选择在 CPU 的片外数据存储器中,那么,任务的切换形式应配置为 1。配置要点如下:
① CPU 的片内的数据存储器的使用情况。
② 任务栈的存储类型,是片内存储器还是片外存储器。
配置形式如下:

```
#define    ch_rwtd_xs           1           //断点数据切换操作形式选择
```

7. 公共运行栈配置

在任务切换形式配置为 1 时,操作系统中需要配置公共运行栈的长度,其配置要点如下:
① 任务断点数据的长度。
② 在应用程序中,是否有中断嵌套存在,中断嵌套的层次是多少。
在应用设计中,最好不要采用太多层次的嵌套,因为,出现嵌套时,会占用大量的公共栈来保存中断现场数据,建议不要超过 2 层。
综合后,把公共运行栈的长度配置为 50,其配置形式如下:

```
#define    ch_ggzhan_cd         50          //公共运行栈长度设置
```

8. 实时任务管理使能配置

此项采用操作系统的原配置,即实时任务管理功能有效,在应用中,操作系统可以管理实时任务。注意,RW/CZXT-1.0 操作系统中,只有 2~9 号任务可以转变为实时任务。其配置形式如下:

```
#define    ch_rwssyx_en         1           //实时任务使能
```

9. 邮箱使能及其数量配置

由于应用软件设计中要用到操作系统中的邮箱功能,必须把邮箱的使能项配置为 1,使能项配置后,必须配置邮箱控制块的数量,即系统中可以建立多少个邮箱。其配置形式如下:

```
#define    ch_yx_en         1          //邮箱使能
#define    ch_yx_zs         2          //数量
```

10. 内存管理使能及分区数量和内存块数量配置

由于应用软件设计中要用到操作系统中的内存分区管理功能,必须把该项配置为 1,使能项配置后,必须配置最多可以创建的内存分区的数量,即系统中可以建立多少个内存分区,同时,必须设置每个分区中最多可以有多少个内存块。其配置形式如下:

```
#define    ch_ncgl_en       1          //内存管理使能
#define    ch_ncqu_zs       3          //内存管理控制块的数量
#define    ch_nck_zs        10         //内存块数量:<255
```

配置后,系统允许创建 3 个内存管理分区,每个分区中最多允许有 10 个内存块。

最后,对于没有用到的功能如:信号量、消息队列、服务功能等全部配置为 0,裁减掉这些功能,减少程序的代码量及内存(SRAM,FLASHROM)占用。

14.4.4 控制系统程序代码设计

控制系统的硬件设计和软件功能设计已经完成,接下来就可以进入程序代码设计步骤。控制系统的软件功能最终是由程序代码来实现,在本应用设计中,程序代码安排在两个文件中:

① scl - dy.h 文件。在该文件中,主要对工程中用到的相关变量进行定义。
② scl_kz.c 文件。该文件是应用工程的主要文件,主要由三部分的功能代码组成:
- 包含 RW/CZXT-1.0 操作系统软件包及工程的头文件。
- MAIN 函数。
- 应用任务函数。

1. 变量定义

在设计程序代码之前,必须根据软件功能的要求对需要的变量进行定义。在本工程中,根据软件功能的要求,需要定义的关键变量有以下 9 项。

(1) 控制信号端口定义

```
sbit    ms_zd = P1^3 ;     //自动运行模式
sbit    ms_cs = P1^4 ;     //测试模式
sbit    k_on  = P1^5 ;     //启动控制
sbit    k_off = P1^6 ;     //停止控制
sbit    k_yw  = P1^7 ;     //矿泉水罐液位信号
```

(2) 控制系统运行工作标志组

```
uc8    xdata    scl_gz[5];
```

该数组包含 5 个标志寄存器,程序中使用前 3 个。

(3) 设备驱动标志组

```
uc8    xdata    scl_sb[8];
```

该数组包含 8 个标志寄存器，全部被程序使用。

(4) 设备运行信号标志组

uc8   xdata   scl_xh[8];

该数组包含 8 个标志寄存器，全部被程序使用。

(5) 内存分区(参数组)

ui16   xdata   scl_sbcs[3][5]; //设备工作参数组(控制设备延时启动)
ui16   xdata   scl_xhcs[3][8]; //设备运行信号显示参数组(信号延时缓冲控制)

(6) 端口寄存器

uc8   xh_in;   //设备运行信号输入端口寄存器
uc8   sb_out;   //设备驱动信号输出端口寄存器
uc8   xh_out;   //设备故障信号显示端口寄存器

(7) 邮箱的消息指针

uc8   xdata   * scl_xxzz;

(8) 内存块指针

ui16   xdata   * sb_js;   //指向设备的延时计数器
ui16   xdata   * sb_cs;   //指向设备的延时参数设置寄存器
ui16   xdata   * xh_js;   //指向设备故障信号延时计数器
ui16   xdata   * xh_cs;   //指向设备故障信号延时参数设置寄存器

(9) 端口地址定位

#define   SBXH_IN   XBYTE[0x2000]   //设备故障信号输入端口
#define   SBQD_OUT   XBYTE[0x2002]   //设备驱动信号输出端口
#define   XHQD_OUT   XBYTE[0x2001]   //设备故障信号显示输出端口

2. 程序代码设计与分析

由于在软件中嵌入了操作系统，那么，水处理控制系统的程序代码的设计，实际就是设计软件功能对应的任务函数的程序代码。

程序代码主要分为两个部分：
- 操作系统自身需要的任务(0 号、1 号)的任务函数程序代码设计。
- 应用任务的任务函数程序代码设计。

在本工程中，0 号任务不执行具体的工作，所以没有为其任务函数设计程序代码。

(1) main( )函数

```
void   main(void)
{
//1：
//操作系统初始化
  ch_xt_int();
//2：
//创建应用任务
  ch_xjrenwu( 2 , scl_kz_in );
  ch_xjrenwu( 3 , scl_sbxh_in );
```

```
    ch_xjrenwu( 4 , scl_yxcl );
    ch_xjrenwu( 5 , scl_qdcl );
    ch_xjrenwu( 6 , scl_qd_out );
//3：
//创建邮箱
    yx_haoma = ch_xj_xxyx( yx_kong , &yx_xinxi );
//4：
//创建内存分区
    sb_haoma = ch_xj_ncqu( scl_sbcs, 3 , 5 , nclx_uc,&sb_xinxi);
    xh_haoma = ch_xj_ncqu( scl_xhcs, 3 , 8 , nclx_ui,&xh_xinxi);
//5：
//申请内存块
    sb_js = ch_sy_nck( sb_haoma,&sb_xinxi );
    sb_cs = ch_sy_nck( sb_haoma,&sb_xinxi );
    xh_js = ch_sy_nck( xh_haoma,&xh_xinxi );
    xh_cs = ch_sy_nck( xh_haoma,&xh_xinxi );
//6：
//操作系统启动
    ch_xt_on();
}
```

在 main( ) 函数中，负责操作系统自身的初始化操作，创建 5 个应用任务，创建 1 个邮箱，创建 2 个内存分区，从内存分区中申请内存块，最后，启动 RW/CZXT‐1.0 操作系统进入运行，由操作系统对应用任务进行管理。

(2) 1 号任务

```
void   renwu_1(void)
{
while(1)
{
//1：
//清除标志
    for(scl_i = 0;scl_i<5;scl_i++)
    { scl_gz[scl_i] = off ; }
    for(scl_i = 0;scl_i<8;scl_i++)
    { scl_sb[scl_i] = off ; }
    for(scl_i = 0;scl_i<8;scl_i++)
    { scl_xh[scl_i] = off ; }
//2：
//清除延时计数器
    for(scl_i = 0;scl_i<5;scl_i++)
    { *(sb_js + scl_i) = 0;}
    for(scl_i = 0;scl_i<8;scl_i++)
    { *(xh_js + scl_i) = 0;}
//3：
//设备延时参数设定
```

```
        *(sb_cs + 0) = 5;   // 0.5s
        *(sb_cs + 1) = 20;  // 2s
        *(sb_cs + 2) = 40;  // 4s
        *(sb_cs + 3) = 40;  // 4s
        *(sb_cs + 4) = 60;  // 6s
//4:
//设备运行信号延时参数设定
        *(xh_cs + 0) = 5;    // 0.5s
        *(xh_cs + 1) = 5;    // 0.5s
        *(xh_cs + 2) = 5;    // 0.5s
        *(xh_cs + 3) = 50;   // 5s
        *(xh_cs + 4) = 100;  // 10s
        *(xh_cs + 5) = 300;  // 30s
        *(xh_cs + 6) = 50;   // 5s
        *(xh_cs + 7) = 100;  // 10s

        ch_rwtingzhi( 0 );
    }
}
```

1号任务被 RW/CZXT – 1.0 默认为首次任务。在控制系统中,该任务要执行的工作如下:
- 清除各个标志组中标志。
- 清除延时计数器中的数据。
- 设置设备的延时启动参数。
- 设置设备运行信号的延时参数。
- 1号任务自身停止运行,即自行挂起。

可以看出,1号任务是对水处理控制系统进行初始化操作。

(3) 2号任务

```
void   scl_kz_in(void )
{
ch_rwssyx_on( );
while(1)
{
//模式 – 自动
    if(ms_zd == 0)
    { if(scl_gz[MS] != off)
        { scl_gz[MS] = off;
          ch_dengji_xxyx(yx_haoma,yx_qz,scl_gz);
        }
    }
//模式 – 测试
    if(ms_cs == 0)
    { if(scl_gz[MS] != on)
```

```
        { scl_gz[MS] = on;
          ch_dengji_xxyx(yx_haoma,yx_qz,scl_gz);
        }
    }
//启动控制
    if(k_on == 0)
    { if(scl_gz[YX]!= on)
        { scl_gz[YX] = on;
          ch_dengji_xxyx(yx_haoma,yx_qz,scl_gz);
        }
    }
//停止控制
    if(k_off == 0)
    { if(scl_gz[YX]!= off)
        { scl_gz[YX] = off;
          ch_dengji_xxyx(yx_haoma,yx_qz,scl_gz);
        }
    }
//液位信号
    if(k_yw == 0)
    { if(scl_gz[YW]!= on)
        { scl_gz[YW] = on;
          ch_dengji_xxyx(yx_haoma,yx_qz,scl_gz);
        }
    }
    else
    { if(scl_gz[YW]!= off)
        { scl_gz[YW] = off;
          ch_dengji_xxyx(yx_haoma,yx_qz,scl_gz);
        }
    }
//任务进入延时
    ch_rwys_tk( 20 );
  }
}
```

在2号任务首次运行时,通过调用实时令旗函数转变为实时任务。在操作系统中,该任务的实时优先级别最高。

任务运行时,对水处理控制系统的控制信号进行检测,在检测到相应的信号为低电平时,把工作标志组中对应的标志设置为相应状态,并发送一个信息给邮箱。

控制信号检测的原理是:CPU对应引脚电平由高电平变为低电平,信号有效,在检测到控制状态变化的时刻,设置对应的标志。如果引脚电平持续为低电平的话,通过识别标志是否与信号输入后的状态对应,如果是对应的,那么不再对输入信号进行处理。

2号任务运行完毕后,自动进入200ms的延时等待,即任务每200ms运行一次。

(4) 3号任务

```
void   scl_sbxh_in(void)
{
ch_rwssyx_on( );
while(1)
{
   xh_in = SBXH_IN;
   for(xh_i = 0;xh_i<8;xh_i++)
     {
     scl_xhcl = xh_in;
     if((scl_xhcl &= scl_czb[xh_i])!= scl_czb[xh_i])
        { scl_xh[xh_i] = on; }
     else
        { scl_xh[xh_i] = off;}
     }
   ch_rwys_tk( 20 ) ;
}
}
```

3号任务首次运行时,使用实时令旗把自身转换为实时任务,该任务的优先级别比2号实时任务的优先级别低。

任务每次运行都对控制系统中设备运行信号进行检测,如果对应的设备运行输入信号为0,则说明该设备的运行状态不正常,那么设置相应的信号标志,该标志被设置为on。如果对应的设备运行输入信号为1,则说明该设备的运行状态正常,那么设置相应的信号标志,该标志被设置为off。

(5) 4号任务

```
void   scl_yxcl(void)
{
while(1)
{
   scl_xxzz = ch_zsdu_xxyx(yx_haoma, 0 ,&yx_xinxi);
   if(scl_xxzz == scl_gz)
     {
     if(scl_gz[MS] == off)
        {
        if(scl_gz[YX] == on)
          {
          if(scl_gz[YW] == on)
            {
            for(sb_i = 0;sb_i<5;sb_i++)
              { scl_sb[sb_i] = on; }
            }
          else
            {
```

```
              for(sb_i = 0;sb_i<5;sb_i++)
                {scl_sb[sb_i] = off;}
            }
         }
       else
         {
           for(sb_i = 0;sb_i<5;sb_i++)
             {scl_sb[sb_i] = off;}


         }
       }
     else
       { }
    }
  }
}
```

4号任务作为一个普通任务使用,不具备实时优先级别。

4号任务的运行状态由邮箱控制。任务采用无限时阻塞式读邮箱中的消息,如果邮箱中没有消息的话,任务永远处于阻塞等待状态。如果其他任务向邮箱发送消息后,4号任务会被激活进入就绪运行态,等待操作系统的调度,一经调度,即可进入运行。

任务被激活进入运行后,将检查从邮箱中读出的消息是否准确,即该消息是工作标志组的首地址,如果准确,则根据工作标志组中各个标志的状态进行相应的处理。

在本控制系统中,4号任务的运行受2号任务和5号任务控制。

(6) 5号任务

```
void    scl_qdcl(void)
{
while(1)
{
//1:
//设备延时启动处理
  for(sbcl_i = 0;sbcl_i<5;sbcl_i++)
    {
      if(scl_sb[sbcl_i] == on)
        {
          if( *(sb_js + sbcl_i)< *(sb_cs + sbcl_i))
            { *(sb_js + sbcl_i) += 1 ;}
          else
            { sb_out |= scl_czb[sbcl_i];}
        }
      else //  = off
        {
          *(sb_js + sbcl_i) = 0 ;
          sb_out &= ~scl_czb[sbcl_i];
```

```c
            }
        }
//2：
//控制系统信号显示
    if(scl_sb[MS] == off)
      { sb_out |= scl_czb[5];}
    else
      { sb_out &= ~scl_czb[5];}
    if(scl_sb[YX] == on)
      { sb_out |= scl_czb[6];}
    else
      { sb_out &= ~scl_czb[6];}
    if(scl_sb[YW] == off)
      { sb_out |= scl_czb[7];}
    else
      { sb_out &= ~scl_czb[7];}
//3：
//设备运行信号延时处理
    for(xhcl_i = 0;xhcl_i<8;xhcl_i++)
      {
        if(scl_xh[xhcl_i] == on)
          {
            if( *(xh_js + xhcl_i)< *(xh_cs + xhcl_i))
              { *(xh_js + xhcl_i) += 1 ;}
            else
              { xh_out |= scl_czb[xhcl_i];
                if(xhcl_i != 7)
                  {
                    if(scl_gz[YX] == on)
                      { scl_gz[YX] = off;
                        ch_dengji_xxyx(yx_haoma,yx_qz,scl_gz);
                      }
                  }
              }
          }
        else // = off
          {
            *(xh_js + xhcl_i) = 0 ;
            xh_out &= ~scl_czb[xhcl_i];
          }
      }
//4：
//任务进入延时等待
ch_rwys_tk( 10 );
    }
}
```

5号任务作为一个普通任务使用,不具备实时优先级别。

任务处理的工作有以下三项:

① 检测设备驱动标志组中各个标志的状态,如果某个设备的驱动标志为 on 时,则进入设备延时启动计数(延时基数为 100 ms)。当延时计数达到设定值时,把设备的驱动信号设置为 1,对应于硬件端口输出高电平。

② 根据工作标志组中的各个标志状态,设置显示信号,驱动信号指示灯。

③ 检测设备运行信号标志组中各个标志的状态,如果某个设备的运行信号出现异常时,对应的标志的状态为 on,那么,进入设备运行信号延时缓冲计数,当延时计数达到设定值时,设置设备运行信号指示灯的驱动信号。

(7) 6号任务

```
void    scl_qd_out(void )
{
  while(1)
  {
    SBQD_DZ = sb_out;
    XHQD_DZ = xh_out;
    ch_rwys_tk( 10 );
  }
}
```

6号任务作为一个普通任务使用,不具备实时优先级别。任务的工作:把端口寄存器中的数据写入对应的端口地址中,实现控制信号由硬件输出。

14.5 控制系统软件测试

水处理控制系统硬件设计制作和软件功能设计及程序代码设计等工作完成后,接下来进入系统调试工作该段,控制系统调试工作分为硬件测试和软件调试。

在此,不对硬件的调试过程作详细分析,硬件调试项目说明:

① 印制线路板走线及其制作工艺检测。

② 集成芯片、电子元件安装工艺检查。

③ 对线路板关键位置进行检测。

④ 对线路板进行通电检测。

⑤ 编写简单程序对主板硬件功能进行测试。

水处理控制系统的软件调试工作包含三项:程序代码语法检查、软件仿真测试、软硬件功能测试。软件的调试工作中,最重要的一项是软硬件功能测试,该项调试的前提是硬件的测试工作已经通过。

14.5.1 程序代码语法检查

控制系统的程序代码设计和编写完成后,需要对代码的语法进行检查,最有效的方法是使用 KEIL C51 软件的编译功能对设计的程序代码进行编译。进行编译后,程序代码中如果存在语法错误的话,那么,出现错误的代码会出现在编译结果输出窗口中,可以根据窗口中的错误提示,对出现错误的程序代码进行改正,直至编译通过。程序代码编译通过后,就已经解决程序代码中存在的语法错误。

14.5.2　软件仿真测试

程序代码语法检查无误后,可以使用 KEIL C51 软件的仿真功能对程序的运行情况进行简单的测试。在仿真中,可以使用单步运行功能对程序的运行流向进行检查和测试,根据仿真情况,对程序代码设计中存在的缺陷进行改正。

14.5.3　软硬件功能测试

进行软硬件功能测试之前,需要把水处理控制系统的程序代码烧写到 CPU 芯片中,再测试软件在硬件中的运行情况。在本控制系统中,主要进行测试的功能有控制信号输入模拟试验、设备运行信号输入模拟试验。

根据模拟试验的情况,检查软件逻辑处理的正确性,控制系统运行功能的准确性。模拟中,如果软件设计中存在逻辑错误或运行功能错误的话,那么,需要对控制系统的程序代码进行修改,直至模拟测试通过。

水处理控制系统软件通过以上项目的调试后,还需要进行综合测试:稳定性测试、可靠性测试、适应性测试及元件老化测试等。综合测试过程不在这里进行详说。

总　结

本章介绍基于 RW/CZXT-1.0 操作系统开发应用工程的基本的设计方法,采用操作系统作为应用工程管理软件,可以提高软件的工作效率,简化工程设计及缩短开发时间。

在本章中,主要的设计重点如下:

① 控制系统的功能设计。

② 硬件设计中:着重于硬件电路功能设计及其电路原理设计。

③ 控制软件设计中,着重基于硬件功能的软件设计,软件功能与操作系统应用任务之间的分配及其程序代码设计。

④ 对控制系统的软件进行相关项目的调试和模拟测试。

附录 A
系统 API 应用函数应用说明

RW/CZXT-1.0 嵌入式操作系统在应用中，用户要使用系统提供的各个服务功能，主要是通过调用各个功能模块中的 API 应用函数来实现。各个功能模块中的 API 应用函数，都是操作系统内核功能的入口。应用中，只能够通过这些入口，调用内核功能，内核功能无法被直接使用。

RW/CZXT-1.0 嵌入式操作系统由 7 个功能模块构成，系统 API 应用函数也就是由这些模块中的 API 应用函数组成。

下面对这些 API 应用函数的使用情况进行说明。

A.1 任务管理功能的 API 应用函数

1. ch_xjrenwu(uc8　rwhao ,void (＊rwdz)( ))

函数名称：创建应用任务。
函数作用：在系统中创建一个应用任务。
传入参数：
① rwhao 指定创建任务的任务号，任务号的范围在 2～ch_rwzs-1。
② void (＊ rwdz)( )用来传入任务函数的入口地址，用任务函数的名称代替。
返回参数：没有返回值。
调用环境：任务函数中调用或 MAIN 函数中。
禁用环境：中断服务程序环境。
调度服务：不会发生任务调度。

2. ch_rwtingzhi(uc8 rwhao)

函数名称：任务停止运行。
函数作用：使 rwhao 指定的任务停止运行，相当于任务挂起。
① 如果 rwhao 等于 0，则实现当前任务自动停止运行。
② 如果 rwhao 不等于 0，则使指定的任务停止运行。
传入参数：任务号，任务号的范围在 0～ch_rwzs-1。

返回参数:没有返回值。

调用环境:只能在任务函数中调用。

禁用环境:非任务函数的程序环境,中断服务程序环境。

调度服务:在控制当前任务自动停止运行的时候,会发生任务调度。

3. **ch_rwtctingzhi(uc8 rwhao)**

函数名称:任务退出停止状态。相当于解挂任务。

函数作用:使 rwhao 指定的任务恢复为挂起前的状态。

传入参数:任务号,任务号的范围在 1～ch_rwzs-1。

返回参数:没有返回值。

调用环境:只能在任务函数中调用。

禁用环境:非任务函数的程序环境,中断服务程序环境。

调度服务:在解挂实时任务的时候,会发生任务调度。

4. **ch_rwzhongduan_on(void)**

函数名称:等待中断信号。

函数作用:使当前任务退出运行状态,进入等待中断信号的状态。

传入参数:没有参数传入。

返回参数:没有返回值。

调用环境:只能在任务函数中调用。

禁用环境:非任务函数的程序环境,中断服务程序环境。

调度服务:进行任务调度。

5. **ch_rwzhongduan_off(uc8 rwhao)**

函数名称:恢复等待中断信号的任务。

函数作用:使指定的任务恢复位就绪运行状态,即通知等待中断的任务。

传入参数:rwhao 指定被恢复的任务。

返回参数:没有返回值。

调用环境:只能在中断服务程序环境中调用。

禁用环境:不准在任务函数的程序环境中使用。

调度服务:不进行任务调度。

6. **ch_rwssyx_on (void)**

函数名称:申请实时令旗。

函数作用:使当前任务转换为实时任务。

传入参数:没有传入参数。

返回参数:没有返回值。

调用环境:只能在任务函数的程序环境中调用。

禁用环境:不能在其他的程序环境中调用。

调度服务:不进行任务调度。

7. ch_rwssyx_off(void)

函数名称:释放实时令旗。

函数作用:使当前任务转换为普通任务。

传入参数:没有传入参数。

返回参数:没有返回值。

调用环境:只能在任务函数的程序环境中调用。

禁用环境:不能在其他的程序环境中调用。

调度服务:进行任务调度。

A.2 时间管理功能的 API 应用函数

1. ch_rwys_tk(ui16 yszs)

函数名称:时间节拍延时。

函数作用:使当前任务等待时间延时,延时时间以系统的时钟节拍为单位。

传入参数:yszs 用来传入时间节拍数值,该数值为 1~65535。

返回参数:没有返回值。

调用环境:只能在任务函数的程序环境中调用。

禁用环境:不能在其他的程序环境中调用。

调度服务:进行任务调度,控制当前任务进入延时等待状态。

2. ch_rwys_100ms(uc8 yszs)

函数名称:100 ms 延时。

函数作用:使当前任务等待时间延时,延时时间以 100 ms 为单位。

传入参数:yszs 用来传入时间数值,该数值为 1~255。

返回参数:没有返回值。

调用环境:只能在任务函数的程序环境中调用。

禁用环境:不能在其他的程序环境中调用。

调度服务:进行任务调度,控制当前任务进入延时等待状态。

3. ch_rwys_1s(ui16 yszs)

函数名称:1 s 延时。

函数作用:使当前任务等待时间延时,延时时间以秒为单位。

传入参数:yszs 用来传入时间数值,该数值为 1~600。

返回参数:没有返回值。

调用环境:只能在任务函数的程序环境中调用。

禁用环境:不能在其他程序环境中调用。

调度服务:进行任务调度,控制当前任务进入延时等待状态。

A.3 信号量管理功能的 API 应用函数

1. ch_xj_xhl(uc8 lx, uc8 shuju, void * czxx)

函数名称：创建信号量。
函数作用：创建一个信号量，可以是二进制信号量，十进制信号量，互斥信号量。
传入参数：
① lx　　用来指定信号量的类型：可以是二进制，十进制，互斥型。
② shuju　用来指定信号量的初值。
③ * czxx 指定操作信息寄存器。
返回参数：返回信号量的号码。
调用环境：最好在任务函数的程序环境中调用。
禁用环境：不能在中断程序环境中调用。
调度服务：不进行任务调度。

2. ch_zssy_xhl(uc8 xhl_hao, ui16 yszs)

函数名称：阻塞申请信号量。
函数作用：在申请的信号量处于有效时，任务成功申请到信号量。当申请的信号量处于无效状态时，控制申请的任务进入阻塞等待信号量的状态。
传入参数：
① xhl_hao 用来指定申请的信号量。
② yszs　　用来指定任务要阻塞等待的时间，如果为 0，则处于无限等待状态。
返回参数：信号量操作标志或信号量的数值。
调用环境：只能在任务函数的程序环境中调用。
禁用环境：不能在其他程序环境中调用。
调度服务：当任务申请的信号量无效时，进行任务调度。

3. ch_sy_xhl(uc8 xhl_hao)

函数名称：非阻塞申请信号量。
函数作用：在申请的信号量处于有效时，任务成功申请到信号量，当申请的信号量处于无效状态时，不申请信号量，任务继续运行。
传入参数：xhl_hao 用来指定申请的信号量。
返回参数：信号量操作标志或信号量的数值。
调用环境：只能在任务函数的程序环境中调用。
禁用环境：不能在其他程序环境中调用。
调度服务：不进行任务调度。

4. ch_sf_xhl(uc8 xhl_hao)

函数名称：释放信号量。
函数作用：使任务释放已经申请的信号量，如果释放的是互斥型信号量，那么，解除操作系统的互斥运行模式。

传入参数：xhl_hao 用来指定释放的信号量。

返回参数：信号量操作标志或没有返回值

调用环境：最好在任务函数的程序环境中调用。

禁用环境：不要在其他程序环境中调用。

调度服务：有其他任务在等待该信号量时，会进行任务调度。

5. ch_zssy_hcxhl(uc8 xhl_hao, ui16 yszs)

函数名称：阻塞申请互斥信号量。

函数作用：在申请的信号量处于有效时，任务成功申请到信号量，当申请的信号量处于无效状态时，控制申请的任务进入阻塞等待信号量的状态，同时使操作系统进入互斥运行模式。只有实时任务才可以申请互斥信号量。

传入参数如下：

① xhl_hao 用来指定申请的互斥信号量。

② yszs　　用来指定任务要阻塞等待的时间，如果为 0，则处于无限等待状态。

返回参数：信号量操作标志。

调用环境：只能在任务函数的程序环境中调用。

禁用环境：不能在其他程序环境中调用。

调度服务：当信号量无效时，进行任务调度。

A.4　邮箱管理功能的 API 应用函数

1. ch_xj_xxyx(void *xiaoxi, uc8 *czxx)

函数名称：创建邮箱。

函数作用：创建一个邮箱。

传入参数：

① *xiaoxi　 用来传入消息。

② *czxx　　指定操作信息寄存器。

返回参数：返回邮箱的号码。

调用环境：最好在任务函数的程序环境中调用。

禁用环境：不能在中断程序环境中调用。

调度服务：不进行任务调度。

2. ch_dengji_xxyx(uc8 yx_hao, uc8 dj_fs, void *xiaoxi)

函数名称：消息登记。

函数作用：把一个消息登记在邮箱中。

传入参数：

① yx_hao　 指定邮箱的号码。

② dj_fs　　指定消息的登记方式。

yx_jc：先检查邮箱,没有消息时,把消息登记在邮箱中。

yx_qz：直接把消息登记在邮箱中。

③ *xiaoxi 用来传入消息。

返回参数：没有返还值。

调用环境：最好在任务函数的程序环境中调用,但也允许在中断程序环境中使用。

禁用环境：

调度服务：在任务环境中使用时,如果有任务在等待该邮箱中的消息,则进行任务调度。

3. ch_du—xxyx(uc8 yx_hao)

函数名称：非阻塞式读邮箱。

函数作用：从邮箱中读出消息。不管邮箱中是否存在消息,任务都不会被阻塞。

传入参数：yx_hao 指定邮箱的号码。

返回参数：返回邮箱中的消息。

调用环境：最好在任务函数的程序环境中调用,但也允许在中断程序环境中使用。

禁用环境：

调度服务：不进行任务调度。

4. ch_zsdu_xxyx(uc8 yx_hao, ui16 yszs, uc8 *czxx)

函数名称：阻塞式读邮箱。

函数作用：从邮箱中读出消息。如果邮箱中有消息,任务继续运行,否则,任务被阻塞。

传入参数：

① yx_hao 指定邮箱的号码。

② yszs   指定任务要阻塞等待的时间。

③ *czxx   指定操作信息寄存器。

返回参数：返回邮箱中的消息。

调用环境：最好在任务函数的程序环境中调用。

禁用环境：不允许在中断程序环境中使用。

调度服务：当邮箱中没有消息的时候,进行任务调度。

A.5 消息队列管理功能的 API 应用函数

1. ch_xj_xxdl(void *dldz, uc8 dlcd, uc8 *czxx)

函数名称：创建消息队列。

函数作用：创建一个消息队列。

传入参数：

① *dldz   用来传入消息队列的首地址。

② dlcd   指定消息队列的长度。

③ *czxx   指定操作信息寄存器。

返回参数：返回消息队列的号码。

调用环境：最好在任务函数的程序环境中调用。

禁用环境：不能在中断程序环境中调用。

调度服务：不进行任务调度。

2. ch_dengji_xxdl(uc8 dl_hao, void * xiaoxi)

函数名称：消息登记。

函数作用：把一个消息登记在消息队列中。

传入参数：

① dl_hao   指定消息队列的号码。消息队列必须已经创建。

② *xiaoxi   用来传入消息。

返回参数：消息队列的相关标志。

调用环境：最好在任务函数的程序环境中调用，但也允许在中断程序环境中使用。

禁用环境：

调度服务：在任务环境中使用时，如果有任务在等待该队列中的消息，则进行任务调度。

3. ch_du_xxdl(uc8 dl_hao)

函数名称：非阻塞式读消息队列。

函数作用：从消息队列中读出消息。任务不会被阻塞。

传入参数：dl_hao 指定消息队列的号码。

返回参数：返回消息队列中的消息。

调用环境：最好在任务函数的程序环境中调用，但也允许在中断程序环境中使用。

禁用环境：

调度服务：不进行任务调度。

4. ch_zsdu_xxdl(uc8 dl_hao, ui16 yszs, uc8 * czxx)

函数名称：阻塞式读消息队列。

函数作用：从消息队列中读出消息。如果消息队列中没有消息,任务被阻塞。

传入参数：

① dl_hao   指定消息队列的号码。

② yszs   指定任务要阻塞等待的时间。

③ *czxx   指定操作信息寄存器。

返回参数：返回消息队列中的消息。

调用环境：最好在任务函数的程序环境中调用。

禁用环境：不允许在中断程序环境中使用。

调度服务：当消息队列中没有消息的时候,进行任务调度。

A.6 内存管理功能的 API 应用函数

1. ch_xj_ncqu(void * ncdz, uc8 nckzs, ui16 nckcd, uc8 ncklx, uc8 * czxx)

函数名称：创建内存分区。

函数作用:创建一个内存分区。

传入参数:

① *ncdz   用来传入内存分区的首地址。

② nckzs   指定内存分区中内存块的总数量。

③ nckcd   指定分区中每个内存块的长度。

④ ncklx   指定内存分区的数据类型。

⑤ *czxx   指定操作信息寄存器。

返回参数:返回内存分区的号码。

调用环境:最好在任务函数的程序环境中调用。

禁用环境:不能在中断程序环境中调用。

调度服务:不进行任务调度。

2. ch_sy_nck(uc8 quhao, ux8 *czxx)

函数名称:申请内存块。

函数作用:从内存分区中申请一个可用的内存块。

传入参数:

① quhao   指定内存分区的号码。

② *czxx   指定操作信息寄存器。

返回参数:返回内存块的首地址。

调用环境:最好在任务函数的程序环境中调用。

禁用环境:不要在中断程序环境中调用。

调度服务:不进行任务调度。

3. ch_sf_nck(void *nck_sdz, uc8 quhao)

函数名称:释放内存块。

函数作用:把内存块归还给原申请的内存分区。

传入参数:

① *nck_sdz   传入内存块的首地址。

② quhao   指定内存分区的号码。

返回参数:内存操作的相关标志。

调用环境:最好在任务函数的程序环境中调用。

禁用环境:不要在中断程序环境中调用。

调度服务:不进行任务调度。

4. ch_nck_qingchu(void *nck_dz, ui16 nck_tou, ui16 nck_wei, ui16 nck_cd, uc8 nck_lx)

函数名称:内存块数据清除。

函数作用:把内存块中的数据清除为0。

传入参数:参照书本。

返回参数:内存操作的相关标志。

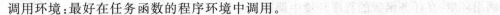

调用环境：最好在任务函数的程序环境中调用。
禁用环境：最好不要在中断程序环境中调用。
调度服务：不进行任务调度。

5. **ch_nck_xieru(void * nck_dz, ui16 nck_wz, ui16 nck_cd, uc8 nck_lx, ul32 shuju)**

函数名称：内存块数据写入。
函数作用：往内存块中指定的位置写入数据。
传入参数：参照书本。
返回参数：内存操作的相关标志。
调用环境：最好在任务函数的程序环境中调用。
禁用环境：最好不要在中断程序环境中调用。
调度服务：不进行任务调度。

6. **ch_nck_duchu(void * nck_dz, ui16 nck_wz, ui16 nck_cd, uc8 nck_lx, void * shu_dz)**

函数名称：内存块数据读出。
函数作用：读出内存块中指定的位置的数据。
传入参数：参照书本。
返回参数：内存操作的相关标志。
调用环境：最好在任务函数的程序环境中调用。
禁用环境：最好不要在中断程序环境中调用。
调度服务：不进行任务调度。

A.7 服务功能的 API 应用函数

1. **ch_rst_in(void)**

函数名称：复位引导。
函数作用：控制操作系统重新启动。
传入参数：没有传入参数。
返回参数：没有返回值。
调用环境：最好在任务函数的程序环境中调用。
禁用环境：不能在中断程序环境中调用。
调度服务：不进行任务调度。

2. **ch_zanting_in(void (* gndz)( ))**

函数名称：暂停服务进入引导。
函数作用：控制操作系统进入服务运行模式，同时运行暂停服务函数。
传入参数：void (* gndz)( ) 用来传入暂停服务函数的入口地址。
返回参数：没有返回值。

调用环境:在任务函数的程序环境中调用。
禁用环境:不能在中断程序环境或其他程序环境中调用。
调度服务:不进行任务调度。

3. ch_zanting_out(void)

函数名称:暂停服务退出引导。
函数作用:控制操作系统退出服务运行模式,同时开始运行任务。
传入参数:没有参数传入。
返回参数:没有返回值。
调用环境:只能在暂停服务函数的程序环境中调用。
禁用环境:不能其他程序环境中调用。
调度服务:不进行任务调度。

附录 B
基础系统完整的程序代码

B.1 宏定义文件

```
//新类型名称
typedef    unsigned    char    uc8;
typedef    unsigned    int     ui16;
typedef    unsigned    long    ul32;
//操作系统状态模式
#define    ch_tzms          0x00
#define    ch_yxms          0x01
#define    ch_hcms          0x02
#define    ch_fwms          0x04
//任务状态宏定义：
#define    ch_yunxing       0x01
#define    ch_yanshi        0x02
#define    ch_dengdai_zd    0x20
#define    ch_tingzhi       0x40
//变量应用状态宏定义：
#define    ch_on            0xff
#define    ch_off           0x00
#define    ch_sj_on         0xff
#define    ch_sj_off        0x00
#define    ch_zd_on         1
#define    ch_zd_off        0
```

B.2 配置文件

```
//系统任务总数量
#define    ch_rwzs          5
//任务栈长度
```

```
#define   ch_rwzhan_cd        20
//时间片长度
#define   ch_sjzs             5
//10ms 系统时钟粒度
#define   ch_tick_th0         (65 536-10 000)/256
#define   ch_tick_tl0         (65 536-10 000)%256
//10ms 延时基数 = 时钟粒度
#define   ch_ticks            10
```

B.3 系统头文件

```
#include <reg52.h>
//系统管理控制块
typedef   struct   guanlikuai
{
uc8    yxhao;
uc8    xyxhao;
uc8    ch_xtyx ;
uc8    ch_rwsjzs;
uc8    ch_zdzs;
uc8    ch_tdsuo;
uc8    ch_xtzt;
uc8    ch_sjyx;
}GLK;
GLK    ch_xtglk;
//任务控制块结构:
typedef   struct   renwukuai
{
uc8      rwsp ;
ui16     rwys;
uc8      rwzt;
uc8      rwztchucun;
}RWK;
RWK    idata   ch_rwk[ch_rwzs];
//任务栈区
uc8    idata   rwzhan[ch_rwzs][ch_rwzhan_cd];
//运行队列:
uc8    idata   ch_yxb[ ch_rwzs ];
uc8    idata   ch_sj_yxb[ ch_rwzs ];
//声明系统中的任务函数
void    renwu_0( );
void    renwu_1( );
void    renwu_2( );
void    renwu_3( );
```

```c
void    renwu_4( );
```

B.4 系统初始化文件

```c
// ========================================
//函数名:        初始化变量
//设计人:
//传入参数:      无
//返回值:        无
//设计时间:      2009 年
//修改时间:
// ========================================
void    xt_blcsh(void)
{
uc8    i , j ;
ch_xtglk.yxhao = 0;
ch_xtglk.xyxhao = 0;
ch_xtglk.ch_rwsjzs = 0;
ch_xtglk.ch_zdzs = 0;
ch_xtglk.ch_tdsuo = 0;
ch_xtglk.ch_xtyx = ch_off ;
ch_xtglk.ch_xtzt = ch_tzms;
ch_xtglk.ch_sjyx = ch_sj_off;
for(i = 0;i<ch_rwzs;i++)
   {
   ch_yxb[i] = 0;
   ch_sj_yxb[i] = 0;
   }
for(i = 0 ; i < ch_rwzs; i++ )
   {
   for(j = 0 ; j < ch_rwzhan_cd; j++ )
     {
     rwzhan[i][j] = 0;
     }
   }
}
// ========================================
//函名:          初始化任务控制块
//设计人:
//传入参数:      无
//返回值:        无
//设计时间:      2009 年
//修改时间:
// ========================================
```

```
void    xt_rwkzk(void)
{
  uc8   i;
  for(i = 0 ; i < ch_rwzs; i ++ )
    {
      ch_rwk[i].rwsp = rwzhan[i];
      ch_rwk[i].rwsp += 11;
      ch_rwk[i].rwzt = ch_yunxing;
      ch_rwk[i].rwztchucun = 0;
      ch_rwk[i].rwys = 0;
    }
}
// ========================================
//函名：        建立应用任务
//设计人：
//传入参数：    无
//返回值：      无
//设计时间：    2009 年
//修改时间：
// ========================================
void    cj_renwu(void)
{
  rwzhan[0][1] = (ui16)renwu_0 ;
  rwzhan[0][2] = (ui16)renwu_0 >> 8;
  rwzhan[1][1] = (ui16)renwu_1 ;
  rwzhan[1][2] = (ui16)renwu_1 >> 8;
  rwzhan[2][1] = (ui16)renwu_2 ;
  rwzhan[2][2] = (ui16)renwu_2 >> 8;
  rwzhan[3][1] = (ui16)renwu_3 ;
  rwzhan[3][2] = (ui16)renwu_3 >> 8;
  rwzhan[4][1] = (ui16)renwu_4 ;
  rwzhan[4][2] = (ui16)renwu_4 >> 8;
  xt_rwkzk( );
  ch_yxb[0] = 1;
  ch_yxb[1] = 2;
  ch_yxb[2] = 3;
  ch_yxb[3] = 4;
  ch_yxb[4] = 0;
}
// ========================================
//函名：        系统总初始化
//设计人：
//传入参数：    无
//返回值：      无
//设计时间：    2009 年
```

```
//修改时间:
// ======================================
void    ch_xt_int(void)
{
xt_blcsh();
cj_renwu()
}
```

B.5 系统调度文件

```
// ======================================
//函名:          调度器上锁,解锁
//设计人:
//传入参数:      无
//返回值:        无
//设计时间:      2009 年
//修改时间:
// ======================================
void    ch_tdsuo_on(void)
{
  EA = ch_zd_off;
  if(ch_xtglk.ch_tdsuo == 0)
    { ch_xtglk.ch_tdsuo = 1; }
  EA = ch_zd_on;
}
void    ch_tdsuo_off(void)
{
  EA = ch_zd_off;
  if(ch_xtglk.ch_tdsuo > 0)
    { ch_xtglk.ch_tdsuo = 0; }
  EA = ch_zd_on;
}
// ======================================
//函名:          从普通队列中取出任务号
//设计人:
//传入参数:      无
//返回值:        任务号
//设计时间:      2009 年
//修改时间:
// ======================================
uc8    ch_rwhao(void)
{
  uc8   xin;
  uc8   jiu;
```

```
    uc8    rwhao;
    rwhao = ch_yxb[0];
    if(ch_yxb[0] != 0)
     {
        for(jiu = 1,xin = 0;jiu<ch_rwzs;jiu ++ )
         {
            ch_yxb[ jiu - 1 ] = 0;
            if(ch_yxb[jiu] != 0)
             {
                ch_yxb[xin] = ch_yxb[jiu];
                xin ++ ;
             }
            if((ch_yxb[jiu] != 0) && (jiu == (ch_rwzs - 1)))
             {
                ch_yxb[jiu] = 0;
             }
         }
     }
    return(rwhao);
}
// ==========================================
//函名：        从优先队列中取出任务号
//设计人：
//传入参数：    无
//返回值：      任务号
//设计时间：    2009 年
//修改时间：
// ==========================================
uc8  ch_sj_rwhao(void)
{
    uc8    xin;
    uc8    jiu;
    uc8    rwhao;
    rwhao = ch_sj_yxb[0];
    if(ch_sj_yxb[0] != 0)
     {
        for(jiu = 1,xin = 0;jiu<ch_rwzs;jiu ++ )
         {
            ch_sj_yxb[ jiu - 1 ] = 0;
            if(ch_sj_yxb[jiu] != 0)
             {
                ch_sj_yxb[xin] = ch_sj_yxb[jiu];
                xin ++ ;
             }
            if((ch_sj_yxb[jiu] != 0) && (jiu == (ch_rwzs - 1)))
```

```c
            { ch_sj_yxb[jiu] = 0; }
        }
    }
    if(ch_sj_yxb[0] == 0)
     { ch_xtglk.ch_sjyx = ch_sj_off;}
    return(rwhao);
}
// ========================================
//函名：         更新普通,优先运行队列
//设计人：
//传入参数：     无
//返回值：       无
//设计时间：     2009 年
//修改时间：
// ========================================
void   yxb_genxin(void)
{
    uc8   xin;
    uc8   jiu;
    for(xin = 0,jiu = 0;jiu<ch_rwzs;jiu++)
     {
        if(ch_yxb[jiu]!= 0)
         { ch_yxb[xin] = ch_yxb[jiu];
            xin++;
          }
        if((ch_yxb[jiu]!= 0)&&(jiu == ch_rwzs-1)&&(xin<jiu))
         { ch_yxb[jiu] = 0 ;}
     }
}
void   sj_yxb_genxin(void)
{
    uc8   xin;
    uc8   jiu;
    for(xin = 0,jiu = 0;jiu<ch_rwzs;jiu++)
     {
        if(ch_sj_yxb[jiu]!= 0)
         { ch_sj_yxb[xin] = ch_sj_yxb[jiu];

            xin++;
          }
        if((ch_sj_yxb[jiu]!= 0)&&(jiu == ch_rwzs-1)&&(xin<jiu))
         {   ch_sj_yxb[jiu] = 0 ;}
     }
}
// ========================================
```

```
//函名：       普通,优先运行队列登记
//设计人：
//传入参数：   任务号
//返回值：     无
//设计时间：   2009 年
//修改时间：
// =========================================
void ch_yxbdengji(uc8  dengjihao)
{
  uc8   wei;
  for(wei = 0;wei<ch_rwzs;wei ++ )
   {
     if(ch_yxb[wei] == 0)
      {
         ch_yxb[wei] = dengjihao;
         ch_rwk[dengjihao].rwzt = ch_yunxing;
         wei = ch_rwzs;
      }
   }
}
void ch_sj_yxbdengji(uc8  dengjihao)
{
  uc8   wei;
  for(wei = 0;wei<ch_rwzs;wei ++ )
   {
     if(ch_sj_yxb[wei] == 0)
      {
         ch_sj_yxb[wei] = dengjihao;
         ch_rwk[dengjihao].rwzt = ch_yunxing;
         wei = ch_rwzs;
      }
   }
  ch_xtglk.ch_sjyx = ch_sj_on;
}
// =========================================
//函名：       清除就绪登记
//设计人：
//传入参数：   任务号
//返回值：
//设计时间：   2009 年
//修改时间：
// =========================================
void ch_yxbqingchu( uc8  qingchuhao)
{
  uc8   wei;
```

```
    for(wei = 0;wei<ch_rwzs;wei++)
     {if(ch_yxb[wei] == qingchuhao)
       {
         ch_yxb[wei] = 0;
         yxb_genxin();
         wei = ch_rwzs;
       }
     }
}
uc8 ch_sj_yxbqingchu( uc8  qingchuhao)
{
uc8  wei;
uc8  czxx;
czxx = 0x00;
for(wei = 0;wei<ch_rwzs;wei++)
    {if(ch_sj_yxb[wei] == qingchuhao)
      {
         ch_sj_yxb[wei] = 0;
         sj_yxb_genxin();
         wei = ch_rwzs;
         czxx = 0xff;
      }
    }
if(ch_sj_yxb[0] == 0)
   { ch_xtglk.ch_sjyx = ch_sj_off;}
return(czxx);
}
// =========================================
//函名：        系统启动
//设计人：
//传入参数：    无
//返回值：      无
//设计时间：    2009 年
//修改时间：
// =========================================
void  ch_xt_on(void)
{
  EA = ch_zd_off;
  ch_xtglk.ch_xtyx = ch_on;
  ch_xtglk.ch_xtzt = ch_yxms;
  ch_time_on ();
  if(ch_xtglk.xyxhao == 0)
   { if( ch_xtglk.ch_sjyx == ch_sj_on)
      { ch_xtglk.xyxhao = ch_sj_rwhao();}
     else
```

```
        { ch_xtglk.xyxhao = ch_rwhao(); }
      }
    ch_xtglk.ch_rwsjzs = ch_sjzs;
    ch_xtglk.yxhao = ch_xtglk.xyxhao;
    ch_xtglk.xyxhao = 0;
    SP = ch_rwk[ch_xtglk.yxhao].rwsp;
    __asm    POP    AR7
    __asm    POP    AR6
    __asm    POP    AR5
    __asm    POP    AR4
    __asm    POP    AR1
    __asm    POP    AR0
    __asm    POP    PSW
    __asm    POP    B
    __asm    POP    ACC
    EA = ch_zd_on;
}
// ========================================
//函名：        任务调度
//设计人：
//传入参数：    无
//返回值：      无
//设计时间：    2009 年
//修改时间：
// ========================================
void    ch_rwtd(void)
{
    if(ch_xtglk.ch_xtyx!= ch_on)
      { EA = ch_zd_on;return;}
    if(ch_xtglk.ch_tdsuo!= 0)
      { EA = ch_zd_on;return;}
    if(ch_xtglk.ch_zdzs!= 0)
      { EA = ch_zd_on;return;}
    if(ch_xtglk.ch_xtzt == ch_fwms)
      { EA = ch_zd_on;return;}
    if(ch_xtglk.ch_rwsjzs!= 0)
      { EA = ch_zd_on;return;}
    EA = ch_zd_off;
    if(ch_xtglk.xyxhao == 0)
      { if( ch_xtglk.ch_sjyx == ch_sj_on)
          { ch_xtglk.xyxhao = ch_sj_rwhao();}
        else
          { ch_xtglk.xyxhao = ch_rwhao(); }
      }
    ch_xtglk.ch_rwsjzs = ch_sjzs;
```

```
    if(ch_xtglk.yxhao!= ch_xtglk.xyxhao)
     {
        __asm    PUSH    ACC
        __asm    PUSH    B
        __asm    PUSH    PSW
        __asm    PUSH    AR0
        __asm    PUSH    AR1
        __asm    PUSH    AR4
        __asm    PUSH    AR5
        __asm    PUSH    AR6
        __asm    PUSH    AR7

        ch_rwk[ch_xtglk.yxhao].rwsp = SP;
        ch_xtglk.yxhao = ch_xtglk.xyxhao;
        ch_xtglk.xyxhao = 0;
        SP = ch_rwk[ch_xtglk.yxhao].rwsp;

        __asm    POP    AR7
        __asm    POP    AR6
        __asm    POP    AR5
        __asm    POP    AR4
        __asm    POP    AR1
        __asm    POP    AR0
        __asm    POP    PSW
        __asm    POP    B
        __asm    POP    ACC
    }
    EA = ch_zd_on;
}
```

B.6 时间管理文件

```
// ======================================
//函数：         T0 定时器设置
//设计人：
//传入参数：     无
//返回值：       无
//设计时间：     2009 年
//修改时间：
// ======================================
void     ch_time_sjaz (void)
{
    TR0 = 0;
    TH0 = ch_tick_th0;        //50ms = (0x25),10ms = (0xdc)
```

```
    TL0 = ch_tick_tl0;
    TR0 = 1;
}
void    ch_time_on (void)
{
    TMOD |= 0x01;
    ch_time_sjaz();
    ET0 = 1;
}
// =====================================
//函名：        进入,退出中断服务
//设计人：
//传入参数：    无
//返回值：      无
//设计时间：    2009 年
//修改时间：
// =====================================
void    ch_zhongduan_on(void)
{
  EA = ch_zd_off;
  if(ch_xtglk.ch_zdzs<8)
    {ch_xtglk.ch_zdzs ++ ;}
  EA = ch_zd_on;
}
void    ch_zhongduan_off(void)
{
  EA = ch_zd_off;
  if(ch_xtglk.ch_zdzs>0)
    {ch_xtglk.ch_zdzs -- ;}
  EA = ch_zd_on;
}
// =====================================
//函名：        延时任务管理
//设计人：
//传入参数：    无
//返回值：      无
//设计时间：    2009 年
//修改时间：
// =====================================
void    ch_rwyschaxun(void)
{
    uc8   i;
    for(i = 1;i<ch_rwzs;i++)
      {
        if((ch_rwk[i].rwys > 0) &&
```

```c
          ( ch_rwk[i].rwzt != ch_tingzhi))
          {
              ch_rwk[i].rwys -= 1;
              if(ch_rwk[i].rwys == 0)
               {
                   if(ch_rwk[i].rwzt == ch_yanshi)
                    {
                        ch_yxbdengji( i );    //运行登记;
                    }
               }
          }
     }
}
// ========================================
//函名：              T0 中断服务
//设计人：
//传入参数：          无
//返回值：            无
//设计时间：          2009 年
//修改时间：
// ========================================
void     ch_timer0(void) interrupt    1
{
   ch_zhongduan_on();
   EA = ch_zd_off;
   ch_time_sjaz ();
   ch_rwyschaxun();
   if((ch_xtglk.ch_rwsjzs > 0)&&
      (ch_xtglk.ch_tdsuo == 0)    )
    {  ch_xtglk.ch_rwsjzs -- ;
       if(ch_xtglk.ch_rwsjzs == 0)
        {
            if(ch_xtglk.yxhao != 0)
             {ch_yxbdengji(ch_xtglk.yxhao);}
        }
     }
   ch_zhongduan_off();   // 退出中断计数

   if((ch_xtglk.yxhao == 0)&&
      (ch_xtglk.ch_rwsjzs!= 0))
     {  ch_xtglk.ch_rwsjzs = 0;   }

   EA = ch_zd_off;
   if((ch_xtglk.ch_zdzs == 0)   &&
      (ch_xtglk.ch_tdsuo == 0)   &&
```

```
        (ch_xtglk.ch_rwsjzs == 0)    &&
        (ch_xtglk.ch_xtzt   !=ch_fwms))
    {
      if(ch_xtglk.xyxhao == 0)
        { if( ch_xtglk.ch_sjyx == ch_sj_on)
            { ch_xtglk.xyxhao = ch_sj_rwhao();}
          else
            {  ch_xtglk.xyxhao = ch_rwhao();  }
        }
        ch_xtglk.ch_rwsjzs = ch_sjzs;
        if(ch_xtglk.yxhao!= ch_xtglk.xyxhao)
         {
          ch_rwk[ch_xtglk.yxhao].rwsp = SP；//保存栈顶地址
          ch_xtglk.yxhao = ch_xtglk.xyxhao；//切换任务
          ch_xtglk.xyxhao = 0；
          SP = ch_rwk[ch_xtglk.yxhao].rwsp；//取得栈顶地址
         }
     }
   EA = ch_zd_on;
}
// ======================================
//函名：      延时节拍数
//设计人：
//传入参数：   1～65535
//返回值：     无
//设计时间：   2009 年
//修改时间：
// ======================================
void ch_rwys_tk(ui16   yszs)
{
  EA = ch_zd_off；
  if(yszs >0)
    {
     ch_xtglk.ch_rwsjzs = 0；
     ch_rwk[ch_xtglk.yxhao].rwzt = ch_yanshi；
     ch_rwk[ch_xtglk.yxhao].rwys = yszs；
     ch_rwtd()；
    }
  EA = ch_zd_on；
}
// ======================================
//函名：      100 ms，1 s 时间延时
//设计人：
//传入参数：   1～255,1～600
//返回值：     无
```

```
//设计时间：      2009 年
//修改时间：
// ====================================
void  ch_rwys_100ms(uc8   yss)
{
  if(0< yss <255)
    {
      ch_rwys_tk( (yss * 100)/ch_ticks );
    }
}
void  ch_rwys_1s(ui16   yss)
{
if(0< yss <601)
  {
    ch_rwys_tk( (yss * 1000)/ch_ticks );
  }
}
// ====================================
//函名：         恢复延时任务
//设计人：
//传入参数：      任务号
//返回值：        无
//设计时间：      2009 年
//修改时间：
// ====================================
void  ch_rwys_off( uc8   rwhao )
{
  EA = ch_zd_off;
  if( 0<rwhao<ch_rwzs )
    {
      if( ch_rwk[rwhao].rwzt == ch_yanshi )
        {
          ch_rwk[rwhao].rwzt = ch_yunxing;
          ch_rwk[rwhao].rwys = 0;
          ch_yxbdengji(rwhao);
        }
    }
  EA = ch_zd_on;
}
```

B.7　任务管理文件

```
// =====================================
//函名：         任务停止运行
```

```
//设计人：
//传入参数：     任务号
//返回值：       无
//设计时间：     2009 年
//修改时间：
// ========================================
void ch_rwtingzhi(uc8 rwhao)
{
if((ch_xtglk.ch_zdzs!=0)||
    (ch_xtglk.ch_xtzt == ch_fwms))
  {return;}
if(rwhao>(ch_rwzs-1))
  {return;}
EA = ch_zd_off;
if((ch_rwk[rwhao].rwzt!=ch_tingzhi)&&
    ( rwhao != 0 )                 &&
    (rwhao!=ch_xtglk.yxhao))
 {
    if(ch_rwk[rwhao].rwzt == ch_yunxing)
     {
       if(ch_sj_yxbqingchu(rwhao) == 0x00)
         { ch_yxbqingchu( rwhao ); }
      }
     ch_rwk[rwhao].rwztchucun = ch_rwk[rwhao].rwzt;
     ch_rwk[rwhao].rwzt = ch_tingzhi;
     EA = ch_zd_on;
     return;
   }
if((rwhao == 0)&&(ch_xtglk.yxhao!=0))
  {
   ch_rwk[ch_xtglk.yxhao].rwztchucun =
   ch_rwk[ch_xtglk.yxhao].rwzt;
   ch_rwk[ch_xtglk.yxhao].rwzt = ch_tingzhi;
   if(ch_xtglk.ch_rwsjzs>0)
     { ch_xtglk.ch_rwsjzs = 0;}
   ch_rwtd();
   }
  EA = ch_zd_on ;
}
// ========================================
//函名：          任务恢复
//设计人：
//传入参数：      任务号
//返回值：        无
//设计时间：      2009 年
```

//修改时间：
// ==
void ch_rwtctingzhi(uc8   rwhao)
{
if((ch_xtglk.ch_zdzs!= 0)||
    (ch_xtglk.ch_xtzt == ch_fwms))
   {return;}
   if((rwhao == 0)||(rwhao>(ch_rwzs - 1)))
   {return;}
   EA = ch_zd_off;
   if(ch_rwk[rwhao].rwzt == ch_tingzhi)
    {
      ch_rwk[rwhao].rwzt = ch_rwk[rwhao].rwztchucun;
      ch_rwk[rwhao].rwztchucun = 0;
      if(ch_rwk[rwhao].rwzt == ch_yunxing)
        {
           ch_sj_yxbdengji(rwhao);
        }
    }
   EA = ch_zd_on;
}
// ==
//函名：   任务等待中断
//设计人：
//传入参数：   任务号
//返回值：   无
//设计时间：   2009 年
//修改时间：
// ==
void   ch_rwzhongduan_on(void)
{
  if(ch_xtglk.ch_xtzt == ch_fwms)
   { return;}
  EA = ch_zd_off;
  if(ch_xtglk.ch_zdzs == 0)
    {
      ch_rwk[ch_xtglk.yxhao].rwzt = ch_dengdai_zd;
      if(ch_xtglk.ch_rwsjzs>0)
        { ch_xtglk.ch_rwsjzs = 0;}
      ch_rwtd();
    }
  EA = ch_zd_on;
}
// ==
//函名：   恢复等待中断的任务

```c
//设计人：
//传入参数：    任务号
//返回值：      无
//设计时间：    2009 年
//修改时间：
// ==========================================
void   ch_rwzhongduan_off( uc8   rwhao)
{
   if(ch_xtglk.ch_xtzt == ch_fwms)
    { return;}
   if((rwhao == 0)||(rwhao > (ch_rwzs - 1)))
    { return;}
   EA = ch_zd_off;
   if(ch_xtglk.ch_zdzs>0)
    {
      if(ch_rwk[rwhao].rwzt == ch_dengdai_zd)
       {
          ch_sj_yxbdengji( rwhao );
       }
    }
   EA = ch_zd_on;
}
```

参考文献

[1] 王忠飞,胥芳. MCS-51单片机原理及嵌入式系统应用. 西安:西安电子科技大学出版社,2007.
[2] 周坚. 单片机轻松入门. 2版. 北京:北京航空航天大学出版社,2007.
[3] 肖景和. 数字集成电路应用精粹. 北京:人民邮电出版社,2001.
[4] 何宏. 单片机原理与接口技术. 北京:国防工业出版社,2006.
[5] 何立民. 单片机应用系统设计. 北京:北京航空航天大学出版社,1990.
[6] 陈建择. 单片微型计算机原理及应用. 北京:北京师范大学出版社,1988.
[7] 朱珍民,隋雪青,段斌. 嵌入式实时操作系统及其应用开发. 北京:北京邮电大学出版社,2006.
[8] 杨宗德,张兵. μC/OS-II标准教程. 北京:人民邮电出版社,2009.
[9] 魏洪兴. 嵌入式系统设计师教程. 北京:清华大学出版社,2006.

```
//设计时间：      2009 年
//修改时间：
// ===================================
void  ch_rwys_100ms(uc8   yss)
{
  if(0< yss <255)
   {
     ch_rwys_tk( (yss*100)/ch_ticks );
   }
}
void  ch_rwys_1s(ui16   yss)
{
if(0< yss <601)
  {
    ch_rwys_tk( (yss*1000)/ch_ticks );
  }
}
// ===================================
//函名：          恢复延时任务
//设计人：
//传入参数：      任务号
//返回值：        无
//设计时间：      2009 年
//修改时间：
// ===================================
void  ch_rwys_off( uc8   rwhao )
{
  EA = ch_zd_off;
  if( 0<rwhao<ch_rwzs )
   {
     if( ch_rwk[rwhao].rwzt == ch_yanshi )
       {
         ch_rwk[rwhao].rwzt = ch_yunxing;
         ch_rwk[rwhao].rwys = 0;
         ch_yxbdengji(rwhao);
       }
   }
  EA = ch_zd_on;
}
```

B.7 任务管理文件

```
// =========================================
//函名：          任务停止运行
```

```
//设计人：
//传入参数：     任务号
//返回值：       无
//设计时间：     2009 年
//修改时间：
// ==========================================
void  ch_rwtingzhi(uc8  rwhao)
{
if((ch_xtglk.ch_zdzs!=0)||
    (ch_xtglk.ch_xtzt == ch_fwms))
  {return;}
if(rwhao>(ch_rwzs-1))
   {return;}
EA = ch_zd_off;
if((ch_rwk[rwhao].rwzt!=ch_tingzhi)&&
    ( rwhao != 0 )                    &&
    (rwhao!=ch_xtglk.yxhao))
  {
     if(ch_rwk[rwhao].rwzt == ch_yunxing)
      {
         if(ch_sj_yxbqingchu(rwhao) == 0x00)
           { ch_yxbqingchu( rwhao );  }
      }
     ch_rwk[rwhao].rwztchucun = ch_rwk[rwhao].rwzt;
     ch_rwk[rwhao].rwzt = ch_tingzhi;
     EA = ch_zd_on;
     return;
  }
if((rwhao == 0)&&(ch_xtglk.yxhao!=0))
   {
     ch_rwk[ch_xtglk.yxhao].rwztchucun =
     ch_rwk[ch_xtglk.yxhao].rwzt;
     ch_rwk[ch_xtglk.yxhao].rwzt = ch_tingzhi;
     if(ch_xtglk.ch_rwsjzs>0)
       { ch_xtglk.ch_rwsjzs = 0;}
     ch_rwtd();
   }
  EA = ch_zd_on ;
}
// ==========================================
//函名：          任务恢复
//设计人：
//传入参数：      任务号
//返回值：        无
//设计时间：      2009 年
```

附录 B 基础系统完整的程序代码

```
//修改时间：
// ========================================
void   ch_rwtctingzhi( uc8   rwhao)
{
if((ch_xtglk.ch_zdzs!=0)||
    (ch_xtglk.ch_xtzt == ch_fwms))
  {return;}
  if((rwhao == 0)||(rwhao>(ch_rwzs - 1)))
  {return;}
  EA = ch_zd_off;
  if(ch_rwk[rwhao].rwzt == ch_tingzhi)
   {
     ch_rwk[rwhao].rwzt = ch_rwk[rwhao].rwztchucun;
     ch_rwk[rwhao].rwztchucun = 0;
     if(ch_rwk[rwhao].rwzt == ch_yunxing)
       {
         ch_sj_yxbdengji( rwhao );
       }
   }
  EA = ch_zd_on;
}
// ========================================
//函名：        任务等待中断
//设计人：
//传入参数：    任务号
//返回值：      无
//设计时间：    2009 年
//修改时间：
// ========================================
void   ch_rwzhongduan_on(void)
{
  if(ch_xtglk.ch_xtzt == ch_fwms)
   { return;}
  EA = ch_zd_off;
  if(ch_xtglk.ch_zdzs == 0)
   {
     ch_rwk[ch_xtglk.yxhao].rwzt = ch_dengdai_zd;
     if(ch_xtglk.ch_rwsjzs>0)
      { ch_xtglk.ch_rwsjzs = 0;}
     ch_rwtd();
   }
  EA = ch_zd_on;
}
// ========================================
//函名：        恢复等待中断的任务
```

```
//设计人：
//传入参数：    任务号
//返回值：      无
//设计时间：    2009 年
//修改时间：
// =========================================
void   ch_rwzhongduan_off( uc8   rwhao)
{
  if(ch_xtglk.ch_xtzt == ch_fwms)
   { return;}
  if((rwhao == 0)||(rwhao > (ch_rwzs - 1)))
   { return;}
  EA = ch_zd_off;
  if(ch_xtglk.ch_zdzs>0)
   {
      if(ch_rwk[rwhao].rwzt == ch_dengdai_zd)
        {
           ch_sj_yxbdengji( rwhao );
        }
   }
  EA = ch_zd_on;
}
```

参 考 文 献

[1] 王忠飞,胥芳. MCS-51单片机原理及嵌入式系统应用. 西安:西安电子科技大学出版社,2007.
[2] 周坚. 单片机轻松入门. 2版. 北京:北京航空航天大学出版社,2007.
[3] 肖景和. 数字集成电路应用精粹. 北京:人民邮电出版社,2001.
[4] 何宏. 单片机原理与接口技术. 北京:国防工业出版社,2006.
[5] 何立民. 单片机应用系统设计. 北京:北京航空航天大学出版社,1990.
[6] 陈建择. 单片微型计算机原理及应用. 北京:北京师范大学出版社,1988.
[7] 朱珍民,隋雪青,段斌. 嵌入式实时操作系统及其应用开发. 北京:北京邮电大学出版社,2006.
[8] 杨宗德,张兵. μC/OS-II标准教程. 北京:人民邮电出版社,2009.
[9] 魏洪兴. 嵌入式系统设计师教程. 北京:清华大学出版社,2006.